水利水电工程
施工技术与管理

吴晓娟 李路华 张飞跃 王安顺 主 编
李 智 邱永胜 傅兴安 程 龙 副主编

中国建设科技出版社有限责任公司
China Construction Science and Technology Press Co., Ltd.
北 京

图书在版编目（CIP）数据

水利水电工程施工技术与管理/吴晓娟等主编；李智等副主编．--北京：中国建设科技出版社有限责任公司，2025.6．-- ISBN 978-7-5160-4488-9

Ⅰ.TV5

中国国家版本馆CIP数据核字第2025NY1171号

水利水电工程施工技术与管理
SHUILI SHUIDIAN GONGCHENG SHIGONG JISHU YU GUANLI
吴晓娟　李路华　张飞跃　王安顺　主　编
李　智　邱永胜　傅兴安　程　龙　副主编

出版发行：中国建设科技出版社有限责任公司
地　　址：北京市西城区白纸坊东街2号院6号楼
邮　　编：100054
经　　销：全国各地新华书店
印　　刷：北京印刷集团有限责任公司
开　　本：787mm×1092mm　1/16
印　　张：15.25
字　　数：330千字
版　　次：2025年6月第1版
印　　次：2025年6月第1次
定　　价：78.00元

本社网址：www.jskjcbs.com，微信公众号：zgjskjcbs
请选用正版图书，采购、销售盗版图书属违法行为
版权专有，盗版必究。本社法律顾问：北京天驰君泰律师事务所，张杰律师
举报信箱：zhangjie@tiantailaw.com　　举报电话：(010) 63567684
本书如有印装质量问题，由我社事业发展中心负责调换，联系电话：(010) 63567692

本书编委会

主　编：吴晓娟（深圳市广汇源环境水务有限公司）
　　　　　李路华［长江水利水电工程建设（武汉）有限责任公司］
　　　　　张飞跃（中国电建集团成都勘测设计研究院有限公司）
　　　　　王安顺［长江水利水电工程建设（武汉）有限责任公司］
副主编：李　智［长江水利水电工程建设（武汉）有限责任公司］
　　　　　邱永胜（中国水利水电第十二工程局有限公司第二工程公司）
　　　　　傅兴安（长江勘测规划设计研究有限责任公司）
　　　　　程　龙（中交四航局第八工程有限公司）
编　委：朱芳杰（湖南省禹通水利水电勘察设计院有限公司）

前　言

水利水电工程施工是以勘测、规划、设计的成果为依据，将水利水电工程的规划、设计方案转变为工程实体的过程。在施工过程中，按照工程招标投标文件的技术要求及相关技术文件要求，既要实现规划设计的意图，又要根据施工条件和工程规范，综合运用与水利水电工程建设有关的技术和科学管理组织，使工程得以优质、高效、低成本地建成和投产。

然而，水利水电工程的建设远不止施工技术的运用。随着时代的发展，工程项目管理的重要性日益凸显。有效的管理不仅能够确保工程按进度完成，还能在保证高质量完成的同时，优化资源配置、降低成本、提升整体效益。

本书遵循"简明、实用、求新"的编撰原则，以满足广大水利水电工程技术人员的实际工作需要为目的，并注重参考和指导价值，对当今水利水电工程施工技术进行了科学的总结。本书系统介绍了水利水电工程项目管理的关键环节，并通过实际案例分析，展示了水利水电工程项目管理的具体应用与成效，以期促进我国水利水电工程建设的发展。

本书共有九章，包括导流工程施工、爆破工程施工、地基处理工程施工、土石方工程施工、钢筋模板工程施工、混凝土工程施工、水利水电工程项目进度管理、水利水电工程项目质量管理、水利水电工程项目管理案例——以某南方供水水库除险加固工程为例等内容。第一主编吴晓娟负责第2章的第1节、第7章、第9章的编写，第二主编李路华负责第8章的编写及文前的整理，第三主编张飞跃负责第6章的编写，第四主编王安顺负责第4章、第5章的第2节的编写及参考文献的整理，第一副主编李智负责第5章的第1节的编写，第三副主编傅兴安负责第3章的编写，第四副主编程龙负责第1章、第2章的第2节的编写。感谢第二副主编邱永胜及编委朱芳杰为编写本书做了大量数据、资料的搜集整理工作。

本书在编写过程中引用了相关规范、专业文献和资料，未在书中一一注明出处，在此向有关作者表示感谢。

由于水利水电工程施工与管理的内容广泛、综合性强，加之编者水平有限，书中不妥之处在所难免，敬请读者批评指正，以便今后进一步修改，使之日臻完善。

编　者
2025.4

目 录

1 导流工程施工 ··· 1
　1.1 施工导流方法 ··· 1
　1.2 围堰工程 ··· 8
　1.3 截流工程 ··· 12
　1.4 基坑排水 ··· 15

2 爆破工程施工 ··· 20
　2.1 钻孔爆破 ··· 20
　2.2 洞室爆破 ··· 37

3 地基处理工程施工 ··· 44
　3.1 岩基处理方法 ··· 44
　3.2 防渗墙工程施工 ··· 52
　3.3 砂砾石地基处理方法 ··· 58
　3.4 灌注桩工程施工 ··· 63

4 土石方工程施工 ··· 69
　4.1 石方开挖 ··· 69
　4.2 土方机械化施工 ··· 73
　4.3 土石坝施工技术 ··· 77
　4.4 堤防与护岸工程施工技术 ··· 86

5 钢筋模板工程施工 ··· 94
　5.1 钢筋工程施工 ··· 94
　5.2 模板工程施工 ··· 105

6 混凝土工程施工 ··· 112
　6.1 普通混凝土的施工工艺 ··· 112
　6.2 特殊混凝土施工工艺 ··· 131
　6.3 预制混凝土构件和预应力钢筋混凝土施工 ················· 137

6.4 混凝土建筑物施工 ……………………………………………………………… 141

7 水利水电工程项目进度管理 …………………………………………………………… 153
　　7.1 工程项目进度管理概述 …………………………………………………………… 153
　　7.2 工程项目进度优化 ………………………………………………………………… 154
　　7.3 工程项目进度控制 ………………………………………………………………… 157

8 水利水电工程项目质量管理 …………………………………………………………… 169
　　8.1 质量管理与质量控制 ……………………………………………………………… 169
　　8.2 水利水电工程项目质量通病 ……………………………………………………… 177
　　8.3 工程项目质量影响因素的控制 …………………………………………………… 187
　　8.4 工程项目施工质量控制 …………………………………………………………… 196

9 水利水电工程项目管理案例——以某南方供水水库除险加固工程为例 ………… 205
　　9.1 项目概况 …………………………………………………………………………… 205
　　9.2 进度管理 …………………………………………………………………………… 206
　　9.3 质量管理 …………………………………………………………………………… 208
　　9.4 重点工程及其进度、质量保障措施 ……………………………………………… 212

参考文献 …………………………………………………………………………………… 232

1　导流工程施工

在江河上修建水工建筑物时,需要解决工程施工与通航、渔业、供水、灌溉及水电站运行等水资源综合利用的矛盾,对施工过程中的水流进行控制(简称施工水流控制,又称施工导流)。广义上可以概括为通过"导、截、拦、蓄、泄"等工程措施,解决施工和水流蓄泄之间的矛盾,把水流导向下游或拦蓄,避免水流对水工建筑物施工的不利影响,以保证水工建筑物的施工有良好的施工条件,在施工期内不影响或尽可能少影响水资源的综合利用。

施工过程中导流设计的主要任务:周密分析研究水文、地形、地质、水文地质、枢纽布置及施工条件等基本资料,在保证上述要求的前提下,选定导流标准,划分导流时段,确定导流设计流量;选定导流方案及导流建筑物的形式;确定导流建筑物的布置、构造及尺寸;拟订导流建筑物的修建、拆除、堵塞的施工方法及截断河床水流、拦洪度汛及基坑排水的措施等。

1.1　施工导流方法

河床上修建水利水电工程时,为了使水工建筑物能在干地上进行施工,需要用围堰围护基坑,并将河水引向预定的泄水建筑物泄向下游,这就是施工导流。

施工导流的方法大体上分为两类:一类是全段围堰法导流(河床外导流);另一类是分段围堰法导流(河床内导流)。

1.1.1　全段围堰法导流

全段围堰法导流是在河床主体工程的上下游各建一道拦河围堰,使上游来水通过预先修筑的临时或永久泄水建筑物(如明渠、隧洞等)泄向下游,主体建筑物在排干的基坑中进行施工,主体工程建成或接近建成时再封堵临时泄水道。这种方法的优点是工作面积大,河床内的建筑物在一次性围堰的围护下建造,如能利用水利枢纽中的永久泄水建筑物导流,可大大节约工程投资。

全段围堰法按泄水建筑物的类型不同,可分为明渠导流、隧洞导流、涵管导流、渡槽导流等。

1. 明渠导流

上下游围堰一次拦断河床形成基坑,保护主体建筑物在滩地上进行施工,天然河道水流经河岸或滩地上开挖的导流明渠泄向下游的导流方式称为"明渠导流"。

(1) 明渠导流的适用条件

如坝址河床较窄,或河床覆盖层很深,分期导流困难,且具备下列条件之一者,可考虑采用明渠导流。

①河床一岸有较宽的台地、垭口或古河道；
②导流流量大，地质条件不宜开挖导流隧洞；
③施工期有通航、排冰、过木要求；
④总工期紧，不具备挖洞经验和设备。

国内外工程实践证明，在导流方案比较过程中，如明渠导流和隧洞导流均可采用，一般倾向于采用明渠导流，这是因为明渠开挖可采用大型设备，加快施工进度，对主体工程提前开工有利。对于施工期间河道有通航、过木和排冰要求时，明渠导流更有利。

（2）导流明渠布置

导流明渠布置分为在岸坡上和在滩地上两种形式（图1.1）。

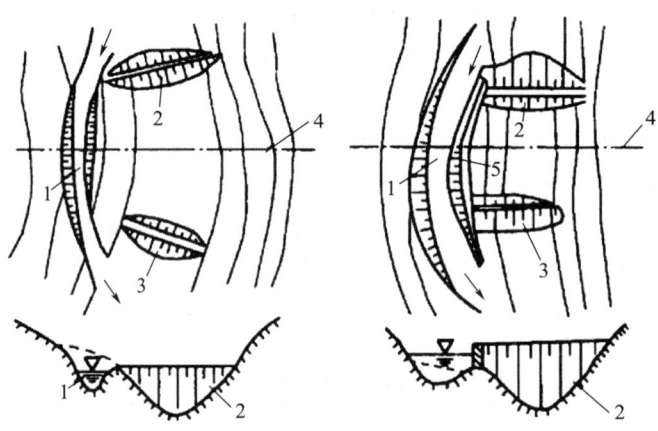

(a) 在岸坡上开挖的明渠　　(b) 在滩地上开挖并设有导墙的明渠

1—导流明渠；2—上游围堰；3—下游围堰；4—坝轴线；5—明渠外导墙。

图1.1　明渠导流

①导流明渠轴线的布置

导流明渠应布置在较宽台地、垭口或古河道一岸；渠身轴线要伸出上下游围堰外坡角，水平距离应满足防冲要求，一般为50~100m；明渠进出口应与上下游水流相衔接，与河道主流的交角以30°为宜；为保证水流畅通，明渠转弯半径应大于5倍渠底宽度；明渠轴线布置应尽可能缩短明渠长度并避免深挖方。

②明渠进出口位置和高程的确定

明渠进出口力求不冲、不淤和不产生回流。可通过水力学模型试验调整进出口形状和位置，实现进口高程按截流设计选择，出口高程一般由下游消能控制；进出口高程和渠道水流流态应满足施工期通航、过木和排冰要求。在满足上述条件下，我们应尽可能抬高进出口高程，以减少水下开挖量。

（3）导流明渠断面设计

①明渠断面尺寸的确定。明渠断面尺寸由设计导流流量控制，并受地形、地质条件和允许抗冲流速影响。应按不同的明渠断面尺寸与围堰的组合，通过综合分析确定。

②明渠断面型式的选择。明渠断面一般设计成梯形，但当渠底为坚硬基岩时，可设计成矩形。有时为满足截流和通航不同目的，断面也可设计成复式梯形。

③明渠糙率的确定。明渠糙率的大小直接影响明渠的泄水能力，而影响糙率大小的

因素有衬砌的材料、开挖的方法、渠底的平整度等，可根据具体情况查阅有关手册确定。对于大型明渠工程，应通过模型试验选取糙率。

（4）明渠封堵

导流明渠结构布置应考虑后期封堵要求。当施工期有通航、过木和排冰任务，明渠较宽时，施工队伍可在明渠内预设闸门墩，以利于后期封堵。施工期无通航、过木和排冰任务时，施工队伍应于明渠通水前，将明渠坝段施工到适当高程，并设置导流底孔和坝面口使二者联合泄流。

2. 隧洞导流

上下游围堰一次拦断河床形成基坑，保护主体建筑物在干地上进行施工，天然河道水流全部由导流隧洞宣泄的导流方式称为隧洞导流。

（1）隧洞导流适用条件

若导流流量不大，坝址河床狭窄，两岸地形陡峻，一岸或两岸地形、地质条件良好，可考虑采用隧洞导流。

（2）导流隧洞的布置

导流隧洞的布置如图1.2所示。

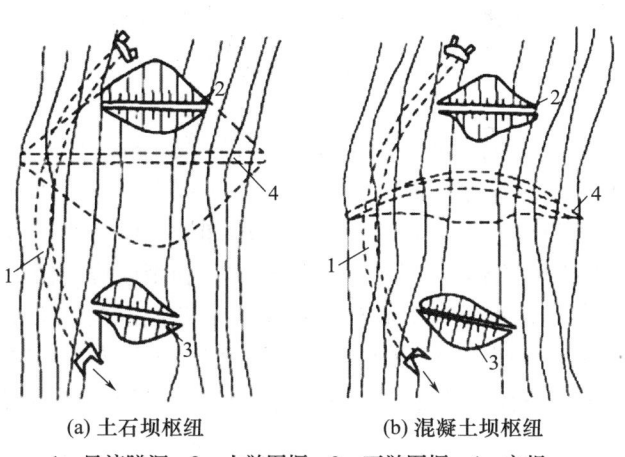

(a) 土石坝枢纽　　　　(b) 混凝土坝枢纽

1—导流隧洞；2—上游围堰；3—下游围堰；4—主坝。

图1.2　导流隧洞的布置

导流隧洞的布置一般应满足以下条件。

①隧洞轴线沿线地质条件良好，足以保证隧洞施工和运行的安全。

②隧洞轴线宜按直线布置，如有转弯，转弯半径不小于5倍洞径（或洞宽），转角不宜大于60°，弯道首尾应设直线段，长度不应小于3倍洞径（或洞宽）；进出口引渠轴线与河流主流方向夹角宜小于30°。

③隧洞间净距、隧洞与永久建筑物间距、洞脸与洞顶围岩厚度均应满足结构和应力要求。

④隧洞进出口位置应保证水力学条件良好，并伸出堰外坡脚一定距离，一般不小于50m，以满足围堰防冲要求。进口高程多由截流控制，出口高程由下游消能控制，洞底按需要设计成缓坡或急坡，避免成反坡。

(3) 导流隧洞断面设计

隧洞断面尺寸的大小，取决于设计流量、地质和施工条件，且洞径应控制在施工技术和结构安全允许范围内。目前国内单洞断面面积多在 200m² 以下，单洞泄量不超过 2000m³/s。

隧洞断面形式取决于地质条件、隧洞工作状况（有压或无压）及施工条件等。常用断面形式有圆形、马蹄形、方圆形等；圆形多用于高水头处，马蹄形多用于地质条件不良处，方圆形有利于截流和施工，国内外导流隧洞采用方圆形较多。

洞身设计中，糙率 n 值的选择是十分重要的问题，糙率的大小直接影响断面面积，而衬砌与否、衬砌的材料和施工质量、开挖的方法和质量则是影响糙率大小的因素。一般混凝土衬砌糙率值为 0.014～0.017；不衬砌隧洞的糙率变化较大，光面爆破时为 0.025～0.032，一般炮眼爆破时为 0.035～0.044。设计时可根据具体条件，查阅有关手册，选取设计的糙率值。对重要的导流隧洞工程，应通过水工模型试验验证其糙率的合理性。

导流隧洞设计应考虑后期封堵要求，布置封堵闸门门槽及启闭平台设施。有条件者，导流隧洞应与永久隧洞结合，以利于节省投资（如小浪底工程的三条导流隧洞后期将改建为三孔孔板消能泄洪洞）。对于一般高水头枢纽工程，导流隧洞只可能与永久隧洞部分相结合，中低水头枢纽工程则有可能全部相结合。

3. 涵管导流

涵管导流一般在修筑土坝、堆石坝工程中采用。

涵管通常布置在河岸岩滩上，其位置应在枯水位以上，这样可在枯水期不修围堰或只修小围堰而先将涵管筑好，然后再修上下游全段围堰，将河水引经涵管下泄。

涵管一般是钢筋混凝土结构。当有永久涵管可以利用或修建隧洞有困难时，采用涵管导流是合理的。在某些情况下，可在建筑物基岩中开挖沟槽，必要时进行衬砌，然后封以混凝土或钢筋混凝土顶盖，形成涵管。利用这种涵管导流可以取得经济可靠的效果。由于涵管的泄水能力较低，所以其一般用于导流流量较小的河流上或只用来担负枯水期的导流任务。

为了防止涵管外壁与坝身防渗体之间的渗流，通常在涵管外壁每隔一定距离设置截流环，以延长渗径，降低渗透坡降，减少渗流的破坏作用。此外，必须严格控制涵管外壁防渗体的压实质量。涵管管身的温度缝或沉陷缝中的止水必须认真施工。

4. 渡槽导流

渡槽一般只用于小型工程的枯水期导流。

导流流量通常不超过 20m³/s，个别工程也有达 100m³/s 的。比如，湖南金江水库就采用了木渡槽导流，槽宽 70m，槽高 4.4m，设计流量达 146m³/s。

1.1.2 分段围堰法导流

分段围堰法，也称分期围堰法或河床内导流，就是用围堰将建筑物分段分期围护并进行施工的方法。

分段是从空间上将河床围护分成若干个干地施工的基坑段进行施工。分期就是从时间上将导流过程划分成阶段。由导流分期和围堰分段示意图 1.3 可知，导流的分期数和围堰的分段数并不一定相同，因为在同一导流分期中，建筑物可以在一段围堰内施工，也可以同时在不同段内施工。段数分得越多，围堰工程量越大，施工也越复杂；同样，期数分得越多，工期有可能拖得越长。因此，在工程实践中，二段二期导流法采用得最多（如葛洲坝工程、三门峡工程等都采用）。只有在比较宽阔的通航河道上施工，不允许断航或其他特殊情况下，才采用多段多期导流法（如三峡工程施工导流就采用二段三期的导流法）。

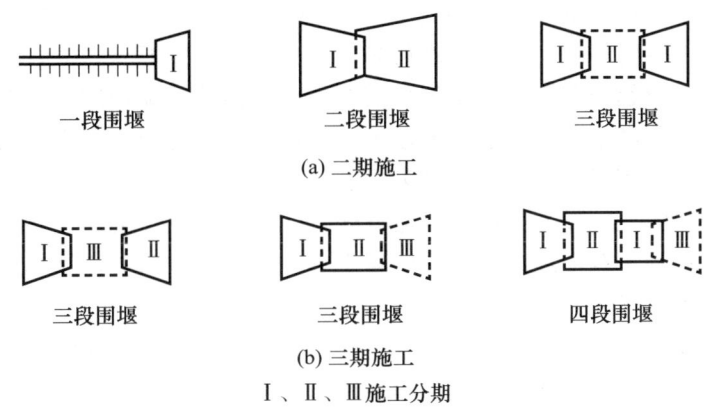

图 1.3　导流分期与围堰分段

分段围堰法导流一般适用河床宽阔、流量大、施工期较长的工程，特别适用于通航河流和冰凌严重的河流。这种导流方法的费用较低，国内外一些大、中型水利水电工程采用较多。分段围堰法导流，前期由束窄的原河道导流，后期可利用事先修建好的泄水道导流，常见泄水道的类型有底孔、缺口等。

1. 底孔导流

利用设置在混凝土坝体中的永久底孔或临时底孔作为泄水道，是二期导流经常采用的方法。导流时让全部或部分导流流量通过底孔宣泄到下游，以保证后期工程的施工。如为临时底孔，则在工程接近完工或需要蓄水时加以封堵。

采用临时底孔时，底孔的尺寸、数目和布置，应通过相应的水力学计算确定。其中，底孔的尺寸在很大程度上取决于导流的任务（过水、过船、过木和过鱼）、水工建筑物结构特点和封堵用闸门设备的类型。底孔的布置要满足截流、围堰工程及本身封堵等相关要求。如底坎高程布置较高，截流时落差就大，围堰也高；但封堵时的水头较低，封堵措施相对容易。一般底孔的底坎高程应布置在枯水位之下，以保证枯水期泄水。当底孔数目较多时可把底孔布置在不同的高程，封堵时从最低高程的底孔堵起，这样可以降低封堵时所承受的水压力。

临时底孔的断面形状多采用矩形，为了改善孔周的应力状况，也可采用有圆角的矩形。按水工结构要求，孔口尺寸应尽量小，但某些工程由于导溢流量较大，只能采用尺寸较大的底孔。

底孔导流的优点：挡水建筑物上部的施工可以不受水流的干扰，有利于均衡连续施工，这对修建高坝特别有利；若坝体内设有永久底孔可以用来导流，则更为理想。底孔导流的缺点：坝体内设置了临时底孔，使钢材用量增加，如果封堵质量不好，会削弱坝体的整体性，还有可能漏水；在导流过程中底孔有被漂浮物堵塞的危险；封堵时由于水头较高，安放闸门及止水等均较困难。

2. 坝体缺口导流

混凝土坝施工过程中，进入汛期，河水涨落幅度较大，其他导流建筑物不足以宣泄全部流量时，为了不影响坝体施工进度，可以在未建成的坝体上预留缺口，以便配合其他建筑物宣泄洪峰流量。待洪峰过后，上游水位回落，再继续修筑缺口。所留缺口的宽度和高度取决于导流设计流量、其他建筑物的泄水能力、建筑物的结构特点及施工条件。采用底坎高程不同的缺口时，为避免高低缺口单宽流量相差过大，产生高缺口向低缺口的侧向泄流，引起压力分布不均匀，需要适当控制高低缺口间的高差。根据湖南省柘溪工程的经验，其高差以不超过 6m 为宜。在修建混凝土坝，特别是大体积混凝土坝时，这种导流方法比较简单，因此常被采用。

底孔导流和坝体缺口导流这两种导流方式，一般只适用于混凝土坝，特别是重力式混凝土坝枢纽。对于土石坝或非重力式混凝土坝枢纽，若采用分段围堰法导流，可与隧洞导流、明渠导流等河床外导流方式结合。

除分段围堰法导流，底孔导流和坝体缺口导流在全段围堰法后期导流时，也常采用；同样，明渠导流和隧洞导流，并不只适用于全段围堰法导流，在分段围堰法后期导流时，也常应用。因此，选择一个工程的导流方式，必须因时制宜，因地制宜，绝不能机械套用。

1.1.3　施工导流方案的选择

水利水电枢纽工程的施工，从开工到完建往往不采用单一的导流方法，而是几种导流方法组合运用的，以取得最佳的技术经济效果。例如，三峡工程采用分期导流方式，分三期进行施工。第一期土石围堰围护右岸汊河，江水和船舶从主河槽通过；第二期围护主河槽，江水经导流明渠泄向下游；第三期修建碾压混凝土围堰拦断明渠，江水经由泄洪坝段的永久深孔和 22 个临时导流底孔下泄。这种不同导流时段不同导流方法的组合，通常称为导流方案。

导流方案的选择受各种因素的影响。合理的导流方案，必须在周密研究各种影响因素的基础上，拟订几个可能的方案，进行技术经济比较，从中选择技术经济指标优越的方案。

选择导流方案时需考虑的主要因素如下。

（1）水文条件

河流的流量大小、水位变化的幅度、全年流量的变化情况、枯水期的长短、汛期洪水的延续时间、冬季的流冰及冰冻情况等均直接影响导流方案的选择。一般来说，河床单宽流量大的河流，宜采用分段围堰法导流。水位变化幅度大的山区河流，可采用允许淹没基坑的导流方法，在一定时期内通过过水围堰和淹没基坑来宣泄洪峰流量。枯水期较长的河流，充分利用枯水期安排工程施工是完全必要的。但枯水期不长的河流，如果不利用洪水期进行施工，就会拖延工期。流冰的河流，应充分注意流冰的宣泄问题，以免流冰壅塞，影响泄流，造成导流建筑物失事。

（2）地形条件

坝区附近的地形条件，对导流方案的选择影响很大。河床宽阔的河流，尤其在施工期间有通航、过木、排冰要求的情况下，宜采用分段围堰法导流，当河床中有天然石岛或沙洲时，可采用分段围堰法导流，更有利于导流围堰的布置，特别是纵向围堰的布置。在河段狭窄、两岸陡峻、山岩坚实的地区，宜采用隧洞导流。若平原河道、河流的两岸或一岸比较平坦，或有河湾、老河道可以利用时，则宜采用明渠导流。

（3）工程地质及水文地质条件

河流两岸及河床的地质条件对导流方案的选择与导流建筑物的布置有直接影响。若河流两岸或一岸岩层较坚硬、风化层薄，且有足够的抗压强度，则可选用隧洞导流。如果岩层风化层厚且破碎，或有较厚的沉积滩地，则宜采用明渠导流。由于河床的束窄，减小了过水断面的面积，使水流流速增大，这时为了河床不受过大的冲刷，避免把围堰基础淘空，应根据河床地质条件来决定河床可能束窄的程度。对于岩石河床，抗冲刷能力较强，河床允许束窄程度较大，最大可达88%，流速可增加到7.5m/s。但对覆盖层较厚的河床，抗冲刷能力较差，其束窄程度还不到30%，流速允许达到3.0m/s。此外，选择围堰形式时，基坑是否允许淹没，能否利用当地材料修筑围堰等，都与地质条件有关。水文地质条件则对基坑排水工作和围堰形式的选择有很大关系。因此，为了更好地进行导流方案的选择，要对工程地质和水文地质勘测工作提出专门要求。

（4）水工建筑物的形式及其布置

水工建筑物的形式及其布置与导流方案相互影响，因此在决定建筑物的形式和枢纽布置时，应该同时考虑并拟订导流方案，而在选定导流方案时，又应该充分利用建筑物形式和枢纽布置方面的特点。

如果枢纽组成中有隧洞、渠道、涵管、泄水孔等永久泄水建筑物，在选择导流方案时应该尽可能加以利用。在设计永久泄水建筑物的断面尺寸并拟订其布置方案时，应该充分考虑施工导流的要求。

采用分段围堰法修建混凝土坝枢纽时，应当充分利用水电站与混凝土坝之间或混凝土坝溢流段和非溢流段之间的隔墙作为纵向围堰的一部分，以降低导流建筑物的造价。在这种情况下，对于第二期工程所修建的混凝土坝，应该核算它是否能够布置二期工程导流建筑物（底孔、预留缺口）。例如，三门峡水利枢纽溢流坝段的宽度主要就是由二期导流条件控制的。与此同时，为了防止河床冲刷过大，还应核算河床的束窄程度，保证有足够大的过水断面来宣泄施工流量。

就挡水建筑物的形式来说，土坝、土石混合坝和堆石坝的抗冲能力小，除采用特殊措施外，一般不允许从坝身过水，所以多利用坝身以外的泄水建筑物（如隧洞、明渠等）或坝身范围内的涵管来导流。这时，通常要求在一个枯水期内将坝身抢筑到拦洪高程以上，以免水流漫顶，发生事故。至于混凝土坝，特别是混凝土重力坝，由于其抗冲能力较强，允许流速可达25m/s，因此不但可以通过底孔泄流，还可以通过未完建的坝身过水，使导流方案选择的灵活性大大增加。

（5）施工期间河流的综合利用

施工期间，为了满足通航、筏运、渔业、供水、灌溉或水电站运转等的要求，使导流问题的解决变得更加复杂。如前所述，在通航河流上，大多采用分段围堰法导流。要求河流在束窄以后，河宽仍能便于船只的通行，水深要与船只吃水深度相适应，束窄断面的最大流速一般不超过2.0m/s，特殊情况需与当地航运部门协商研究确定。

对于浮运木筏或散材的河流，在施工导流期间，要避免木材壅塞泄水建筑物或者堵塞束窄河床。在施工中后期，水库拦洪蓄水时，要注意满足下游供水、灌溉用水和水电站运行的要求，有时为了保证渔业的要求，还要修建临时的过鱼设施，以便鱼群能洄游。

（6）施工进度、施工方法及施工场地布置

水利水电工程的施工进度与导流方案密切相关，通常根据导流方案才能安排控制性进度计划。在水利水电枢纽施工导流过程中，对施工进度起控制作用的关键性时段主要有导流建筑物的完工期限、截断河床水流的时间、坝体拦洪的期限、封堵临时泄水建筑物的时间，以及水库蓄水发电的时间等。但各项工程的施工方法和施工进度又直接影响各时段中导流任务的合理性和可能性。例如，在混凝土坝枢纽中，采用分段围堰施工时，若导流底孔没有建成，就不能截断河床水流和全面修建第二期围堰；若坝体没有达到一定高程和没有完成基础及坝体接缝灌浆，就不能封堵底孔和水库蓄水等。因此，施工方法、施工进度与导流方案三者是密切相关的。

此外，导流方案的选择与施工场地的布置亦相互影响。例如，在混凝土坝施工中，当混凝土生产系统布置在一岸时，采用全段围堰法导流为宜。若采用分段围堰法导流，则应以混凝土生产系统所在的一岸作为第一期工程，这样两岸的交通运输问题比较容易解决。

在选择导流方案时，除综合考虑以上各方面因素外，还应使主体工程尽可能及早发挥效益，简化导流程序，降低导流费用，使导流建筑物既简单易行，又适用可靠。

1.2 围堰工程

围堰是导流工程中临时的挡水建筑物，用来围护施工中的基坑，保证水工建筑物能在干地上进行施工。在导流任务结束后，如果围堰对永久建筑物的运行有妨碍或没有考虑作为永久建筑物的一部分时，应予拆除。

水利水电工程中经常采用的围堰，按其所使用的材料，可以分为土石围堰、混凝土围堰、钢板桩格形围堰和草土围堰等。

按围堰与水流方向的相对位置，可以分为横向围堰和纵向围堰。

按导流期间基坑淹没条件，可以分为过水围堰和不过水围堰。过水围堰除需要满足一般围堰的基本要求，还要满足围堰顶过水的专门要求。

选择围堰形式时，必须根据当时当地的具体条件，在满足下述基本要求的原则下，通过技术经济比较加以选定。

（1）具有足够的稳定性、防渗性、抗冲性和一定的强度；

（2）造价低，构造简单，修建、维护和拆除方便；

（3）围堰的布置应力求使水流平顺，不发生严重的水流冲刷；

（4）围堰接头和岸边连接都要安全可靠，不至于因集中渗漏等破坏作用而引起围堰发生事故；

（5）有必要时应设置抵抗冰凌、船筏的冲击和破坏的设施。

1.2.1 围堰的基本形式和构造

1. 土石围堰

土石围堰是水利水电工程中采用最为广泛的一种围堰形式，它是用当地材料填筑而成的围堰，不仅可以就地取材和充分利用开挖弃料作围堰填料，而且构造简单，施工方便，易于拆除，工程造价低，其可以在流水中、深水中、岩基或有覆盖层的河床上修建。但其工程量较大，堰身沉陷变形也较大。

因土石围堰断面较大，一般用于横向围堰，但在宽阔河床的分期导流中，由于围堰束窄河床流速增幅不大，其也可作为纵向围堰，但需进行防冲设计，以保围堰安全。

土石围堰的设计与土石坝基本相同，但其结构形式在满足导流期正常运行的情况下应力求简单，便于施工。

2. 混凝土围堰

混凝土围堰的抗冲与防渗能力强，挡水水头高，底宽小，易于与永久混凝土建筑物相连接，必要时其还可以过水，因此应用比较广泛。在国外，采用拱形混凝土围堰的工程较多。近年，我国贵州省的乌江渡、湖南省凤滩等水利水电工程也采用过以拱形混凝土围堰作为横向围堰，但多数还是以重力式围堰作纵向围堰，如我国的三门峡、丹江口、三峡工程的混凝土纵向围堰均为重力式混凝土围堰。

（1）拱形混凝土围堰

拱形混凝土围堰一般适用于两岸陡峻、岩石坚实的山区河流，常采用隧洞及允许基坑淹没的导流方案。通常围堰的拱座是在枯水期的水面以上施工的。对围堰的基础处理，当河床的覆盖层较薄时需进行水下清基，若覆盖层较厚，则可灌筑水泥浆防渗加固。堰身的混凝土浇筑因需水下施工，难度较高。在拱基两侧要回填部分砂砾料以利于灌浆，形成阻水帷幕。

拱形混凝土围堰由于利用了混凝土抗压强度高的特点，与重力式围堰相比，断面较小，可节省混凝土工程量。

（2）重力式混凝土围堰

采用分段围堰法导流时，重力式混凝土围堰往往可兼作第一期和第二期纵向围堰，两侧均能挡水，还能作为永久建筑物的一部分，如隔墙、导墙等。

重力式围堰可做成普通的实心式，与非溢流重力坝类似。也可做成空心式，比如，三门峡工程的纵向围堰就是空心式的。

纵向围堰需抗御高速水流的冲刷，所以一般均修建在岩基上。为保证混凝土的施工质量，一般可将围堰布置在枯水期出露的岩滩上。如果这样还不能保证干地施工，则通常需另修土石低水围堰加以围护。

重力式混凝土围堰现在有普遍采用碾压混凝土浇筑的趋势，如三峡工程三期导流横向围堰及纵向围堰均采用碾压混凝土。

3. 钢板桩格形围堰

钢板桩格形围堰是重力式挡水建筑物，由一系列彼此相接的格体构成。按照格体的平面形状，可分为筒形、扇形和花瓣形。这些形式适用于不同的挡水高度，应用较多的是筒形格体。钢板桩格形围堰是由许多钢板桩通过锁口互相连接而成为格形整体。钢板桩的锁口有握裹式、互握式和倒钩式三种。格体内填充透水性强的填料，如砂、砂卵石或石渣等。在向格体内进行填料时，必须保持各格体内的填料表面大致均衡上升，因高差太大会使格体变形。

钢板桩格形围堰具有坚固、抗冲、防渗、围堰断面小，便于机械化施工等优点；钢板桩的回收率高，可达70%以上。尤其适用于束窄度大的河床段作为纵向围堰，但由于需要大量的钢材，且施工技术要求高，我国目前仅将其应用于大型工程中。

圆筒形格体钢板桩格形围堰，一般适用的挡水高度小于18m，其可以建在岩基上或非岩基上，也可作过水围堰用。

圆筒形格体钢板桩格形围堰的修建由定位、打设模架支柱、模架就位、安插钢板桩、打设钢板桩、填充料渣、取出模架及其支柱和填充料渣到设计高程等工序组成。圆筒形格体钢板桩格形围堰一般需在流水中修筑，受水位变化和水面波动的影响较大，施工难度较大。

4. 草土围堰

草土围堰是一种以麦草、稻草、芦柴、柳枝和土为主要原料的草土混合结构，在我国有多年历史。这种围堰主要用于黄河流域的渠道春修堵口工程中，中华人民共和国成立后，其在青铜峡、盐锅峡、八盘峡等工程中，以及南方的黄坛口工程中均有应用。

草土围堰施工简单、速度快、取材容易、造价低、拆除也方便，具有一定的抗冲、抗渗能力，堰体的密度较小，特别适用于软土地基。但这种围堰不能承受较大的水头，所以仅限水深不超过6m、流速不超过3.5m/s、使用期不超过两年的工程。草土围堰的施工方法比较特殊，究其实质来说也是一种进占法。按其所用草料形式的不同，可以分为散草法、捆草法、埽捆法三种。按其施工条件可分为水中填筑和干地填筑两种。由于草土围堰本身的特点，水中填筑质量较干填法好，这是与其他围堰所不同的。实践中的草土围堰，普遍采用捆草法施工。

1.2.2 围堰的平面布置

围堰的平面布置主要包括外形轮廓和堰内空间两个问题，外形轮廓指围堰内基坑范围确定，堰内空间指分期导流纵向围堰布置。

1. 围堰内基坑范围确定

围堰内基坑范围大小主要取决于主体工程的轮廓和相应的施工方法。当采用一次拦断法导流时，围堰基坑是由上下游围堰和河床两岸围成的。当采用分期导流时，围堰基坑是由纵向围堰与上下游横向围堰围成的。在上述两种情况下，上下游横向围堰的布置，都取决于主体工程的轮廓。一般来说，基坑坡趾到主体工程轮廓的距离，不应小于30m，以便布置排水设施、交通运输道路、堆放材料和模板等。基坑开挖边坡的大小则与地质条件有关。

当纵向围堰不作为永久建筑物的一部分时，基坑坡趾到主体工程轮廓的距离，一般不小于2m，以便布置排水导流系统和堆放模板，如果无此要求，只需留0.4~0.6m。

实际工程的基坑形状和大小往往是很不相同的。有时可以利用地形，以减小围堰的高度和长度；有时为了照顾个别建筑物施工的需要，将围堰轴线布置成折线形；有时为了避开岸边较大的溪沟，也采用折线布置。为了保证基坑开挖和主体建筑物的正常施工，基坑范围应留有一定富余。

2. 分期导流纵向围堰布置

在分期导流方式中，纵向围堰布置是施工中的关键问题，选择纵向围堰位置，实际上就是要确定适宜的河床束窄度。束窄度就是天然河流过水面积被围堰束窄的程度，一般可用下式表示。

$$K=\frac{A_2}{A_1}\times 100\% \tag{1.1}$$

式中，K 为河床的束窄程度，一般取值为 47%～68%；A_1 为原河床的过水面积，m^2；A_2 为围堰和基坑所占据的过水面积，m^2。

适宜的纵向围堰位置与以下因素有关。

(1) 地形地质条件

河心洲、浅滩、小岛、基岩露头等，都是可供布置纵向围堰的有利地形、地质条件，这些部位便于施工，并有利于防冲保护。例如，三门峡工程曾巧妙地利用了河心的几个礁岛布置纵、横围堰。葛洲坝工程施工初期，也曾利用江心洲葛洲坝作为天然的纵向围堰。三峡工程利用江心洲三斗坪作为纵向围堰的一部分。

(2) 水工布置

进行水工布置时，尽可能利用厂坝、厂闸、闸坝等建筑物之间的隔水导墙作为纵向围堰的一部分。例如，葛洲坝工程就是利用厂闸导墙，三峡、三门峡、丹江口则利用厂坝导墙作为二期纵向围堰的一部分。

(3) 河床允许束窄度

河床允许束窄度主要与河床地质条件和通航要求有关。对于非通航河道，如河床易冲刷，一般均允许河床产生一定程度的变形，只要能保证河岸、围堰堰体和基础免受冲刷即可。束窄流速常可允许达到 3m/s 左右，岩石河床允许束窄度主要视岩石的抗冲流速而定。

对于一般性河流和小型船舶，当缺乏具体研究资料时，可参考以下数据：当流速小于 2.0m/s 时，机动木船可以自航；当流速小于 3.5m/s，且局部水面集中落差不大于 0.5m 时，拖轮可自航；木材流放最大流速可考虑为 4.0m/s。

(4) 导流过水要求

进行一期导流布置时，不但要考虑狭窄河道的过水条件，而且还要考虑二期截流与导流的要求。主要应考虑的问题是一期基坑中能否布置下宣泄二期导流流量的泄水建筑物，由一期转入二期施工时的截流落差是否太大。

(5) 施工布局的合理性

各期基坑的施工强度应尽量均衡。一期工程施工强度可比二期低些，但不宜相差太悬殊。如有可能，分期分段数应尽量少。导流布置应满足总工期的要求。

以上 5 个方面，仅仅是选择纵向围堰位置时应考虑的主要问题。如果天然河槽呈对称形状，地形、地质条件一般，可以通过经济比较方法选定纵向围堰的适宜位置，使一、二期总的导流费用最低。

分期导流时，上下游围堰一般不与河床中心线垂直，围堰的平面布置常呈梯形，既可使水流顺畅，同时便于运输道路的布置和衔接。当采用一次拦断法导流时，上下游围堰不存在突出的绕流问题，为了减少工程量，围堰多与主河道垂直。

纵向围堰的平面布置形状，对于过水能力有较大影响。但是，围堰的防冲安全更重要。实践中常采用流线型和挑流式布置。

1.2.3 围堰的拆除

围堰是临时建筑物，导流任务完成后，应按设计要求拆除，以免影响永久建筑物的施工及运转。例如，在采用分段围堰法导流时，第一期横向围堰的拆除，如果不合要求，势必会增加上下游水位差，从而增加截流工作的难度，提高截流料物的质量要求及使用数量。又如，下游围堰拆除不彻底，会抬高尾水位，影响水轮机的利用水头，造成不应有的损失。

土石围堰相对来说断面较大，拆除工作一般在运行期限的最后一个汛期过后，随上游水位的下降，逐层拆除围堰的背水坡和水上部分，但必须保证依次拆除后所残留的断面，能继续挡水和维持稳定，以免发生安全事故，使基坑过早淹没，影响施工。土石围堰的拆除一般可用挖土机或爆破开挖等方法。

钢板桩格形围堰的拆除，首先要用抓斗或吸石器将填料清除，然后用拔桩机起拔钢板桩。混凝土围堰的拆除，一般只能用爆破法炸除，但应注意，必须使主体建筑物或其他设施不受爆破危害。

1.3 截流工程

施工导流过程中，当导流泄水建筑物建成后，应抓住有利时机，迅速截断原河床水流，迫使河水经完建的导流泄水建筑物下泄，然后在河床中全面展开主体建筑物的施工，这就是截流工程。

截流过程：先在河床的一侧或两侧向河床中填筑截流戗堤，逐步缩窄河床，称为进占。戗堤进占到一定程度，河床束窄，形成流速较大的泄水缺口叫龙口。为了保证龙口两侧堤端和底部的抗冲性能稳定，通常采取工程防护措施，如抛投大块石、铅丝笼等，这种防护堤端叫裹头。封堵龙口的工作叫合龙。合龙以后，龙口段及戗堤本身仍然漏水，必须在戗堤全线设置防渗设施，这一工作叫闭气。所以，整个截流过程包括戗堤进占、龙口裹头及护底、合龙、闭气等四项工作。截流后，对戗堤进一步加高培厚，修筑成设计围堰。

由此可见，截流在施工中占有重要地位，如不能按时完成，就会延误整个建筑物施工，河槽内的主体建筑物就无法施工，甚至可能拖延工期一年，所以在施工中常将截流作为关键性工程。为了截流成功，必须充分掌握河流的水文、地形、地质等条件，掌握截流过程中水流的变化规律及其影响，并做好周密的施工组织，在狭小的工作面上以较大的施工强度在较短的时间内完成截流。

1.3.1 截流方式

截流的基本方式有立堵法、平堵法与综合方式。

1. 立堵法

立堵法截流是将截流材料从龙口一端向另一端或从两端向中间抛投进占，逐渐束窄龙口，直至全部拦断。

立堵法截流不需架设浮桥，准备工作比较简单，造价较低。但截流时水力条件较为不利，龙口单宽流量较大，流速增加也较大。此外，水流绕截流戗堤端部使水流产生强烈的立轴旋涡，在水流分离线附近造成紊流，易造成河床冲刷，且流速分布很不均匀，需抛投单个质量较大的截流材料。截流时由于工作前线狭窄，抛投强度受到限制。立堵法截流适用于大流量、岩基或覆盖层较薄的岩基河床，软基河床应采取护底措施后才能使用。

立堵法截流又分为单戗、双戗和多戗立堵截流。单戗适用于截流落差不超过3m的情况。

2. 平堵法

平堵法截流是沿整个龙口宽度全线抛投，抛投料堆筑体全面上升，直至露出水面。这种方法的龙口一般是部分河宽，也可以是全河宽。因此，合龙前必须在龙口架设浮桥。由于平堵法是沿龙口全宽均匀地抛投，所以其单宽流量小，流速增加也较小，需要的单个材料的质量也较轻，抛投强度较大，施工速度快，但会对通航造成影响，适用于软基河床、河流架桥方便且对通航影响不大的河流。

3. 综合方式

（1）立平堵

为了充分发挥平堵水力学条件较好的优点，同时降低架桥的费用，有的工程采用先立堵，后在栈桥上平堵的方式。苏联布拉茨克水电站，在截流流量为3600m³/s、最大落差为3.5m的条件下，先立堵进占，缩窄龙口至100m，然后利用管柱栈桥全面平堵合龙。

在多瑙河上的铁门水利枢纽工程中，经过方案比较，决定采取立平堵方式，立堵进占结合管柱栈桥平堵。立堵段首先进占，完成长度149.5m，平堵段龙口100m，由栈桥上抛投完成截流，最终落差达3.72m。

（2）平立堵

对于软基河床，单纯立堵易造成河床冲刷，宜采用先平抛护底，再立堵合龙的方式，平抛多利用驳船进行。我国青铜峡、丹江口及葛洲坝等工程均采用此法，三峡工程在二期大江截流时也采用了该方法，取得了满意的效果。由于护底均为局部性，故这类工程本质上同属立堵法截流。

1.3.2 截流时间

截流时间应根据枢纽工程施工控制性进度计划或总进度计划决定，至于时段选择，一般应考虑以下原则，经过全面分析比较而定。

（1）尽可能在较小流量时截流，但必须全面考虑河道水文特性和截流应完成的各项控制工程量，合理利用枯水期。

（2）对通航、灌溉、供水、过木等有特殊要求的河道，应全面兼顾这些要求，尽量使截流对河道综合利用的影响最小。

（3）有冰冻河流，一般不在流冰期截流，避免截流和闭气工作复杂化，如特殊情况必须在流冰期截流应有充分论证，并有周密的安全措施。

根据以上所述，截流时间应根据河流水文特征、气候条件、围堰施工及通航过木等因素综合分析确定，一般多选在枯水期初期，其流量已有显著下降的时候，寒温带地区应尽量避开河道流冰及封冻期。

1.3.3 截流材料

1. 材料种类选择

截流材料一般就地取材，主要有块石、石串、装石竹笼等。此外，在截流水力条件较差时，还可采用混凝土块体。

石料密度较大，抗冲能力强，较易获得，且经济性较好。因此，凡有条件者，均应优先选用石块截流。

在大中型工程截流中，混凝土块体的运用较普遍。这种人工块体制作、使用方便，抗冲能力强，故为许多工程采用（如三峡工程、葛洲坝工程等）。

在中小型工程截流中，因受起重运输设备能力限制，所采用的单个石块或混凝土块体的质量不能太大。石笼（如竹笼、铅丝笼、钢筋笼）或石串，一般使用在龙口水力条件不利的条件下。大型工程中除石笼、石串外，也采用混凝土块体串。某些工程因缺乏石料，或河床易冲刷，也可根据当地条件采用梢捆、草土等材料截流。

2. 材料尺寸的确定

采用块石和混凝土块体截流时，所需材料尺寸可通过水力计算初步确定，然后考虑该工程可能拥有的起重运输设备能力，做出最后抉择。

3. 材料数量的确定

（1）不同粒径材料数量的确定

无论是平堵截流还是立堵截流，原则上都可以按合龙过程中水力参数的变化来计算相应的材料粒径和数量。常用的方法是将合龙过程按高程（平堵）或宽度（立堵）划分成若干区段，然后按分区最大流速计算出所需材料的粒径和数量。实际上，每个区段也不是只用一种粒径的材料，所以设计中均参照国内外已有工程经验来决定不同粒径材料的比例。例如，平堵截流时，最大粒径材料数量可按实际使用区段考虑，也可按最大流速出现时起，直到戗堤出水时所用材料总量的 70%～80% 考虑。立堵截流时，最大粒径材料数量，常按困难区段抛投总量的 1/3 考虑。根据国内外十几个工程的截流资料统计，特殊材料数量占合龙段总工程量的 10%～30%，一般为 15%～20%。如仅按最终合龙段统计，特殊材料所占比例约为 60%。

（2）备料量

备料量的计算，可以设计戗堤体积为准，另外需要考虑各项损失。平堵截流的设计戗堤体积计算比较复杂，需按戗堤不同阶段的轮廓计算。立堵截流戗堤断面为梯形，设计戗堤体积计算比较简单。戗堤顶宽视截流施工需要而定，通常取 10～18m 较多，可保证 2 或 3 辆汽车同时卸料。

备料量取决于对流失量的估计。实际工程的备料量与设计用量之比多为 1.3～1.5，个别工程达到 2.0。例如，铁门工程达到 1.35，青铜峡采用 1.5，实际合龙后还剩下很多材料。因此，初步设计时备料系数不必取得过大，实际截流前夕，可根据水情变化适当调整。

4. 分区用料规划

在合龙过程中，必须根据龙口的流速流态变化采用相应的抛投技术和材料。这一点在截流规划时就应予以考虑。在截流中，合理选择截流材料的尺寸或质量，这对截流的成功和截流费用的节省具有重大意义。截流材料的尺寸或质量取决于龙口的流速。截流材料的适用流速见表1.1。

表 1.1 截流材料的适用流速

截流材料	适用流速/(m·s^{-1})
土料	0.5～0.7
20～30kg 重石块	0.8～1.0
50～70kg 重石块	1.2～1.3
麻袋装土（0.7m×0.4m×0.2m）	1.5
ϕ0.5m×2m 装石竹笼	2.0
ϕ0.6m×4m 装石竹笼	2.5～3.0
ϕ0.8m×6m 装石竹笼	3.5～4.0
3t 大型块石或钢筋石笼	3.5
4.5t 混凝土六面体	4.5
5t 大型块石、大石串或钢筋石笼	4.5～5.5
12～15t 重混凝土四面体	7.2
20t 重型混凝土四面体	7.5
ϕ1.0m×15m 柴石枕	7.0～8.0

1.4 基坑排水

修建水利水电工程时，在围堰合龙闭气以后，就要排除基坑内的积水和渗水，以保持基坑处于基本干燥状态，以利于基坑开挖、地基处理及建筑物的正常施工。

基坑排水工作按排水时间及性质，一般可分为：①基坑开挖前的初期排水，包括基坑积水、基坑积水排除过程中的围堰堰体与基础渗水、堰体及基坑覆盖层中的含水量，以及可能出现的降水的排除；②基坑开挖及建筑物施工过程中的经常性排水，包括围堰和基坑渗水、降水，以及施工弃水量的排除。如按排水方法分，有明式排水和人工降低地下水位两种。

1.4.1 明式排水

1. 排水量的确定

（1）初期排水量估算

初期排水主要包括基坑积水、围堰与基坑渗水两大部分。对于降雨，因为初期排水是在围堰或截流戗堤合龙闭气后立即进行的，通常是在枯水期内，而枯水期降雨很少，所以一般可不予考虑。除积水和渗水外，有时还需考虑填方和基础上的饱和水。

初期排水渗透流量原则上可按有关公式计算。但是，初期排水时的渗流量估算往往很难符合实际。因为，此时还缺乏必要的资料。通常不单独估算渗流量，而将其与积水排除流量合并，依靠经验估算初期排水总流量 Q，见式 (1.2)。

$$Q=Q_1+Q_s=k\frac{V}{T} \tag{1.2}$$

式中，Q_1 为积水排除的流量，m^3/s；Q_s 为渗水排除的流量，m^3/s；V 为基坑积水体积，m^3；T 为初期排水时间，s；k 为经验系数，主要与围堰种类、防渗措施、地基情况、排水时间等因素有关，根据国外一些工程的统计，$k=4\sim10$。

基坑积水体积可按基坑积水面积和积水水深计算，这是比较容易的。但是初期排水时间 T 的确定就比较复杂，初期排水时间 T 主要受基坑水位下降速度的限制，基坑水位的允许下降速度视围堰种类、地基特性和基坑内水深而定。水位下降太快，则围堰或基坑边坡中动水压力变化过大，容易引起坍坡。下降太慢，则影响基坑开挖时间。一般认为，土围堰的基坑水位下降速度应限制在 0.5～0.7m/d，木笼及板桩围堰等应小于 1.5m/d。初期排水时间，大型基坑一般可采用 5～7d，中型基坑一般不超过 3～5d。

通常，当填方和覆盖层体积不太大，在初期排水且基础覆盖层尚未开挖时，可以不必计算饱和水的排除。如需计算，可按基坑内覆盖层总体积和孔隙率估算饱和水总水量。

按以上方法估算初期排水流量，选择抽水设备后，往往很难符合实际。在初期排水过程中，可以通过试抽法进行校核和调整，并为经常性排水计算积累一些必要资料。试抽时如果水位下降很快，可推断为所选择的排水设备容量过大，应关闭一部分排水设备，使水位下降速度符合设计规定。试抽时若水位不变，可推断为设备容量过小或有较大渗漏通道存在。此时，应增加排水设备容量或找出渗漏通道予以堵塞，再进行抽水。还有一种情况是水位降至一定深度后就不再下降，这说明此时排水流量与渗流量相等，据此可估算出需增加的设备容量。

(2) 经常性排水的排水量确定

经常性排水的排水量，主要包括围堰和基坑的渗水、降雨、地基岩石冲洗及混凝土养护用废水等。设计中一般考虑两种不同的组合，从中选其大者，以选择排水设备。一种组合是渗水加降雨；另一种组合是渗水加施工废水。降雨和施工废水不必组合，这是因为两者不会同时出现。

①降雨量的确定

在基坑排水设计中，对降雨量的确定尚无统一的标准。大型工程可采用 20 年一遇三日降雨中最大的连续 6h 雨量，再减去估计的径流损失值 (1mm/h)，作为降雨强度。也有的工程采用日最大降雨强度，基坑内的降雨量可根据上述计算的降雨强度和基坑集雨面积求得。

②施工废水

施工废水主要考虑混凝土养护用水，其用水量估算，应根据气温条件和混凝土养护的要求而定。一般初估时可按每立方米混凝土每次用水 5L，每天养护 8 次计算。

③渗透流量计算

通常，基坑渗透总量包括围堰渗透量和基础渗透量两大部分。关于渗透量的详细计算方法，可参考水力学、水文地质和水工结构等相关著作，不再赘述。

在初步估算时，可能无法获得较详尽而又可靠的渗透系数资料，此时可采用更简便的估算方法。当基坑在透水地基上时，可按照相关参考指标来估算整个基坑的渗透流量（表1.2）。

表1.2　1m水头下1m²基坑面积的渗透流量

土类	渗透流量/（m³·h⁻¹）
细砂	0.16
中砂	0.24
粗砂	0.30
砂砾石	0.35
有裂缝的岩石	0.05～0.10

2. 基坑排水布置

排水系统的布置通常应考虑两种不同情况。一种是基坑开挖过程中的排水系统布置；另一种是基坑开挖完成后修建建筑物时的排水系统布置。布置时，应尽量兼顾这两种情况，并且使排水系统尽可能不影响施工。

基坑开挖过程中的排水系统布置，应以不妨碍开挖和运输工作为原则。一般常将排水干沟布置在基坑中部，以利两侧出土。随基坑开挖工作的进展，逐渐加深排水干沟和支沟。通常保持干沟深度为1.0～1.5m，支沟深度为0.3～0.5m。集水井多布置在建筑物轮廓线外侧，井底应低于干沟沟底。但是，由于基坑坑底高程不一，有的工程采用层层设截流沟、分级抽水的办法，即在不同高程上分别布置截水沟、集水井和水泵站，进行分级抽水。

建筑物施工时的排水系统，通常都布置在基坑四周。排水沟应布置在建筑物轮廓线外侧，且距离基坑边坡坡脚不少于0.3～0.5m。排水沟的断面尺寸和底坡大小，取决于排水量的大小。一般排水沟底宽不小于0.3m，沟深不大于1.0m，底坡坡度不小于0.002。在密实土层中，排水沟可以不用支撑，但在松土层中，其则需用木板或麻袋装石来加固。

水经排水沟流入集水井后，利用在井边设置的水泵站，将水从集水井中抽出。集水井布置在建筑物轮廓线以外较低的地方，它与建筑物外缘的距离必须大于井的深度。井的容积至少要能保证水泵停止抽水10min，井水不致漫溢。集水井可为长方形，边长为1.5m，井底高程应低于排水沟底1.0m。在土中挖井，其底面应铺填反滤料，在密实土中，井壁用框架支撑在松软土中，利用板桩加固。如板桩接缝漏水，尚需在井壁外设置反滤层。集水井不仅可用来集聚排水沟的水量，而且应有澄清水的作用，因为水泵的使用年限与水中含沙量有关。为了保护水泵，集水井宜偏大、偏深。

为防止降雨时地面径流进入基坑而增加抽水量，通常在基坑外缘边坡上挖、截水沟，以拦截地面水。截水沟的断面及底坡应根据流量和土质而定，一般沟宽和沟深不小于0.5m，底坡坡度不小于0.002，基坑外地面排水系统最好与道路排水系统相结合，以便自流排水。为了降低排水费用，当基坑排水水质符合饮用水或其他施工用水要求时，可将基坑排水与生活、施工供水相结合。丹江口工程的基坑排水就直接引入供水池，供水池上设有溢流闸门，多余的水则溢入江中。

明式排水系统最适用于岩基开挖。对砂砾石或粗砂覆盖层，当渗透系数 $K_s>2\times 10^{-1}\mathrm{cm/s}$，且围堰内外水位差不大时也可用。在实际工程中也有超出上述界限的，例如丹江口的细砂地基，渗透系数约为 $2\times 10^{-2}\mathrm{cm/s}$，采取适当措施后，明式排水也取得了成功。不过，一般认为，当 $K_s<10^{-1}\mathrm{cm/s}$ 时，以采用人工降低水位法为宜。

1.4.2 人工降低地下水位

在经常性排水过程中，为了保持基坑开挖工作始终在干地进行，常常要多次降低排水沟和集水井的高程，变换水泵站的位置，影响开挖工作的正常进行。此外，在开挖细砂土、砂壤土一类地基时，随着基坑底面的下降，坑底与地下水位的高差愈来愈大，在地下水渗透压力作用下，容易产生边坡脱滑、坑底隆起等事故，甚至危及邻近建筑物的安全，给开挖工作带来不良影响。

而采用人工降低地下水位，可以改变基坑内的施工条件，防止流沙现象的发生，基坑边坡可以陡些，从而可以大大降低挖方量。人工降低地下水位的基本做法：在基坑周围钻设一些井，地下水渗入井中后，随即被抽走，使地下水位线降到开挖的基坑底面以下，一般应使地下水位降到基坑底部 0.5～1.0m。

人工降低地下水位的方法，按排水工作原理可分为管井法和井点法两种。管井法是单纯重力作用排水，适用于渗透系数 $K_s=10\sim250\mathrm{m/d}$ 的土层；井点法还具有真空或电渗排水的作用，适用于 $K_s=0.1\sim50.0\mathrm{m/d}$ 的土层。

1. 管井法降低地下水位

管井法降低地下水位时，在基坑周围布置一系列管井，管井中放入水泵的吸水管，地下水在重力作用下流入井中，并被水泵抽走。管井法降低地下水位时，须先设置管井，管井通常由下沉钢井管而成，在缺乏钢管时也可用木管或预制混凝土管代替。

井管的下部安装滤水管节（滤头），有时在井管外还需设置反滤层，地下水从滤水管进入井内，水中的泥沙则沉淀在沉淀管中。滤水管是井管的重要组成部分，其构造对井的出水量和可靠性影响很大，并要求它过水能力大，进入的泥沙少，有足够的强度和耐久性。

井管埋设可采用射水法、振动射水法及钻孔法下沉。本书以射水法为例进行介绍。下沉时，先用高压水冲土下沉套管，较深时可配合振动或锤击（振动水冲法），然后在套管中插入井管，最后在套管与井管的间隙中间填反滤层和拔套管，反滤层每填高一次便拔一次套管，逐层上拔，直至完成。

管井中抽水可应用各种抽水设备，但主要的是普通离心式水泵、潜水泵或深井水泵，分别可降低水位 3～6m、6～20m 和 20m 以上，一般采用潜水泵较多。用普通离心式水泵抽水，由于吸水高度的限制，当要求降低地下水位较深时，要分层设置管井，分层进行排水。

在要求大幅度降低地下水位的深井中抽水时，最好采用专用的离心式深井水泵。每个深井水泵都是独立工作的，井的间距也可以加大，深井水泵一般深度大于 20m，排水效果好，需要井数少。

2. 井点法降低地下水位

井点法和管井法不同，它把井管和水泵的吸水管合二为一，简化了井的构造。

井点法降低地下水位的设备，根据其降深能力分轻型井点（浅井点）和深井点等。

其中，最常用的是轻型井点，它是由井管、集水总管、普通离心式水泵、真空泵和集水箱等设备所组成的一个排水系统。轻型井点系统的井点管为直径 38～50mm 的无缝钢管，间距为 0.6～1.8m，最大可达 3.0m。地下水从井管下端的滤水管借真空泵和水泵的抽吸作用流入管内，沿井管上升汇入集水总管，流入集水箱，由水泵排出。轻型井点系统开始工作时，先开动真空泵，排除系统内的空气，待集水井内的水面上升到一定高度后，再启动水泵排水。水泵开始抽水后，为了保持系统内的真空度，其仍需真空泵配合水泵工作。这种井点系统也叫真空井点。

井点系统排水时，地下水位的下降深度，取决于集水箱内的真空度与管路的漏气和水力损失。一般集水箱内真空度为 80kPa（400～600mmHg），相应的吸水高度为 5～8m，扣去各种损失后，地下水位的下降深度为 4～5m。

当要求地下水位降低的深度超过 5m 时，可以像管井一样分层布置井点，每层控制范围 3～4m，但以不超过 3 层为宜。分层太多，基坑范围内管路纵横，妨碍交通，影响施工，同时也增加挖方量，而且当上层井点发生故障时，下层水泵能力有限，地下水位回升，基坑有被淹没的可能。

真空井点抽水时，在滤水管周围形成一定的真空梯度，加速了土的排水速度，因此即使在渗透系数小到 0.1m/d 的土层中，其也能进行工作。

布置井点系统时，为了充分发挥设备能力，集水总管、集水管和水泵应尽量接近天然地下水位。当需要几套设备同时工作时，各套总管之间最好接通，并安装开关，以便相互支援。

井管的安设，一般用射水法下沉。在距孔口 1.0m 范围内，应用黏土封口，以防漏气。排水工作完成后，可利用杠杆将井管拔出。

深井点与轻型井点不同，它的每一根井管上都装有扬水器（水力扬水器或压气扬水器），因此它不受吸水高度的限制，有较大的降深能力。

深井点有喷射井点和压气扬水井点两种。

喷射井点由集水池、高压水泵、输水干管和喷射井管等组成。通常一台高压水泵能为 30～35 个井点服务，其最适宜的降水深度范围为 5～18m。喷射井点的排水效率不高，一般用于渗透系数为 3～50m/d、渗流量不大的场合。

压气扬水井点是用压气扬水器进行排水。排水时压缩空气由输气管送来，由喷气装置进入扬水管，于是管内容重较轻的水汽混合液在管外水压力的作用下，沿扬水管上升到地面排走。为达到一定的扬水高度，就必须将扬水管沉入井中并有足够的潜没深度，使扬水管内外有足够的压力差。压气扬水井点降低地下水位最大可达 40m。

2 爆破工程施工

2.1 钻孔爆破

2.1.1 台阶爆破

1. 深孔台阶爆破

通常将炮孔直径大于 50mm、孔深大于 5m 的台阶爆破统称为深孔台阶爆破。深孔爆破的钻孔形式一般分为垂直钻孔和倾斜钻孔两种。深孔台阶爆破法被广泛应用于水利水电工程施工中。

(1) 台阶要素

深孔爆破台阶要素示意如图 2.1 所示。

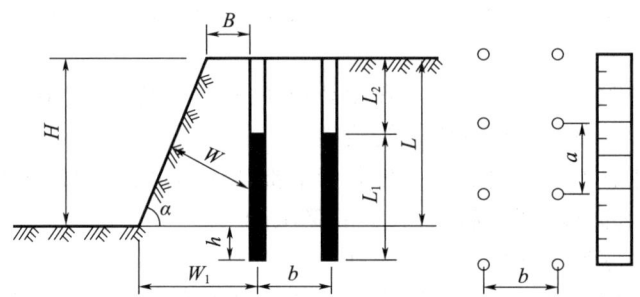

H—台阶高度，m；W—最小抵抗线；W_1—前排钻孔的地盘抵抗线，m；L—钻孔深度，m；
L_1—装药长度，m；L_2—堵塞长度，m；h—超钻孔深，m；α—台阶坡面角，°；a—孔距，m；
b—排距，m；B—在台阶面上从钻孔中心至坡顶线的安全距离，m。

图 2.1 深孔爆破台阶要素示意

为了达到良好的爆破效果，必须正确确定上述各项台阶要素。

(2) 布孔形式

布孔形式有单排布孔和多排布孔。多排布孔又分为方形、矩形及三角形（梅花形）布孔三种。方形布孔具有相等的孔间距和抵抗线（排距），矩形布孔的抵抗线比孔间距小，即排距小于孔间距，梅花形布孔可取抵抗线和孔间距相等，也可取抵抗线小于孔间距，后者更常用。

(3) 深孔台阶爆破参数

深孔台阶爆破参数包括孔径、孔深、超钻孔深、底盘抵抗线、孔距、排距、堵塞长度、单位炸药消耗量、每孔装药量等。

①孔径 D

孔径主要取决于钻机类型、台阶高度及岩石性质，一般用 D 表示。国内常用的深孔直径有 76~80mm、100mm、150mm、170mm、200mm、250mm、310mm 等。

②孔深 L 与超钻孔深 h

孔深是由台阶高度和超钻孔深确定的。水利水电工程中，一般部位的爆破开挖台阶高度 H 为 8~15m。

垂直孔孔深计算见式（2.1）。

$$L = H + h \tag{2.1}$$

式中，L 为孔深，m；h 为超深，m；H 为爆破开挖台阶高度，m。

超钻孔深见式（2.2）或式（2.3）。

$$h = (0.15 \sim 0.35) W_1 \tag{2.2}$$

$$h = (8 \sim 12) D \tag{2.3}$$

式中，h 为超深，m；W_1 为底盘抵抗线，m；D 为孔径。

③底盘抵抗线 W_1

底盘抵抗线是指从台阶坡底线到第一排孔中心轴线的水平距离，是一个重要的爆破参数。底盘抵抗线过大能造成较大的根底，过小会造成炸药消耗量增多。底盘抵抗线可以按钻机安全作业条件或根据每孔可能装入的药量确定，或根据经验公式确定，见式（2.4）。

$$W_1 = (0.6 \sim 0.8) H \tag{2.4}$$

式中，符号意义同前。

④孔距 a 和排距 b

孔距 a 是指同一排钻孔相邻两孔中心线的距离。一般可以按式（2.5）计算。

$$a = m W_1 \tag{2.5}$$

式中，m 为爆孔密集系数；其余符号意义同前。

排距 b 是指多排孔爆破时，相邻两排钻孔间的距离。它与孔网布置和起爆顺序等因素有关。多排孔爆破时，孔距和排距是一个相关的参数，在给定孔径条件下，每个孔都有一个合理的负担面积（S），即式（2.6）。

$$S = ab \tag{2.6}$$

式中，符号意义同前。

⑤堵塞长度 l

合理的堵塞长度和堵塞质量，对改善爆破效果和提高炸药的利用率具有重要作用，堵塞长度 l 一般按式（2.7）或式（2.8）计算。

$$l = (0.7 \sim 1.0) W_1 \tag{2.7}$$

$$l = (20 \sim 30) D \tag{2.8}$$

式中，符号意义同前。

⑥单位炸药消耗量 q

影响单位炸药耗量的因素主要有岩石的可爆性、炸药特性、自由面条件、起爆方法和块度要求等。因此，选取合理的单位炸药耗量往往需要通过多次试验或者长期生产实践来验证。

⑦每孔装药量 Q

单排孔或多排孔爆破的第一排孔的每孔装药量按式（2.9）计算。

$$Q = qaW_1H \tag{2.9}$$

式中，H 为台阶高度，m；其余符号意义同前。

多排孔爆破时，从第二排起，以后各排的每孔装药量按式（2.10）计算。

$$Q = kqabH \tag{2.10}$$

式中，k 为考虑受前面排孔的岩石阻力作用的增加系数，$k=1.1\sim1.2$；其余符号意义同前。

2. 浅孔台阶爆破

浅孔爆破是指孔深不超过 5m、孔径在 50mm 以下的爆破。浅孔爆破设备简单，方便灵活，工艺简单。浅孔爆破在小台阶采矿、沟槽基础开挖、二次破碎、边坡危石处理、石材开采、井巷掘进等工程广泛应用。

浅孔台阶爆破与深孔台阶爆破，两者基本原理是相同的，工作面都是以台阶的形式向前推进，不同点是孔径、孔深、爆破规模等比较小。

（1）炮孔布置

浅孔爆破一般采用垂直孔，炮孔布置方式和爆破设计与深孔台阶爆破类似，只不过相应的孔网参数较小。

（2）浅孔台阶爆破参数

爆破参数应根据施工现场的具体条件和类似工程的成功经验选取，并通过实践检验修正，以取得最佳参数值。

①炮孔直径 d

由于采用浅孔凿岩设备，孔径多为 36～42mm，药卷直径一般为 36～35mm。

②炮孔深度 L 和超深 h

其计算见式（2.11）。

$$L = H + h \tag{2.11}$$

式中，L 为孔深度，m；H 为台阶高度，m；h 为超钻孔深，m。

浅孔台阶爆破的台阶高度 H 一般不超过 5m，而超钻深度一般取台阶高度的 10%～15%，即式（2.12）。

$$h = (0.10 \sim 0.15)H \tag{2.12}$$

式中，符号意义同前。

③炮孔间距 a

一般有式（2.13）或式（2.14）。

$$a = (1.0 \sim 2.0)W_1 \tag{2.13}$$

$$a = (0.5 \sim 1.0)L \tag{2.14}$$

式中，符号意义同前。

④单位炸药耗量 q

与深孔台阶爆破相比，浅孔爆破的单位炸药耗量值应稍大些，一般取 $q=0.5\sim1.2\text{kg/m}^3$。

3. 台阶爆破施工工艺

（1）施工准备

①覆盖层清除

一般按照"先剥离、后开采"的原则，根据施工区的特点，可先组织机械进行表土清除、风化层剥离，为爆破施工创造条件。

②施工道路布置

施工道路主要服务钻机就位和渣料运输，修筑施工道路尽量利用已有道路、减少公路修筑工程量，缩短上山道路施工工期。

③台阶布置

根据开采地形和台阶高度，结合已修筑施工道路，合理布置台阶，应在道路与设计台阶交叉处向两侧外拓，为钻机和出渣机械工作创造条件，向两侧外拓采用挖掘机械与爆破相结合的方法。

(2) 钻孔

①钻机平台修建

台阶式爆破都应为钻机修筑钻孔平台。平台宽度应便于钻孔机械安全施工为宜。保证一次钻孔不少于两排孔。平台要平整，以便钻孔机移动和作业。施工时采用浅孔爆破、推土机整平的方法。

②钻孔方法

钻孔时，施工操作人员要掌握钻机的操作要领，熟悉与了解设备的性能、构造原理及使用注意事项，熟练操作技术，并掌握不同性质岩石的钻孔规律。钻孔的基本要领：软岩慢打，硬岩快打；小风压顶着打，不见硬岩不加压；勤看勤听勤检查。

a. 开口

完整的岩面，应先吹净浮渣，给小风不加压，慢慢冲击岩面，打出孔窝后，旋转钻具下钻开孔。当钻头进孔后，逐渐加大分量至全风全压快速凿岩状态。若开口不当，会形成喇叭口，小碎石随时可能掉进孔内造成卡钻或堵孔。因此，开口时应使钻头离地，给高风高压，吹净浮渣，按"小风压顶着打，不见硬岩不加压"的要领开口。

b. 钻进技巧

孔口开好后，进入正常钻进时，对于硬岩应选择高质量高硬度的钻头、送全风全压，但转速不宜过快，防止损坏钻头；对于软岩，应送全风加半压慢打，排净钻孔岩粉，每钻进 1.0～1.5m 时提钻吹孔一次。防止孔底积渣过多而卡钻；对于风化破碎岩层，应分量小压力轻，勤吹孔勤护孔，为避免塌孔现象，每钻进 1.0m 左右，就用黄泥护孔一次。

c. 泥浆护孔方法

孔口岩石破碎不稳定段，应在钻孔过程中采用泥浆进行护壁，一是避免孔口形成喇叭口状影响钻屑冲出，二是防止在钻孔、装药过程中孔口破碎岩块掉入孔内造成堵孔。泥浆护壁的操作程序是：炮孔钻凿 2～3m；提前制备泥浆，将泥浆注入炮孔，同时缓慢钻进；钻进过程中每隔 2～3h 检测泥浆性能；钻孔达设计深度后吹出岩粉，再用测绳等复测孔深。

③炮孔验收与保护

炮孔验收主要内容：检查炮孔深度和孔网参数；复核前排各炮孔的抵抗线；查看孔中含水情况等。炮孔验收应对各项检查数据做好记录。

为防止堵孔，应该做到如下方面：a. 每个炮孔钻完后立即将孔口用木塞或塑料塞堵好，防止雨水或其他杂物进入炮孔。b. 孔口岩石清理干净，防止掉落孔内。c. 一个爆区钻孔完成后尽快实施爆破。

在炮孔验收过程中发现堵孔、深度不够，应及时进行补钻。在补孔过程之中，应注意周边炮孔的安全，保证所有炮孔在装药前全部符合设计要求。

（3）装药方法

装药主要有两种方式，即机械装药和人工装药。矿山等用药量很大的地方，一般采用机械装药。机械装药与人工装药相比，安全性好，效率高，也较为经济。

①装药过程主要注意事项

结块的炸药必须敲碎后再装入孔内，防止堵塞炮孔，破碎药块只能用木槌，不能用铁器；乳化炸药在装入炮孔前一定要整理顺直，不得有压扁等现象，防止堵塞炮孔。根据装入炮孔内炸药量估计装药位置，发现装药位置偏差很大时，应立即停止装药，分析原因后再处理。装药速度不宜过快，特别是水孔装药速度一定要慢，要保证乳化炸药沉入孔底。放置起爆药包时，雷管脚线要顺直，轻轻拉紧并贴在孔壁一侧，以避免脚线产生死弯而造成芯线折断、导爆管折断等，同时可减少炮棍捣坏脚线的机会。采取有效措施，防止起爆线（或导爆管）掉进孔内。装药超量时采取的处理方法为，其一，装药为铵油炸药时往孔内倒入适量水溶解炸药，降低装药高度，保证填塞长度符合设计要求；其二，炸药为乳化炸药时采用炮棍等将炸药一节一节提出孔外，满足炮孔填塞长度。在处理过程中一定要注意雷管脚线（或导爆管）不得受到损伤。

②装药过程中发生堵孔时应采取的措施

首先了解发生堵孔的原因，以便在装药操作过程中注意避免，采取相应措施尽可能避免造成堵孔。发生堵孔原因包括：在水孔中，由于炸药在水中下降速度慢，装药过快易造成堵孔；炸药块度过大，在孔内卡住后难以下沉；装药时将孔口浮石带入孔内或将孔内松动石块碰到孔中间，造成堵孔；水孔内水面因装药而上升，将孔壁松动岩块冲到孔中间堵孔；起爆药包卡在孔内某一位置，未装到接触炸药处，继续装药就造成堵孔。

堵孔的处理方法：起爆药包未装入炮孔前，可采用木质炮棍捅透装药，疏通炮孔；如果起爆药包已装入炮孔，严禁用力直接捅压起爆药包，可请现场爆破技术人员根据现场情况提出处理意见。

（4）堵塞

堵塞材料一般采用钻屑、黏土、粗砂等，水平填塞时应用废纸将钻屑、黏土、粗砂等制成炮泥卷。

①堵塞方法

堵塞时，应将填塞材料慢慢放入孔内。孔内堵塞段有水时，采用粗砂或钻孔岩粉填塞；每填入30～50cm后，用炮棍检查是否沉到位，并捣实。严禁炮泥悬空、炮孔填塞不密实。水平孔、倾斜孔堵塞时，采用炮泥卷填塞，炮泥卷每放入一卷，用炮棍将炮泥卷捣烂压实。

②堵塞时注意事项

a. 堵塞材料中不得含有碎石块和易燃材料；

b. 堵塞过程中要防止导线、导爆管被砸断、砸破。

（5）起爆网路的连接

爆破网路连接是一个关键工序，一般由爆破技术人员或有丰富经验的爆破员来操作网路，连接人员必须了解爆破工程的设计意图、具体起爆顺序，能够识别不同段别的起爆器材。

采用电爆网路时，因一次起爆孔数较多，必须合理分区连接，以减小整个爆破网路的电阻值，分区时要注意各个支路的电阻平衡，才能保证每个雷管获得相同的电流值，实践表明，电爆网路连接质量关系工程的成败，任何诸如接头不牢固、导线断面不够、导线质量低劣、连接电阻过大或接头触地漏电等，都会造成起爆时间延误或发生拒爆。在网路连接过程中，应利用爆破参数测定仪随时监测网路电阻值，网路连接完毕后，必须对网路所测电阻值与计算进行比较，若有较大误差，应查明原因，排除故障，重新连接。

采用非电爆破网路时，由于不能用仪器进行施工过程监测，要求网路连接人员精心操作，注意每排和每个炮孔的雷管段别，在必要时划片有序连接，以免出错或漏连。在导爆管网路采用簇联时，必须两人配合，一定要捆好绑紧，并将起爆雷管的聚能穴做适当处理，避免雷管飞片将导爆管切断，产生瞎炮。采用导爆索与导爆管联合起爆网路时，一定要用内装软土的编织袋将导爆管保护起来，避免导爆索爆炸时的冲击波对导爆管产生不利影响。

（6）起爆

起爆前，应首先检查起爆器是否完好正常，及时更换起爆器电池，保证提供足够电能并能快速充到爆破需要的电压值；在连接主线接入起爆器前，必须对网路电阻进行检测；当警戒完成后，再次测定电阻值，确保安全后，才能将主线接入起爆器，等候起爆命令；起爆后，应及时切断电源，将主线与起爆器分离。

（7）爆后检查

爆破后，爆破工程技术人员和爆破员先对爆破现场进行检查，只有在检查完毕确认安全后，才能发出解除警戒信号和允许其他施工人员进入爆破作业现场。

爆破后不能立即进入现场，应等待一定时间，确保所有起爆药包均已爆炸，以及爆堆基本稳定后再进入现场检查。一般岩土爆破后检查内容主要包括：爆破爆堆是否稳定，有无危坡、危石；有无滚石和超范围塌陷；有无拒爆药包；最敏感、最重要的保护对象是否安全；爆区附近有隧道、涵洞和地下采矿场时，应对这些部位进行安全和有害气体检测。

爆后检查如果发现或怀疑有拒爆药包，应向现场指挥汇报，由其组织有关人员做进一步检查；如发现存在瞎炮或其他不安全因素，要尽快采取措施进行处理；在上述情况下，不应发出解除警戒信号。

2.1.2 预裂与光面爆破

1. 基本概念与适用条件

（1）预裂爆破

①定义

沿开挖边界布置密集炮孔，采用不耦合装药或装填低威力炸药，在主爆孔爆破之前起爆，在爆破和保留区之间形成一条有一定宽度的贯穿裂缝，在这条缝的"屏蔽"下再进行主体爆破，以削弱主体爆破对保留岩体的破坏，并形成平整轮廓面的作业，称为预裂爆破。

②基本作业方法

预裂爆破基本作业方法也有两种。

a. 预裂孔先行爆破法。在主体石方钻孔之前，先沿设计边坡钻密集孔进行预裂爆破，然后进行主体石方钻孔爆破。

b. 一次分段延期起爆法。预裂孔和主爆孔采用毫秒延期雷管同次分段起爆，预裂爆破孔先于主爆孔100～150ms起爆。

（2）光面爆破

①定义

沿开挖边界布置密集炮孔，采用不耦合装药或装填低威力炸药，在主爆孔起爆后起爆，以形成平整轮廓面的爆破作业称为光面爆破。

②基本作业方法

光面爆破基本作业方法有以下两种。

a. 预留光爆层法。先将主体石方进行爆破开挖，预留设计的光爆层厚度，之后沿设计开挖边界钻密集孔进行光面爆破。光爆层厚度是指周边孔与主爆孔之间的距离。

b. 一次分段延期起爆法。光面爆破孔和主爆孔采用毫秒延期雷管同次分段起爆，光面爆破孔延迟主爆孔150～200ms起爆。

（3）预裂爆破和光面爆破的异同

相同点包括：预裂爆破和光面爆破均是边坡控制爆破的方法，通过控制能量释放，有效控制破裂方向和破坏范围，致使边坡达到稳定、平整的设计要求。不同点如下。

①炮孔起爆顺序不同

预裂爆破是预裂孔先爆，主爆孔后爆；光面爆破是主爆孔先爆，光爆孔后爆。

②自由面数目不同

预裂爆破只有一个自由面，光面爆破有两个自由面。

③单位炸药消耗量不同

预裂爆破由于夹制作用大，炸药单耗较大，光面爆破单位炸药消耗量小。

（4）预裂爆破和光面爆破成缝机理

预裂孔和光面采用的是一种不耦合装药结构（药卷直径小于炮孔直径），由于药包和孔壁间环状空隙的存在，使作用在孔壁上的爆压峰值降低，且为孔与孔间彼此提供了聚能的空穴，冲击波能量主要在孔距较小的孔间传递。因为岩石的抗压强度远大于抗拉强度，所以削减后的爆压峰值不致使孔壁产生明显的压缩破坏，其只有切向拉力使炮孔四周产生径向裂纹。加之孔与孔间彼此的聚能作用，使孔间连线产生应力集中，孔壁连线上的初始裂纹进一步发展，而滞后的高压气体，沿缝产生"气刃"劈裂作用，使周边孔间连线上的裂纹全部贯通成缝。

（5）预裂爆破和光面爆破的适用条件

①地质条件适应性

预裂爆破和光面爆破广泛用于坚硬和完整的岩体中，效果明显。在不均质和构造发育岩体中，采用光面爆破效果虽然不明显，可减轻对保留岩体的破坏，减少超欠挖，有利于边坡稳定。

②爆破方法适应性

预裂爆破和光面爆破适用于孔深大于1.0m的浅孔爆破、地下深孔爆破、隧道（洞）周边控制爆破等。

2. 预裂爆破设计与施工

(1) 一般规定

①预裂爆破炮孔应沿设计开挖边界布置，炮孔倾斜角度应与设计边坡坡度一致，炮孔孔底应处在同一高程。

②炮孔直径可根据预裂爆破的台阶高度、地质条件和钻孔设备确定。

③预裂爆破和主体爆破同次起爆时，预裂爆破的炮孔可在主体爆破前起爆，超前时间不宜小于75ms。

(2) 预裂爆破参数选择

预裂爆破参数主要有炮孔直径D、炮孔间距a、线装药密度$q_{线}$、不耦合系数等。

①炮孔直径D

通常D为40~200mm，浅孔爆破用小值，深孔爆破用大值。

②炮孔间距a

孔间距与岩石特性、炸药性质、装药情况、缝壁平整度要求、孔径等有关，通常情况下，$a=(8\sim12)D$，小孔径取大值，大孔径取小值，岩石均匀完整取大值，反之取小值。

③线装药密度$q_{线}$

预裂炮孔内采用线状间隔装药，单位长度的装药量称为线装药密度。根据不同岩性，一般通过经验公式或工程类比法确定。一般$q_{线}=200\sim400$g/m。

④不耦合系数

不耦合系数为炮孔直径与药包直径之比。其作用是保护爆破的完整度，以防龟裂与减少裂隙，保持岩体稳定性。为了保证预裂爆破效果，不耦合系数的取值范围通常为2~5。

(3) 预裂爆破施工注意事项

为克服岩石对孔底的夹制作用，孔底1~2m范围装药应该加强，采用线装药密度的2~5倍。钻孔质量是保证预裂面平整度的关键，钻孔轴线与设计开挖线的偏离值应控制在15cm之内。炮孔直径和孔深的关系是一般情况下，炮孔深度浅，孔径小；炮孔深度大，孔径大。预裂爆破一般采用不耦合装药，不耦合系数宜大于2。预裂爆破起爆网路宜采用导爆索连接，组成同时起爆或多组接力起爆网路。

(4) 预裂爆破质量控制

预裂爆破的质量控制主要是预裂面的质量控制，通常按如下标准控制：①预裂缝面的最小张开宽度应大于0.5~1.0cm，坚硬岩石取小值，软弱岩石取大值。②预裂面上残留半孔率，针对坚硬岩石不小于85%，中等坚硬岩石不小于70%，软弱岩石不小于50%。③钻孔偏斜度小于1°，预裂面的不平整度不大于15cm。

3. 光面爆破设计与施工

(1) 光面爆破参数选择

光面爆破的主要参数有炮孔直径D、炮孔间距a、台阶高度H、炮孔超深h、最小抵抗线（光爆层厚度）$W_{光}$、不耦合系数η、线装药密度$q_{线}$、炮孔密集系数m等。

①炮孔直径 D

深孔爆破时，一般取 $D=80\sim100$mm；浅孔爆破时，取 $D=42\sim50$mm；隧洞爆破时，常用的孔径为 $D=35\sim45$mm，隧洞爆破的光爆孔与掘进作业的其他炮孔直径一致。

②炮孔间距 a

炮孔间距 a 可按式（2.15）计算。

$$a=mW_光 \tag{2.15}$$

式中，m 为炮孔密集系数，一般 $m=0.6\sim0.8$；$W_光$ 为光面爆破最小抵抗线，m。

③台阶高度 H

台阶高度 H 与主体石方爆破台阶相同，一般情况之下，深孔取 $H<15$m，浅孔取 $H<5$m 为宜。

④炮孔超深 h

$h=0.5\sim1.5$m，孔深大和岩石坚硬完整者取大值，反之则取小值。

⑤最小抵抗线 $W_光$

最小抵抗线 $W_光$ 可按式（2.16）或式（2.17）计算。

$$W_光=KD \tag{2.16}$$
$$W_光=K_1a \tag{2.17}$$

式中，$W_光$ 为光面爆破最小抵抗线，m；K 为计算系数，一般取 $K=10\sim25$，软岩取大值，硬岩取小值；K_1 为计算系数，一般取 $K_1=1.5\sim2.0$，大孔径取小值，小孔径取大值；D 为炮孔直径，mm；a 为炮孔间距，m。

⑥不耦合系数 η

不耦合系数反映了孔壁与炸药的接触情况。光面爆破的不耦合系数最好大于2，一般为 $2\sim5$，但药卷直径不应小于该炸药的临界直径，以保证稳定起爆。

⑦线装药密度 $q_线$

线装药密度可以通过公式计算得出，也可查阅相关施工手册初选经验线装药密度。具体值根据岩石的硬度来定，硬岩取大值，软岩取小值。全断面一次起爆时适当增加药量。一般情况下，在 η 为 $2\sim5$ 时，其值为 $0.8\sim2.0$kg/m。

⑧炮孔密集系数 m

a 与 $W_光$ 的比值称为炮孔密集系数 m，它随岩石性质、地质构造和开挖条件的不同而变化，一般 $m=a/W=0.6\sim0.8$。

光面爆破设计说明书包括的内容：标有起爆方式的炮孔布置图；光爆孔装药结构图；光爆参数一览表及其文字说明和计算；技术指标与质量要求等。

（2）起爆网路

光面爆破宜与主体爆破一起分段延期起爆，也可预留光爆层在主体爆破后起爆。

（3）光面爆破施工

①钻孔必须按"对位准、方向正、角度精"三要点进行，保证钻孔精度。

②装药结构。常用的装药结构有3种：a. 普通标准药卷（$\phi32$mm）间隔装药；b. 小直径药卷（$\phi20$mm～$\phi25$mm）连续装药；c. 小直径药卷间隔装药。

（4）光面爆破质量控制

①周边轮廓尺寸符合设计要求，岩石壁面平整。

②光爆后岩面上残留半孔率，对坚硬岩石不小于80%，中等坚硬岩石不小于65%，软弱岩石不小于50%。

③光爆后，保留面无粉碎和明显的新裂缝。

4．预裂与光面复合爆破

预裂爆破实施时对预留岩体有一定损伤，这种损伤通常并不危及围岩的稳定，在设计允许范围内。但是，在建筑物要求特别严格的部位，不允许对保留围岩产生破坏时，必须采取更加严格的爆破施工方法。

（1）两次预裂爆破法。主爆破孔起爆前或起爆时，在距开挖轮廓线一定位置的爆破区内，先进行一次预裂爆破，即施工预裂爆破，预裂爆破的孔间距可适当加大，约为孔径的15～20倍。施工预裂与主爆区的爆破同时进行时，预裂爆破时间宜早于主爆孔100ms以上。随后再沿开挖轮廓线布置正常的预裂孔，与保留的岩体爆破时进行第二次预裂爆破。因有第一次预裂爆破形成的裂缝吸引爆炸能量，可有效减轻主爆区爆破对保留围岩的破坏。采用两次预裂方法较正常预裂爆破方法更有利于减小主爆破区的爆破影响，使保留围岩获得较好的开挖爆破效果。

（2）预裂-光面爆破法。在主爆区内进行施工预裂形成预裂缝后，沿设计开挖轮廓线打光面爆破孔，在主爆区炮孔爆破后再进行光面爆破的施工方法，即预裂-光面爆破法。该方法由于爆区内预裂缝的隔振作用，主爆破区爆破完成后再进行的侧向保护层岩体爆破有了更理想的临空面，可有效地控制爆破影响。该工艺可在中硬以上、裂隙发育程度中等的围岩中采用，能获得良好的效果。比如，三峡水利枢纽永久船闸宽37m的闸室开挖时就采用了预裂-光面爆破法，有效控制了主爆区岩体破坏的影响，保证了高达68.5m的直立边坡开挖质量。

2.1.3 基岩保护层爆破

1．基岩保护层爆破要求

水工建筑物承受巨大的水压荷载，必须修建在坚硬、完整的基岩上，建基面应具备足够的承载能力和良好的稳定性、防渗性。为了控制爆破对建筑物基岩面的爆破破坏影响，并获得较为平整的基础面，水工建筑物基础开挖中，在紧邻建基面设置一定厚度的岩体保护层，采用小直径钻孔和小药卷控制爆破，确保建基面的爆破影响符合设计及规范要求，形成了在水利水电工程中富有特色的基岩保护层爆破技术。

根据《水工建筑物岩石基础开挖工程施工技术规范》（DL/T 5389—2007）的规定，保护层的厚度宜为上一层台阶爆破药卷直径 d 的25～40倍，与岩体特性有关。

水工建筑的基岩开挖，其只允许采用台阶爆破技术，在紧邻建基面处，根据施工规范要求，预留包括水平建基面、垂直建基面及边坡、斜坡建基面等部位的保护层，即水平保护层和侧向保护层。工程施工中对光面爆破、预裂爆破技术的成功应用，有效控制了爆破振动影响，使得边坡的侧向保留基岩的完整性及质量得到大幅提高，已能满足开挖要求，一般情况下，不再预留边坡保护层在需要严格控制的部位，可采用设置施工预裂缝的预裂-光面爆破技术，有效控制爆破影响。预留保护层的部位主要在底部水平建基面，这里的保护层爆破技术，专指水平建基面的保护层爆破技术。

紧邻水平建基面的保护层宜选用下列一次爆破法予以挖除：

(1) 沿建基面采取水平预裂爆破，上部采用水平孔台阶或浅孔台阶爆破法。

(2) 沿建基面进行水平光面爆破，上部采用浅孔台阶爆破法。

(3) 孔底无水时，可采用垂直（或倾斜）浅孔，孔底加柔性或复合材料垫层的台阶爆破法。

以上任一种爆破方法均应经过试验证明可行后才可实施。经爆破试验证明可行，水平建基面也可采用深孔台阶一次爆破法，该方法应采取以下措施：

(1) 水平建基面，应采用水平预裂爆破方法。

(2) 台阶爆破的爆破孔底与水平预裂面应有合适距离，紧邻水平建基面的保护层也可采用分层爆破。

根据以上的规定，随着爆破器材和爆破技术的不断发展，目前的基岩保护层爆破的主要方法为：传统的分层爆破技术；小台阶一次爆除；水平预裂小台阶一次爆除；水平预裂或光面爆破的水平孔一次爆除；不留保护层的深孔台阶爆破法。

2. 分层爆破

预留的水平建基面的保护层岩体厚度为上层台阶爆破钻孔直径的25～40倍，为2～4m，根据规定需分三层，实施逐层爆破。第1层，炮孔不得穿入距水平建基层1.5m的范围，炮孔装药直径应不大于40mm，应采用台阶爆破法。第2层，对节理裂隙不发育、较发育、发育和坚硬的岩体，炮孔不得穿入距水平建基面0.5m，对节理裂隙极发育和软弱的岩体，炮孔不得穿入距水平建基面0.7m的范围。炮孔与水平建基面的夹角应大于60°，炮孔装药直径不应大于32mm，应采用单孔起爆法。第3层，对节理裂隙不发育、较发育、发育和坚硬、中等坚硬的岩体，炮孔不得穿入水平建基面，对节理裂隙极发育和软弱的岩体，炮孔不得穿入水平建基面的0.2m以上的范围，剩余厚0.2m的岩体应进行撬挖。炮孔角度、装药直径和起爆方法均同第2层。

分层爆破法费时费工、效率低下、严重影响工程进度，且实施单孔爆破时因缺乏良好的侧向临空面，对底部岩体有一定的影响，目前这种爆破方法已较少使用。

3. 小台阶一次爆除

水平建基面保护层小台阶一次爆除时，采用有临空面的小台阶爆破，钻孔直径为40mm左右，孔距为1.0～2.0m，排距为0.8～1.5m，可采用梅花形布置，钻孔密集系数取1.5左右，可采用垂直孔或倾斜孔，炮孔钻孔角度应一致，炮孔的孔底控制在同一平面。为控制爆破影响，克服根底，改善爆破效果，中等以上的岩体可超深0.2m，超深钻孔部位设置柔性垫层。炸药单耗根据岩体情况选择，可取0.45kg/m^3左右，并根据试验确定。为了方便施工，可采用简单的排间毫秒延时爆破网路，需控制药量时，也可数孔或单孔延时分段起爆。

保护层小台阶一次性爆除技术中，孔底柔性垫层减震是重要的工程技术措施，设置一定高度柔性垫层，可以改善爆破效果，缓冲爆破振动对孔底以下岩体的破坏。柔性垫层可用松散的土砂混合材料、锯屑等低密度高孔隙率材料、保留竹节的竹筒、塑料泡沫垫层、两头封堵的硬塑料管等制作。

从装药结构来讲，设置柔性垫层即孔底径向不耦合装药。孔内药包爆炸生成的高温高压气体，作用于孔壁产生径向及环向裂缝的同时，柔性垫层的可压缩性及对空气冲击波的阻滞作用，使炮孔底部岩石所受爆生气体的峰压及比冲量均明显减小，从而减少了爆破振动对孔底以下岩石的破坏,延长了爆破作用时间,有利于改善破岩效果克服根底。水的不可压缩性可对爆破振动产生不利影响,孔内积水应及时排除。

保护层小台阶一次爆破参数与岩体特性、保护层厚度等因素有关。不同岩性保护层小台阶一次爆破参数见表2.1。

表2.1 不同岩性保护层小台阶一次爆破参数

岩性	台阶高度/m	孔深/m	超深/m	孔径/mm	孔距/m	排距/m	药卷直径/mm	炸药单耗/(kg/m³)	装药长度/m	空气柱缓冲层厚度/m	堵塞长度/m
坚硬花岗岩	1.6	1.9	0.3	64/76	1.3	1.0	32	0.52	1.3	0.20	0.40
普通花岗岩	1.4	1.6	0.2	64/76	1.5	1.1	32	0.45	0.95	0.25	0.40
角岩	1.3	1.5	0.2	64/76	1.7	1.2	32	0.40	0.80	0.30	0.40

4.水平预裂小台阶一次爆除

沿建基面进行水平预裂爆破,保护层采用小台阶与水平预裂一次爆除,也称"浅孔水平预裂"一次爆除法。水平预裂孔与小台阶爆破孔的起爆间隔时间宜为75~100ms,使建基面上形成一条水平预裂缝,然后用毫秒延期雷管分段有序起爆保护层上的钻孔,当垂直面与水平面都有预裂孔时,宜先起爆水平预裂孔。水平预裂垂直孔台阶一次爆破示意如图2.2所示。水平预裂施工前应先进行导坑工作面施工,以形成导坑,给水平预裂钻孔创造条件。

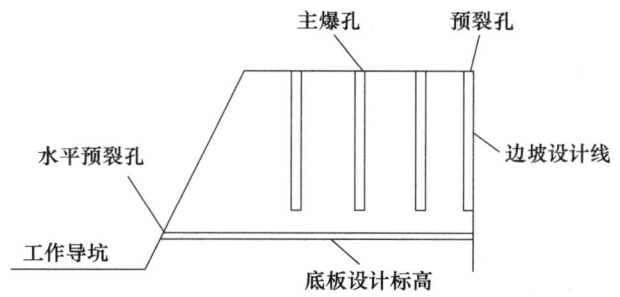

图2.2 水平预裂垂直孔台阶一次爆破示意

水平预裂孔孔径40mm时,孔距可为0.4~0.5m;孔径为70~90mm时,孔距可为0.7~0.9m,可采用32~25mm小直径炸药。孔口堵塞长度取孔距的1.0~1.5倍。当整个预裂爆破不允许一次起爆时,可采用毫秒雷管顺序分段起爆。

保护层上部台阶炮孔底部距水平预裂孔预留不少于炸药的殉爆距离$2.5S_m$(S_m为炸药的殉爆距离),宜采用直径40mm钻孔,台阶较高时也可采用较大直径的钻孔。当台阶高度为4.0m时,其孔深宜控制在3.5m左右,孔底距预裂面50cm,通常采用梅花形布孔。

可采用塑料导爆管微差起爆网路,并严格控制水平预裂与台阶炮孔单段起爆最大药量。水平预裂保护层爆破技术参数见表2.2。

表 2.2　水平预裂保护层爆破技术参数

岩性	水平预裂孔				小台阶钻孔			
	孔径/mm	孔距/m	孔深/m	$q_线$/(kg/m³)	孔径/mm	孔距/m	排距/m	炸药单耗/(kg/m³)
坚硬	42	0.5	2.5~3.5	0.45	42	1.5	1.0	0.50~0.60
松软	42	0.4	3.5~4.5	0.30	42	1.5	1.5	0.35~0.50

三峡水利枢纽工程泄洪坝段为闪云斜长花岗岩，基岩保护层采用水平预裂小台阶一次爆破技术，预留保护层厚 3.0m，垂直爆破孔底与水平预裂面之间的距离 1.0m，爆破孔孔深 $L=2m$，孔排距为 1.5m、1.0m，孔径为 76mm，抵抗线 1.0m，用乳化炸药，单耗 0.4kg/m³。水平预裂孔钻孔孔径 $d=90mm$，孔距为 80cm。采用一级岩石乳化炸药，直径为 32mm，不耦合系数为 2.8。水平预裂孔线装药密度为 480g/m，水平预裂孔孔底 1m 段装药量适当增大。预裂孔先于垂直爆破孔 75ms 起爆。采用间隔装药方式，用导爆索串联引爆。

保护层爆破后，水平预裂孔半孔率达 95% 以上，建基面平整度满足设计轮廓尺寸，未见爆破对建基面造成明显破坏，建基面地质描述表明，预裂面较平整，爆破裂隙不发育，残留半孔率高，效果好。

5. 水平预裂（光面）水平孔一次爆除

在水平建基面保护层岩体内布置数层水平钻孔，实施预裂爆破后，上部水平孔自上而下依次起爆；也可将建基面水平钻孔作为光爆孔，自上而下依次起爆，将基岩保护层一次爆除。水平预裂基岩保护层一次爆除示意如图 2.3 所示。

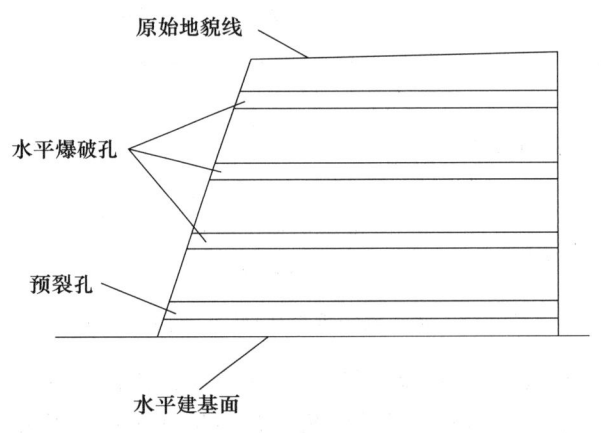

图 2.3　水平预裂基岩保护层一次爆除示意

水平孔钻孔直径可为 40mm，也可采用较大直径（60~80mm），预裂孔、光爆孔，孔距分别为 60~80cm 及 40~50cm，上部水平孔孔距可适当增大，但相邻建基面的钻孔孔距不宜增大，宜根据缓冲要求，采用缓冲爆破，预裂爆破时起爆时间应不小于主爆区 75ms。炸药单耗根据岩体特性选取，爆破参数可经试验确定。随着钻孔技术的不断提高，这也是一种合适的保护层一次爆除技术。

三峡水利枢纽工程采用保护层为 2.5~3.0m 时，采用三排水平孔，底部建基面为光爆孔，上部为主爆孔，中部为缓冲孔，钻孔孔深 5m，缓冲孔孔距为 1.0~1.2m，抵抗线长0.8~1.0m,乳化炸药单耗为0.55~0.60kg/m³,单响药量小于20kg。实施水平孔光面爆破保护层一次爆破技术,有效控制了爆破影响,基础面平整误差小,效果良好。

6. 不留保护层深孔台阶爆破

节理裂隙不发育整体性较好的岩体,或爆破性能优越影响较小的岩体,也可采用相对较小高度的深孔台阶爆破,不设保护层一次爆破至水平建基面的爆破方式。

不设保护层的深孔台阶爆破,有水平预裂台阶爆破和炮孔设置柔性垫层的台阶爆破两种形式,只要适当控制台阶高度,采用相对较小的钻孔直径(60~90mm),合适的炸药直径(40~60mm),根据岩体特性调整爆破参数,在合适的岩体内也是一种可行的爆破方式。

三峡水利枢纽工程花岗岩坝基采用了建基面水平预裂不设保护层的深孔台阶爆破技术,台阶高度5m,钻孔直径89mm,孔深4.5m,孔排距为2.5m和1.5m,矩形布孔,乳化炸药采用直径50mm的单耗为0.55~0.65kg/m³。水平预裂孔径为89mm,孔深为8~12m,孔距为80cm,采用直径为25mm的乳化炸药,线装药密度为450g/m,孔底1m加强装药药量为1.2kg。采用塑料导爆管微差网路,控制水平预裂单段药量小于30kg,台阶爆破单段药量小于70kg。爆破后预裂面半孔率超过90%,爆破影响深度为40cm,总体平整度良好,符合设计要求。

2.1.4 沟槽爆破

1. 沟槽爆破特点

沟槽是指从基岩面向下开挖宽度较窄、形成较大长度的凹槽,沟槽的深度通常大于宽度。水电站地下厂房开挖时需对岩锚梁和厂房边墙进行保护,一般采用中部拉槽方式形成侧向临空面,拉槽时先对两侧进行预裂爆破,预裂后进行中间部位拉槽开挖;在建基面水平预裂施工中,施工前应先拉槽,给水平预裂孔钻孔施工创造工作面;输水明渠、排水沟的明挖,为敷设管线的明挖沟槽等。水利水电工程中会经常遇到沟槽开挖,三峡水利枢纽永久船闸的闸室宽为37m直立边坡,最大深度为68.5m,属特大型"沟槽",需采用特殊的开挖爆破方式。沟槽按断面形状可分为矩形槽、梯形槽和混合槽等三种,常见沟槽断面形状示意如图2.4所示。

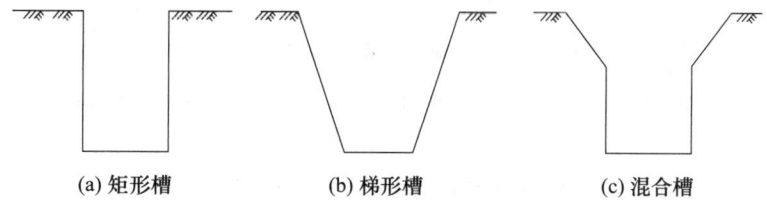

图2.4 常见沟槽断面形状示意

沟槽爆破是台阶爆破的另一种形式,但它有着不同于一般台阶爆破的特点:

(1)沟槽狭窄,沟槽深度往往比宽度大,一般仅有向上的临空面,也可在一端先创造一个临空面,爆破时,岩石受到的夹制作用特别明显,使炸药不能充分发挥作用,炸药单耗增加。

(2) 爆破区延伸长，随着沟槽开挖的延长，地质条件变化大，爆破施工中应根据地形、地质条件的变化随时调整爆破参数。

(3) 爆破质量控制难度大，由于沟槽宽度窄，爆破时炸药单耗较高，爆破后很难使槽壁达到平整，难以获得理想的爆破效果，应采取预裂和光面爆破等技术措施。

《水工建筑物岩石基础开挖工程施工技术规范》（DL/T 5389—2007）中对沟槽爆破应采用的措施做了如下规定：

(1) 宜采用小直径炮孔分层爆破开挖，周边应采用光面爆破或预裂爆破。

(2) 对于宽度小于 4m 的沟槽，炮孔直径应小于 50mm，炮孔深度宜小于 1.5m。

(3) 沟槽两侧的预裂爆破不应同时起爆，如两侧的预裂爆破在同一网路起爆，其中一侧应至少滞后 100ms。

2. 沟槽爆破开挖方法

沟槽爆破通常采用浅孔爆破法，可分为渐进式爆破开挖法（或浅孔台阶爆破法）和一次成形爆破法。对于水利水电施工中宽度、深度较大的沟槽，也可采用中深孔一次成形爆破法。

(1) 渐进式爆破开挖法

由拉槽一端或两端为起点，逐渐向另一端或中部钻爆开挖，每次起爆数排炮孔。它有一个端头临空面，能相对减弱岩层的夹制作用，获得较好的爆破效果。该方法进度慢，一次爆破的范围受到限制，施工中应对钻孔、爆破、出渣进行合理安排。

(2) 一次成形爆破法

将整个沟槽的全部炮孔钻完后一次起爆，或者根据爆破规模的大小、长度，将沟槽分成若干段进行分段钻孔、分段一次爆破成形，每段长度一般不小于沟宽的 4～5 倍。这种开挖方法夹制作用大，相当于隧洞开挖的掏槽方式，炸药单耗较高。

渐进式拉槽爆破施工中，沟槽开挖断面较小时，炮孔可布置三排，中心孔布置在沟槽中心线上，略向前 30～40cm，左边孔、右边孔与中心孔相离 30～40cm。采用毫秒间隔顺序起爆，中间孔先起爆，边孔后起爆，采用炮孔底部集中装药方式，用以克服爆破夹制作用，可采用垂直钻孔或倾斜钻孔。渐进式拉槽爆破布孔及起爆顺序示意如图 2.5 所示。

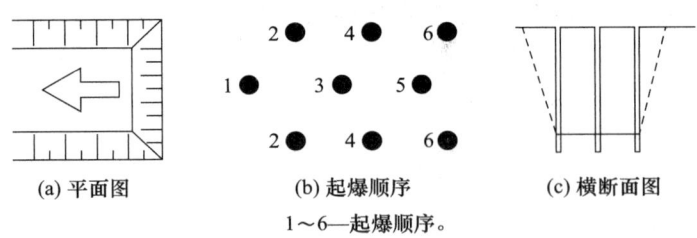

1～6—起爆顺序。

图 2.5 渐进式拉槽爆破布孔及起爆顺序示意

较宽和深度大的沟槽，应采用分层台阶爆破法，上层中间为垂直孔，沟槽两侧为倾斜钻孔，沟槽分层台阶爆破布孔示意如图 2.6 所示。由于下部沟壁的阻碍，下层沿沟边钻倾斜孔较为困难，可布置垂直孔。为了控制沟槽边帮质量，我们应减小沟边的炮孔孔距，使药量相应分散。特殊部位的建筑物，可沿沟壁深度进行预裂爆破，再进行分层、分段开挖。

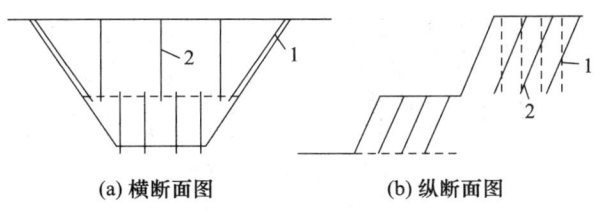

(a) 横断面图   (b) 纵断面图

1、2—线条序号。

图 2.6　沟槽分层台阶爆破布孔示意

大型渠道、船闸、地下厂房爆破开挖中，边坡、边墙的开挖基岩面要求高，在地下厂房高边墙和Ⅱ层、Ⅲ层部位设置有岩锚梁，需严格控制爆破影响，开挖爆破时为保证岩锚梁和厂房边墙不受破坏，开挖前可在预留保护层3～5m外布置厚1～2层施工预裂缝，预裂后再进行拉槽台阶爆破，最后进行侧向台阶光面爆破。

中部拉槽台阶爆破严格控制单响药量，需满足设计高边墙质点振动速度 $v_s \leqslant 7cm/s$ 的要求，采用单孔单段孔间顺序微差爆破技术，单段药量小于24kg，一次起爆总药量不超过350kg。为保证爆破质点振动速度不叠加，每段爆破延时不小于50ms。

充分利用地下厂房比较长的特点，实施开挖超前、支护跟进和上层支护与下层开挖错距平行交叉作业，在分层施工中采用层间搭接，增加单层开挖支护有效时段，当厂房内保护层较薄时，一侧剥离并支护好一定距离后，下一层中间拉槽开始施工。

一次成形法沟槽爆破布孔示意如图2.7所示。在开挖2m宽的沟槽时，每排布3～6个直径42mm倾斜孔，采用毫秒延时中心掏槽爆破法。图中几种布孔方式分别在不同情况下使用，图2.7（a）为一般沟槽爆破均可使用；图2.7（b）、(c)适合于较狭窄的沟槽爆破；图2.7（d）适合于V形沟槽爆破；图2.7（e）适合于较宽的沟槽爆破。常规沟槽爆破参数见表2.3，采用乳化炸药，单耗可根据岩体特点调整。

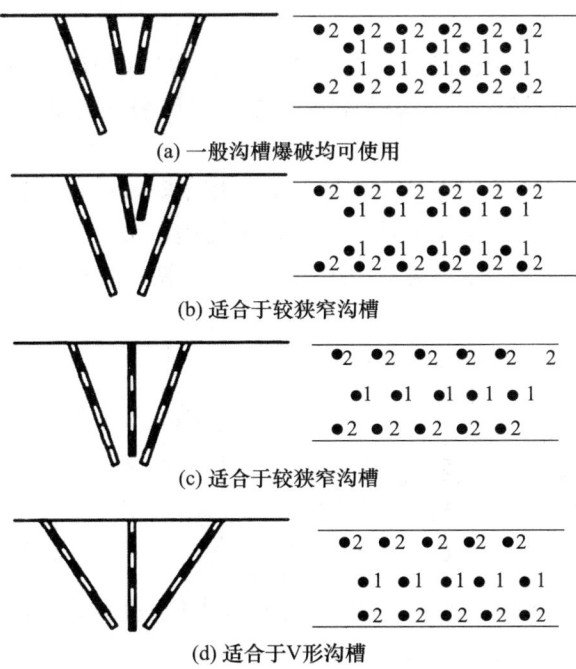

(a) 一般沟槽爆破均可使用

(b) 适合于较狭窄沟槽

(c) 适合于较狭窄沟槽

(d) 适合于V形沟槽

 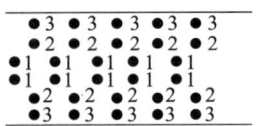

(e) 适合于较宽的沟槽爆破

1、2、3—起爆顺序。

图 2.7 一次成形法沟槽爆破布孔示意

表 2.3 常规沟槽爆破参数

	沟槽深 H/m	1.0	1.5	2.0	2.5	3.0	3.5	4.0
	炮孔深 J/m	1.6	2.1	2.6	3.1	3.7	4.2	4.7
	抵抗线长度 W/m	0.9	1.0	1.0	1.0	0.9	0.9	0.9
底部装药	装药集中度/(kg/m³)	0.9	0.9	0.9	0.9	0.8	0.8	0.7
底部装药	高度/m	0.3	0.5	0.5	0.6	0.8	0.9	0.9
底部装药	药量/kg	0.3	0.5	0.5	0.6	0.7	0.7	0.6
上部装药	装药集中度/(kg/m³)	0.3	0.3	0.3	0.3	0.3	0.3	0.3
上部装药	高度/m	0.4	0.6	1.1	1.6	2.0	2.4	2.9
上部装药	药量/kg	0.1	0.2	0.3	0.5	0.6	0.7	0.9
	单孔药量/kg	0.4	0.7	0.8	1.1	1.2	1.4	1.5
	堵塞长度/m	0.9	1.0	0.9	0.9	0.9	0.9	0.9
	平均单耗/(kg/m³)	0.9	0.8	0.8	0.8	0.9	0.9	0.9

当沟槽施工环境允许产生抛掷，对爆破振动控制相对宽松时，我们可选用较大的孔径，适当加大最小抵抗线和孔间距，炸药单耗采用最大值，以提高沟槽的开挖速度。

3. 沟槽爆破参数

沟槽爆破由于夹制作用比较大，孔网参数一般取较小值，炸药单耗则应适当增加，这是沟槽爆破的一个显著特点。沟槽爆破的参数可用公式计算，再根据现场爆破试验确定。

沟槽爆破类似露天台阶爆破，当沟槽纵向开挖出临空面后，即可根据类似于台阶爆破的方法来确定爆破参数。下文介绍一小型沟槽爆破参数设计计算方法。

炮孔孔径 d：小型沟槽爆破通常采用风钻钻孔，钻孔直径一般为 38～42mm。

最小抵抗线 W（m）：$W=0.4～0.8$。

孔距 a（m）：$a=(1.0～1.2)W$。

排距 b（m）：$b=0.85a$ 或 $b=(0.85～1.0)W$。

钻孔超深：$\Delta h=0.2～0.5$m。

单孔装药量 Q 按式（2.18）或式（2.19）计算。

$$Q=qHaW \tag{2.18}$$

$$Q=qHab \tag{2.19}$$

式中，q 为单位用药量系数，取 0.4～0.8kg/m³，对于边孔，q 取较小值；H 为沟槽深度（台阶高度），m；其余符号意义同前。

孔深 h 按式（2.20）及式（2.21）计算。
对垂直钻孔：

$$h = H + \Delta h \tag{2.20}$$

式中，符号意义同前。

对倾斜钻孔：

$$h = (H + \Delta h)/\sin\alpha \tag{2.21}$$

式中，α 为钻孔角度，为 60°～70°；其余符号意义同前。

沟槽爆破通常采用非电导爆管毫秒雷管网路或毫秒电雷管网路。使用非电导爆管毫秒雷管，可采用接力网路，通常孔内采用高段位雷管，孔外接力采用低段位雷管。

沟槽爆破起爆顺序的原则：先起爆的药包，要为后续炮孔的爆破创造出临空面与岩石破碎的膨胀空间；对只有向上临空面的沟槽爆破时，掏槽炮孔应先起爆，为后续炮孔创造临空面；当沟槽爆破有侧向临空面时，应进行充分利用，合理设计起爆顺序；布置在中间部位的炮孔要先于边帮的炮孔起爆，为边帮炮孔提供临空面，确保沟槽边帮的平整；采用孔内分段装药结构时，孔内段与段之间用惰性材料分开，然后按照一定间隔时间，以自上而下的顺序起爆，孔内分段装药结构可改变孔内炸药爆炸能量的分配，改善沟槽爆破效果。

2.2 洞室爆破

2.2.1 洞室爆破药室布置

1. 沟槽洞室药包布置方案

洞室爆破曾用于溢洪道与沟渠的土石方开挖。常采用抛掷爆破或扬弃爆破，此时地面相对平坦，坡度小于 30°，药室布置应根据建筑物断面选择。

（1）单排药包

当爆破梯形断面较小时，药包埋深不大，适宜布置单排药包。爆破参数选择得当时，则扬弃爆破效果较好，单排药包布置示意如图 2.8 所示。

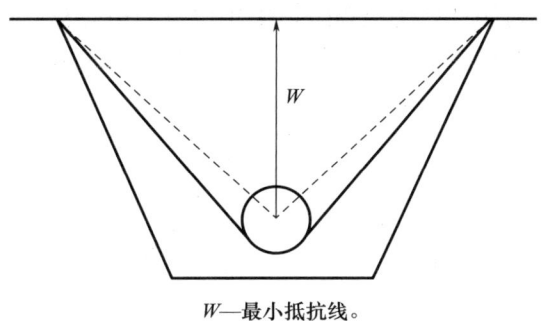

W—最小抵抗线。

图 2.8 单排药包布置示意

（2）多排药包

宽浅形梯形断面较大，即底宽 B 大于深度 H 时，宜布设多排药包布置（图 2.9）。

如果工程有抛掷堆积要求时，爆破设计时应采用分段间隔顺序起爆，多排药包分段起爆示意如图 2.10 所示。

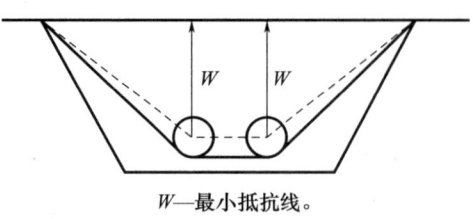

W—最小抵抗线。

图 2.9　多排药包布置示意

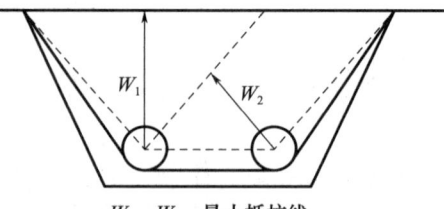

W_1、W_2—最小抵抗线。

图 2.10　多排药包分段起爆示意

（3）单排或多排多层药包

根据铁道和公路爆破的经验，单线路堑开挖设计断面底宽小于 8m、挖深却大于 10m 时，则宜布置两层药包。单排两层药包布置示意如图 2.11 所示，多排两层药包示意如图 2.12 所示。多层药包的起爆顺序和起爆间隔时间，是影响爆破效果的主要因素，前排起爆时间间隔应使后序药包起爆时，具有良好的临空面。

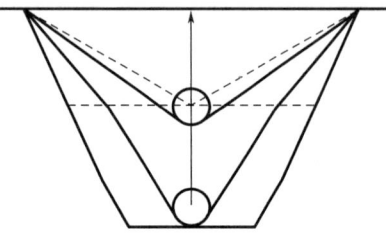

图 2.11　单排两层药包布置示意

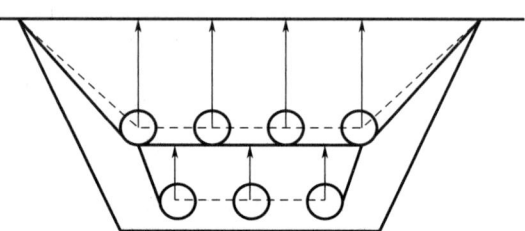

图 2.12　多排两层药包示意

2. 山体洞室爆破药包布置

丘陵山区工程施工中为了降低标高，开辟施工场地或进行大量开采石料而进行洞室爆破时，根据不同地形条件可采用多种药包布置方式。

（1）单排双侧药包

爆破地形的左、右两侧抵抗线相等时，采用单排双侧爆破（图 2.13）。实际工程中可能由于两侧地形有所差异，地质结构与岩性有所差异，或施工误差等，很难达到设计的预想意图，则应根据实际地形地质情况适当调整。

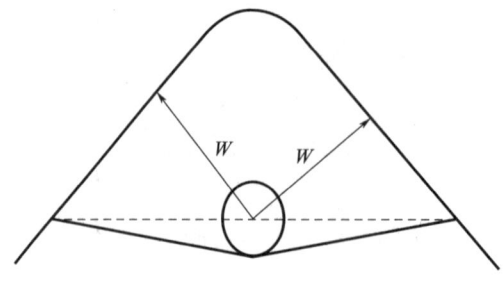

W—最小抵抗线。

图 2.13　单排双侧爆破

（2）单排双侧辅助药包

在较平缓地形进行洞室爆破时，为保证爆破效果，减小边缘根底，可在边缘部位布置辅助小药包钻孔装药。单排双侧并有辅助药包爆破示意如图2.14所示。

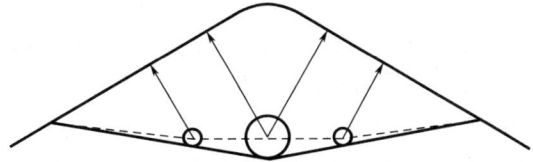

图 2.14　单排双侧并有辅助药包爆破示意

（3）单排双侧作用不等的药包

药包两侧山体的抵抗线不等（$W_1 \neq W_2$）会带来爆破作用指数的差异（$n_1 \neq n_2$）。爆破设计时可考虑控制一侧抛掷而另一侧为松动的爆破。这种设计方法，在许多爆破中颇有控制意义。单排双侧作用不等的爆破示意如图2.15所示。

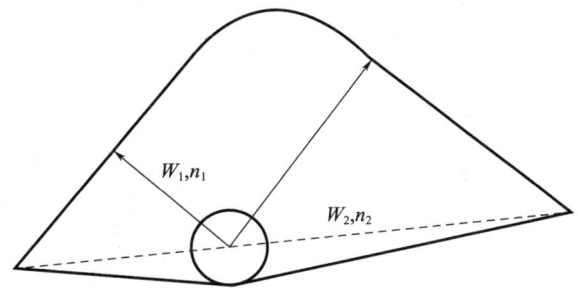

W_1、W_2—最小抵抗线；n_1、n_2—爆破作用指数。

图 2.15　单排双侧作用不等的爆破示意

（4）双排单侧药包

双排并列等量作用爆破布置示意如图2.16所示，双排并列不等量作用爆破示意如图2.17所示。双排药室可减小爆破块度，改善爆破效果。

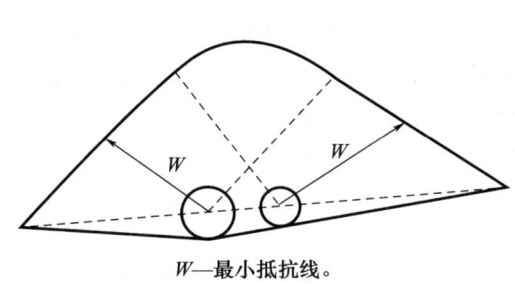 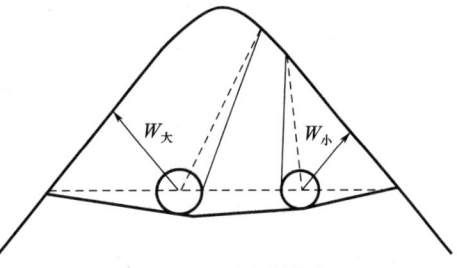

W—最小抵抗线。　　　　　　　　　　$W_大$、$W_小$—最小抵抗线。

图 2.16　双排并列等量作用爆破布置示意　　图 2.17　双排并列不等量作用爆破示意

(5) 斜坡地形药包

该爆破方法常用于铁路公路路堑、爆破筑围堰等工程中,其爆破效果很大程度上取决于自然地形坡度。根据工程需要和自然条件,药包布置分单排、多排、单层、多层;根据爆破结果又分为崩塌爆破、松动爆破、抛掷爆破;药包排列数多时,可用分段爆破。斜坡地面分层药包布置示意如图 2.18 所示。

(6) 多面临空地形药包

当山脊地形复杂,具有多个不规则临空面时,药包布置复杂,具有多向作用性。可针对相应地形地质情况,采用中部集中药包,局部分散辅助药包的形式。

(7) 特殊地质条件药包

洞室爆区遇有溶洞、风化囊、断层与破碎带等特殊地质条件时,使药包布置带来一定困难。要使洞室爆破效果好,首先要查明它们的性质、部位及其体形尺寸,再进行药包布置和药量计算。溶洞附近药包布置示意如图 2.19 所示,断层破碎带两侧药包布置示意如图 2.20 所示。

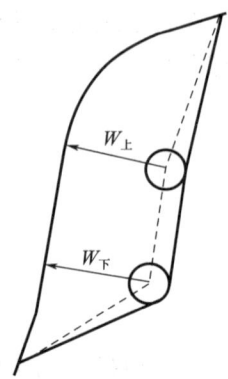

$W_上$、$W_下$—最小抵抗线。

图 2.18 斜坡地面分层药包布置示意

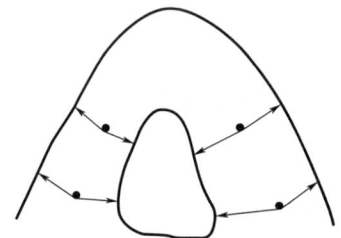 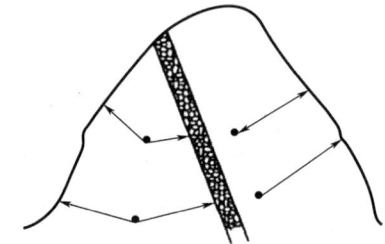

图 2.19 溶洞附近药包布置示意　　图 2.20 断层破碎带两侧药包布置示意

2.2.2 爆破参数设计

(1) 最小抵抗线 W

确定最小抵抗线是洞室爆破设计的核心。最小抵抗线方向和大小,对洞室爆破的爆破效果、爆破安全和爆破成本等影响显著。确定最小抵抗线应首先针对爆区周围环境特点,在确保周围建筑物安全的前提下,根据爆破块度要求和挖运设备能力综合考虑一般在 10~25m 范围内选取。水利水电工程洞室爆破最小抵抗线一般以 20m 左右为宜,最小抵抗线 W 与药包埋设深度 H 的比值一般应控制在 $W/H=0.6\sim0.8$。

(2) 爆破作用指数 n

爆破作用指数是爆破漏斗半径 r 和最小抵抗线 W 的比值,即 $n=r/W$。它是洞室爆破的重要参数之一,应根据工程目的、爆破要求及地形条件等因素合理选取。

(3) 标准抛掷爆破单位用药量系数 k

标准抛掷爆破单位用药量系数 k 可根据工程类比法和爆破漏斗试验获得。

(4) 装药量计算

对于水利水电工程,洞室爆破可按式 (2.22) 或式 (2.23) 计算装药量 Q。

集中药包：
$$Q = kW^3(0.4+0.6n^3)e \tag{2.22}$$

条形药包：
$$Q = qL \tag{2.23}$$

式中，Q 为装药量，kg；k 为标准抛掷爆破单位用药量系数，kg/m^3；W 为药包最小抵抗线，m；n 为爆破作用指数；e 为炸药品种换算系数，2 号岩石炸药 $e=1.0$，铵油炸药 $e=1.05\sim1.15$；q 为条形药包每米装药量，kg；L 为条形药包长度，m。

2.2.3 洞室爆破施工设计

1. 导洞及药室

（1）导洞布置原则

①主洞与药室之间应有支洞相连，支洞方向尽可能与主洞垂直；为了保证堵塞效果，如果在主洞的两侧对称布置药室时，支洞的长度不得小于 4m；②主平洞不宜过长，当主平洞超过 30m 时应考虑采用机械通风，各主洞负担的装药量及堵塞工作量应相差不大，以便合理安排工期；③主、支洞一般均应设计 0.5%～1.0% 的坡度，以便洞室开挖时出渣和排水，但坡度不宜大于 6%；④在洞室爆破布置施工平洞时应考虑将平洞同时用作地质勘探，必要时可增加平洞的开挖长度；⑤主洞开口的位置及方向应慎重选择，应该全面考虑修筑施工便道工程量、洞口明挖工程量、洞内开挖工程量及堵塞取土位置等条件，使开挖工程总造价低，施工方便，并应确保洞口安全稳定。主洞洞口应避开城镇、重要建筑物、重要设施。

（2）导洞断面设计

导洞断面设计应考虑钻孔布置合理、便于出渣机械、装渣设备施工。规模较小（C 级以下）的洞室爆破，装药及堵塞均采用人力，因此，导洞断面在满足钻机施工条件下，应尽可能减小断面尺寸，以便减少堵塞工程量，缩短装药堵塞工期，同时提高堵塞质量。

导洞断面可设计成长方形或马蹄形。常规导洞断面尺寸见表 2.4。

表 2.4 常规导洞断面尺寸

施工条件	主洞断面	支洞断面
	高×宽/（m×m）	高×宽/（m×m）
药室装药量大，机械出渣，堵塞短	2.4×2.0	2.4×1.8
药室装药量大，人工出渣，堵塞短	1.8×1.5	1.7×1.2
药室装药量较少，人工出渣	1.7×1.2	1.5×1.0

（3）药室设计

集中药包药室设计。其容积 V_q 可按式（2.24）计算。
$$V_q = K_v Q/\rho \tag{2.24}$$

式中，V_q 为药室净体积，m；Q 为装药量，kg；ρ 为装药密度，kg/m^3，可取 $850kg/m^3$；K_v 为药室扩大系数，可取 1.3～1.5。

为了施工和装药的方便，一般设计药室高为 2m，当装药量较大时，可考虑超过 2m，但药室不宜大于 4m。施工中常用的集中药室为正方形，尺寸按装药量要求确定，也可为其他形式，如长方形药室，其药室宽度一般为 2～4m，药室长度按装药量要求设计；十字形药室，为正方形药室的变形，可减小跨度改善药室稳定条件；Γ形和 T 形药室都为长方形药室的变形。

条形药包药室设计。条形药包多采用不耦合装药，根据地形条件，条形药包可设计成直线或折线形，设计断面可与支洞断面相同，以方便施工为原则，一般不耦合系数取 1～10 均可。

2. 装药及堵塞

（1）装药结构

集中药包装药结构。集中药包装药结构示意如图 2.21 所示，一般起爆体放在药室炸药的正中间，起爆体周围装 2 号岩石炸药，外围装铵油炸药。主起爆体结构示意如图 2.22 所示。我们应采用木箱装优质 2 号岩石炸药、起爆雷管、导爆索等制成。木箱的作用是保证起爆体炸药的密度满足设计要求，同时防止雷管遭意外而产生爆炸。为了便于搬运和确保起爆效果，木箱内装药量宜为 20～30kg。

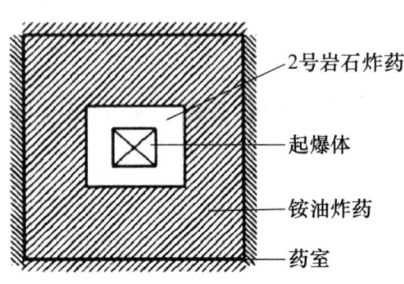

图 2.21 集中药包装药结构示意

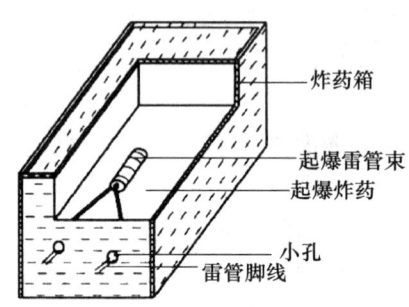

图 2.22 主起爆体结构示意

条形药包装药结构。条形药包装药结构示意如图 2.23 所示，条形药包除装药中心放置起爆体外，还应在主起爆体的两端按一定装药长度放置几个副起爆体，主、副起爆体由导爆索相连接。主、副起爆体之间的间距宜为 5～10m。

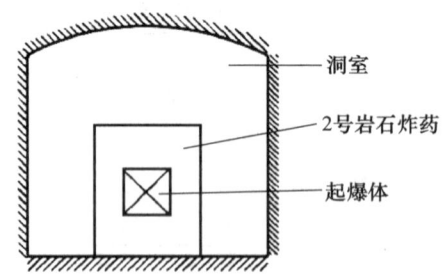

图 2.23 条形药包装药结构示意

（2）装药方法

装药之前应对药室进行全面检查，清除残炮，排除塌方与危石，药室中有水时，应采取防水防潮措施。如遇到影响爆破效果或爆破安全的地质构造，应采取合理、可靠的技术措施。必要时，可由设计单位重新布置药室。未与地面贯穿的小断层和破碎带，可采用混凝土加木板等封堵措施，确保爆破安全。在小型洞室爆破时，因导洞尺寸较小，采用机械运输爆破器材较为困难，一般采用人工传递或背运装药。

（3）堵塞

堵塞是爆破的一个重要环节，实践证明，堵塞物成分、颗粒、堵塞质量对药室爆轰波的传播、药室中爆炸气体压力的变化、岩体中的应力场、爆破气体冲击波效应、爆破效果、爆破安全等均有重要的影响。堵塞严密，可阻止爆轰气体过早冲出，保证炸药在药室中的反应更完全，形成的爆压较高，其破碎效果较好。

堵塞设计及施工时应注意以下问题：①堵塞长度；集中药包靠近主洞药室的支洞应全部堵塞，药室封口应严密，非靠近主洞药室的支洞堵塞长度可为3～5m；条形药包与集中药包基本相同，前排药包主洞的堵塞长度为5～7m，后排药包主洞的堵塞长度可为3m；②堵塞材料可采用袋装开挖导洞的较细石渣或袋装沙土、黄土等；③堵塞时应先垒墙封闭药室，集中药包装药后有少量空间时，可以不堵，但如果留有较大空间使得药包重心改变时，必须重新调整装药结构；④堵塞应严密，堵塞质量差时，炮轰气体能量对堵塞物做功所耗去的能量增加，如发生冲炮，将缩短炸药在药室中的反应时间，影响爆轰压的形成，减少炸药能量，降低爆破效果；⑤堵塞过程中一定要注意起爆网路的保护，可采用PVC（聚氯乙烯）管，将导爆管、雷管脚线装入管中，PVC管应置于导洞的边角处，并用泥土覆盖保护。

3 地基处理工程施工

3.1 岩基处理方法

若岩基处于严重风化或破碎状态,应开挖清除,其深度应达到新鲜完整岩体为止。如果风化层或破碎带很厚,无法被彻底清除时,则考虑采用灌浆的方法加固岩层和截止渗流。对于防渗,有时从结构上进行处理,设截水墙和排水系统。

灌浆方法是钻孔灌浆(在地基上钻孔,用压力把浆液通过钻孔压入风化或破碎的岩基内部)。待浆液胶结或固结后,就能达到防渗或加固的目的。最常用的灌浆材料是水泥。当岩石裂隙多、空洞大,吸浆量很大时,为了节省水泥,降低工程造价,改善浆液性能,常加砂或其他材料;当裂隙细微,水泥浆难以灌入,基础的防渗不能达到设计要求或者有大的集中渗流时,可采用化学材料灌浆的方法处理。化学灌浆是一种以高分子有机化合物为主体材料的新型灌浆方法。这类浆材呈溶液状态,能灌入 0.1mm 以下的微细裂缝,浆液经过一定时间起化学作用,可以将裂缝黏合或形成凝胶,起到堵水防渗及补强的作用。

除上述灌浆材料外,还有热柏油灌浆、黏土灌浆等,但是其本身存在一些缺陷使其应用受到一定限制。

3.1.1 基岩灌浆的分类

水工建筑物的岩基灌浆按其作用,可分为帷幕灌浆、固结灌浆及接触灌浆。灌浆技术不仅大量运用于建筑物的基岩处理,而且是进行水工隧洞围岩固结、衬砌回填、超前支护,混凝土坝体接缝及建(构)筑物补强及堵漏等方面的主要措施。

1. 帷幕灌浆

布置在靠近建筑物上游迎水面的基岩内,形成一道连续的平行建筑物轴线的防渗幕墙。其目的是减少基岩的渗流量,降低基岩的渗透压力,保证基础的渗透稳定。帷幕灌浆的深度主要由作用水头及地质条件等确定,较之固结灌浆要深得多,有些工程的帷幕深度超过百米。在施工中,通常采用单孔灌浆,所使用的灌浆压力比较大。

帷幕灌浆一般安排在水库蓄水前完成,这样有利于保证灌浆的质量。由于帷幕灌浆的工程量较大,与坝体施工在时间安排上有矛盾,所以通常安排在坝体基础灌浆廊道内进行。这样既可实现坝体上升与基岩灌浆同步进行,也给灌浆施工具备了一定厚度的混凝土压重,有利于提高灌浆压力、保证灌浆质量。

2. 固结灌浆

其目的是提高基岩的整体性与强度,并降低基础的透水性。当基岩地质条件较好时,一般可在坝基上、下游应力较大的部位布置固结灌浆孔;在地质条件较差而坝体较高的情况下,则需要对坝基进行全面的固结灌浆,甚至在坝基以外上、下游一定范围内也要进行固结灌浆。灌浆孔的深度一般为5~8m,也有深达15~40m的,各孔在平面上呈网格交错布置。通常采用群孔冲洗和群孔灌浆。

固结灌浆宜在一定厚度的坝体基层混凝土上进行,这样可以防止基岩表面冒浆,并采用较大的灌浆压力,提高灌浆效果,兼顾坝体与基岩的接触灌浆。如果基岩比较坚硬、完整,为了加快施工速度,也可直接在基岩表面进行无混凝土压重的固结灌浆。在基层混凝土上进行钻孔灌浆,必须在相应部位混凝土的强度达到50%设计强度后,方可开始。或者先在岩基上钻孔,预埋灌浆管,待混凝土浇筑到一定厚度之后再灌浆。同一地段的基岩灌浆必须按先固结灌浆后帷幕灌浆的顺序进行。

3. 接触灌浆

其目的是加强坝体混凝土与坝基或岸肩之间的结合能力,提高坝体的抗滑稳定性。一般是通过混凝土钻孔压浆或预先在接触面埋设灌浆盒及相应的管道系统。也可结合固结灌浆进行。

接触灌浆应安排在坝体混凝土达到稳定温度以后进行,以防止混凝土收缩产生拉裂。

3.1.2 灌浆的材料

岩基灌浆的浆液,一般应该满足如下要求。

(1) 浆液在受灌的岩层中应具有良好的可灌性,即在一定的压力下,能灌入裂隙、空隙或孔洞中,充填密实。

(2) 浆液硬化成结石后,应具有良好的防渗性能、必要的强度和黏结力。

(3) 为便于施工和增大浆液的扩散范围,浆液应具有良好的流动性。

(4) 浆液应具有较好的稳定性,吸水率低。

基岩灌浆以水泥灌浆最普遍。灌入基岩的水泥浆液,由水泥与水按一定配比制成,水泥浆液呈悬浮状态。水泥灌浆具有灌浆效果可靠,灌浆设备与工艺比较简单,材料成本低廉等优点。

水泥浆液所采用的水泥品种,应根据灌浆目的和环境水的侵蚀作用等因素确定。一般情况下,可采用标号不低于C45的普通硅酸盐水泥或者硅酸盐大坝水泥,如有耐酸等要求时,选用抗硫酸盐水泥。矿渣水泥与火山灰质硅酸盐水泥由于其吸水快、稳定性差、早期强度低等缺点,一般不宜使用。

水泥颗粒的细度对灌浆的效果有较大影响。水泥颗粒越细,越能够灌入细微的裂隙中,水泥的水化作用也越完全。帷幕灌浆对水泥细度的要求为通过$80\mu m$方孔筛后,筛余量不大于5%。灌浆用的水泥要符合质量标准,不得使用过期、结块或细度不合要求的水泥。

岩体裂隙宽度小于$200\mu m$的地层,普通水泥制成的浆液一般难以灌入。为了提高水泥浆液的可灌性,自20世纪80年代以来,许多国家陆续研制出了各类超细水泥,并在工程中得到广泛采用。超细水泥颗粒的平均粒径约$4\mu m$,比表面积为$8000cm^2/g$,它不仅具有良好的可灌性,同时在结石体强度、环保及价格等方面都具有很大优势,特别适合细微裂隙基岩的灌浆。

在水泥浆液中掺入一些外加剂（如速凝剂、减水剂、早强剂及稳定剂等），可以调节或改善水泥浆液的一些性能，满足工程对浆液的特定要求，提高灌浆效果。外加剂的种类及掺入量应通过试验确定。

在水泥浆液里掺入黏土、砂、粉煤灰，制成水泥黏土浆、水泥砂浆、水泥粉煤灰浆等，可用于注入量大、对结石强度要求不高的基岩灌浆，这主要是为了节省水泥、降低材料成本。砂砾石地基的灌浆主要是采用此类浆液。

当遇到一些特殊的地质条件（如断层、破碎带、细微裂隙等），采用普通水泥浆液难以达到工程要求时，也可采用化学灌浆，即灌注以环氧树脂、聚氨酯、甲醛等高分子材料为基材制成的浆液。其材料成本比较高，灌浆工艺比较复杂。在基岩处理中，化学灌浆仅起辅助作用，一般是先进行水泥灌浆，再在其基础上进行化学灌浆，这样既可提高灌浆质量，也比较经济。

3.1.3 水泥灌浆的施工

在基岩处理施工前一般需进行现场灌浆试验。通过试验，可了解基岩的可灌性、确定合理的施工程序与工艺、提供科学的灌浆参数等，为进行灌浆设计与施工准备提供重要依据。

基岩灌浆施工中的主要工序包括钻孔、钻孔（裂隙）冲洗、压水试验、灌浆、回填封孔等工作。

1. 钻孔

（1）钻孔顺序

为了有利于浆液的扩散和提高浆液结合的密实性，在确定钻孔顺序时应和灌浆次序密切配合。一般是当一批钻孔钻进完毕后，随即进行灌浆。钻孔次序则以逐渐加密钻孔数和缩小孔距为原则。对排孔的钻孔顺序，先下游排孔，后上游排孔，最后中间排孔。对统一排孔而言，一般为2~4次序孔施工，逐渐加密。

（2）钻孔质量要求

①确保孔位、孔深、孔向符合设计要求。钻孔的方向与深度是保证帷幕灌浆质量的关键。如果钻孔方向有偏斜，钻孔深度达不到要求，就得通过各钻孔所灌注的浆液，不能连成一体，将形成漏水通路。

②力求孔径上下均一、孔壁平顺。孔径均一、孔壁平顺，则灌浆栓塞能够卡紧卡牢，灌浆时不至于产生绕塞返浆。

③钻进过程中产生的岩粉细屑较少。钻进过程中如果产生过多的岩粉细屑，容易堵塞孔壁的缝隙，影响灌浆质量，也会对现场工人的健康造成不利影响。

根据岩石的硬度完整性和可钻性的不同，分别采用硬质合金钻头、钻粒钻头和金刚钻头。6~7级以下的岩石多用硬质合金钻头；7级以上用钻粒钻头；石质坚硬且较完整的用金刚石钻头。

帷幕灌浆的钻孔宜采用回转式钻机和金刚石钻头或者硬质合金钻头，其钻进效率较高，不受孔深、孔向、孔径和岩石硬度的限制，还可钻取岩芯。钻孔的孔径一般为75~91mm。固结灌浆则可采用各式合适的钻机与钻头。

孔向的控制相对较困难，特别是钻设斜孔，掌握钻孔方向更加困难。在工程实践中，按钻孔深度不同规定了钻孔偏斜的允许值（表3.1）。当深度大于60m时，则允许的偏差不应超过钻孔的间距。钻孔结束后，应对孔深、孔斜及孔底残留物等进行检查，不符合要求的应采取补救处理措施。

表3.1　钻孔孔底最大允许偏差值

钻孔深度/m	允许偏差
20	0.25
30	0.50
40	0.80
50	1.15
60	1.50

2. 钻孔（裂隙）冲洗

钻孔后，要进行钻孔及岩石裂隙的冲洗。冲洗工作通常分为：①钻孔冲洗，将残存在钻孔底和黏滞在孔壁的岩粉铁屑等冲洗出来；②岩层裂隙冲洗，将岩层裂隙中的充填物冲洗出孔外，以便浆液进入腾出的空间，使浆液结石与基岩胶结成整体。在断层、破碎带和细微裂隙等复杂地层中灌浆-冲洗的质量对灌浆效果影响极大。

一般采用灌浆泵将水压入孔内循环管路进行冲洗。将冲洗管插入孔内，用阻塞器将孔口堵紧，用压力水冲洗，也可采用压力水和压缩空气轮换冲洗或压力水和压缩空气混合冲洗的方法。

岩层裂隙冲洗方法分为单孔冲洗和群孔冲洗两种。在岩层比较完整，裂隙比较少的地方，可采用单孔冲洗。冲洗方法有高压压水冲洗、高压脉动冲洗及扬水冲洗等。

当节理裂隙比较发育且在钻孔之间互相串通的地层中，可采用群孔冲洗。将两个或两个以上的钻孔组成一个孔组，轮换地向一个孔或几个孔压进压力水或压力水混合压缩空气，从另外的孔排出污水，这样反复交替冲洗，直到各个孔出水洁净。

群孔冲洗时，沿孔深方向冲洗段的划分不宜过长，否则冲洗段内钻孔通过的裂隙条数增多，这样不仅分散冲洗压力和冲洗水量，并且一旦有部分裂隙冲通以后，水量将相对集中在这几条裂隙中流动，使其他裂隙得不到有效的冲洗。

为了提高冲洗效果，有时可在冲洗液中加入适量的化学剂，如碳酸钠（Na_2CO_3），氢氧化钠（$NaOH$）或碳酸氢钠（$NaHCO_3$）等，以利于促进泥质充填物的溶解。加入化学剂的品种和掺量，宜通过试验确定。

采用高压水或高压水气冲洗时，要注意观测，防止了冲洗范围内岩层的抬动和变形。

3. 压水试验

在冲洗完成并开始灌浆施工前，一般要对灌浆地层进行压水试验。压水试验的主要目的：测定地层的渗透特性，为基岩的灌浆施工提供基本技术资料。压水试验也是检查地层灌浆实际效果的主要方法。

压水试验的原理：在一定的水头压力下，通过钻孔将水压入孔壁四周的缝隙中，根据压入的水量和压水的时间，计算代表岩层渗透特性的技术参数。一般可采用透水率来表示岩层的渗透特性。所谓透水率，是指在单位时间之内，通过单位长度试验孔段，在单位压力作用下所压入的水量。

4. 灌浆

(1) 灌浆的方法与工艺

为了确保岩基灌浆的质量，必须注意以下问题。

①钻孔灌浆的次序

基岩的钻孔与灌浆应遵循分序加密的原则进行。一方面，可以提高浆液结石的密实性；另一方面，通过后灌序孔透水率和单位吸浆量的分析，可推断先灌序孔的灌浆效果，同时有利于减少相邻孔串浆现象。

②注浆方式

按照灌浆时浆液灌注和流动的特点，灌浆方式有纯压式和循环式两种。对于帷幕灌浆，应优先采用循环式。

纯压式灌浆，就是一次将浆液压入钻孔，并扩散到岩层裂隙中。灌注过程中，浆液从灌浆机向钻孔流动，不再返回；这种灌注方式设备简单，操作方便，但浆液流动速度较慢，容易沉淀，造成管路与岩层缝隙的堵塞，影响浆液扩散，纯压式灌浆多用于吸浆量大，有大裂隙存在，孔深不超过15m的情况。

循环式灌浆，灌浆机把浆液压入钻孔后，浆液一部分被压入岩层缝隙中；另一部分由回浆管返回拌浆筒中。这种方法一方面可使浆液保持流动状态，减少浆液沉淀；另一方面可根据进浆和回浆浆液比重的差别，来了解岩层吸收情况，并作为判定灌浆结束的一个条件。

③钻灌方法

按照同一钻孔内的钻灌顺序，有全孔一次钻灌和全孔分段钻灌两种方法。全孔一次钻灌系将灌浆孔一次钻到全深，并沿全孔进行灌浆。这种方法施工简便，多用于孔深不超过6m，地质条件良好，基岩比较完整的情况。而全孔分段钻灌系将灌浆孔分段钻到全深，其又分为自上而下分段钻灌法、自下而上分段钻灌法、综合分段钻灌法和孔口封闭分段钻灌法等。

a. 自上而下分段钻灌法。其施工顺序是：钻一段，灌一段，待凝一定时间以后，再钻灌下一段，钻孔和灌浆交替进行，直到设计深度。其优点是：随着段深的增加，可以逐段增加灌浆压力，借以提高灌浆质量；由于上部岩层经过灌浆，形成结石，下部岩层灌浆时，不易产生岩层抬动和地面冒浆等现象；分段钻灌，分段进行压水试验，压水试验的成果比较准确，有利于分析灌浆效果，估算灌浆材料的需用量。但缺点是钻灌一段以后，要待凝一定时间，才能钻灌下一段，钻孔与灌浆须交替进行，设备搬移频繁，影响施工进度。

b. 自下而上分段钻灌法。一次将孔钻到全深，然后自下而上逐段灌浆，这种方法的优缺点与自上而下分段钻灌法刚好相反。一般多用在岩层比较完整或基岩上部已经有足够压力不致引起地面抬动的情况。

c. 综合分段钻灌法。在实际工程中，通常是接近地表的岩层比较破碎，越往下岩层越完整。因此，在进行深孔灌浆时，可以兼取以上两种方法的优点，上部孔段采用了自上而下分段钻灌法钻灌，下部孔段则采用自下而上分段钻灌法钻灌。

d. 孔口封闭分段钻灌法。其要点是先在孔口镶铸不小于2m的孔口管，以便安设孔口封闭器；采用小孔径的钻孔，自上而下逐段钻孔与灌浆；上段灌后不必待凝，即可进行下段的钻灌，如此循环，直至终孔；可以多次重复灌浆，可以使用较高的灌浆压力。其优点：工艺简便、成本低、效率高、灌浆效果好。其缺点：当灌注时间较长时，容易造成灌浆管被水泥浆凝住的现象。

一般情况下，灌浆孔段的长度多为5~6m。如果地质条件好，岩层比较完整，段长可适当放长，但也不宜超过10m；在岩层破碎，裂隙发育的部位，段长应适当缩短，可取3~4m；而在破碎带、大裂隙等漏水严重的地段及坝体与基岩的接触面，应单独分段进行处理。

④灌浆压力

灌浆压力通常是指作用在灌浆段中部的压力。灌浆压力是控制灌浆质量、提高灌浆经济效益的重要因素。确定灌浆压力的原则：在不至于破坏基础和建筑物的前提下，尽可能采用比较高的压力。高压灌浆可以使浆液更好地压入细小缝隙内，增大浆液扩散半径，析出多余的水分，提高灌注材料的密实度，灌浆压力的大小与孔深、岩层性质、有无压重及灌浆质量要求等有关，可参考类似工程的灌浆资料，特别是现场灌浆试验成果确定，并且在具体的灌浆施工中结合现场条件进行调整。

⑤灌浆压力的控制

在灌浆过程中，合理控制灌浆压力和浆液稠度，是提高灌浆质量的重要保证。灌浆过程中灌浆压力的控制基本上有两种类型，就是一次升压法和分级升压法。

a. 一次升压法。灌浆开始后，一次性将压力升高到预定的压力，并在这个压力作用下，灌注由稀到浓的浆液。当每一级浓度的浆液注入量和灌注时间达到一定限度以后，就改变浆液配比，逐级加浓。随着浆液浓度的增加，裂隙将被逐渐充填，浆液注入率将逐渐降低，当达到结束标准时，就结束灌浆。这种方法适用于透水性不大，裂隙不甚发育，岩层比较坚硬完整的地方。

b. 分级升压法。是将整个灌浆压力分为几个阶段，逐级升压直到预定的压力。开始时，从最低一级压力起灌，当浆液注入率降低到规定的下限时，将压力升高一级，如此逐级升压，直到预定的灌浆压力。

⑥浆液稠度的控制

灌浆过程中，必须根据灌浆压力或吸浆率的变化情况，适时调整浆液的稠度，使岩层的大小缝隙既能灌饱，又不浪费。浆液稠度的变换采用先稀后浓的原则。这是由于稀浆的流动性较好，宽细裂隙都能进浆，使细小裂隙先灌饱，之后随着浆液稠度逐渐变浓，其他较宽的裂隙也能逐步得到良好的充填。

⑦灌浆的结束条件与封孔

灌浆的结束条件，一般用两个指标来控制，一个是残余吸浆量，又称最终吸浆量，即灌到最后的限定吸浆量；另一个是闭浆时间，即在残余吸浆量不变的情况下保持设计规定压力的延续时间。

帷幕灌浆时，在设计规定的压力之下，灌浆孔段的浆液注入率小于0.4L/min时，再延续灌注60min（自上而下分段钻灌法）或30min（自下而上分段钻灌法）；或浆液注入率不大于1.0L/min时，继续灌注90min或60min，就可结束灌浆。

对于固结灌浆，其结束标准是浆液注入率不大于0.4L/min，延续时间30min，灌浆可以结束。

灌浆结束以后，应随即将灌浆孔清理干净。对于帷幕灌浆孔，宜采用浓浆灌浆法填实，再用水泥砂浆封孔；对于固结灌浆，孔深小于10m时，可采用机械压浆法进行回填封孔，即通过深入孔底的灌浆管压入浓水泥浆或砂浆，顶出孔内积水，随浆面的上升，缓慢提升灌浆管，当孔深大于10m时，其封孔与帷幕孔相同。

(2) 灌浆的质量检查

基岩灌浆属于隐蔽性工程，必须加强灌浆质量的控制与检查。为此，一方面，要认真做好灌浆施工的原始记录，严格灌浆施工的工艺控制，严禁违规操作；另一方面，要在一个灌浆区灌浆结束以后，进行专门性的质量检查，做出科学的灌浆质量评定。基岩灌浆的质量检查结果，是整个工程验收的重要依据。

灌浆质量检查的方法很多，常用的有在已灌地区钻设检查孔，通过压水试验和浆液注入率试验进行检查；通过检查孔，钻取岩芯进行检查，或进行钻孔照相和孔内电视，观察孔壁的灌浆质量；开挖平洞、竖井或钻设大口径钻孔，检查人员直接进去观察检查，并在其中进行抗剪强度、弹性模量等方面的试验；利用地球物理勘探技术，测定基岩的弹性模量、弹性波速等，对比这类参数在灌浆前后的变化，借以判断灌浆的质量和效果。

5. 回填封孔

在帷幕灌浆施工中，基础岩石中钻孔很多，也比较深，因此，在各孔灌完后，均应很好地进行回填封孔，将钻孔严密填实。回填材料多采用水泥或采用水泥和砂。砂粒需洁净，粒径不大于2mm。砂的掺量一般可为水泥的0.5～1.0倍，水灰比不宜过大，一般可≤1，以使水泥砂浆具有适宜的流动性，且砂粒又不易很快沉淀为原则。

回填封孔应切实注意保证质量，施工时要注意两个问题：一是要使回填料与钻孔岩壁紧密胶结，不使漏水，以免形成水流通路。另外钻孔内的回填料本身应填密压实，封孔后，孔内不应留有大的洞穴，也不应有小孔。回填封孔有以下几种常用的方法。

(1) 机械压浆法

在全孔灌浆完毕后，将胶管（或铁管）下入钻孔底部（不再用灌浆塞），用灌浆泵经胶管向钻孔内压入水灰比为0.6:1（或0.5:1）的浓水泥浆，浓浆由孔底逐渐上升，将孔内积水顶出，直到孔口冒出浓浆时止。或是用砂浆泵经胶管向钻孔内压入水泥:砂:水＝1:0.5:1（或其他比例）的水泥砂浆，随着砂浆在孔内的浆面徐徐上升，同时将胶管徐徐上提，要注意的是使胶管的下端必须经常保持在浆面以下，最后孔内积水被砂浆挤出，砂浆也是自下而上将钻孔全部填实。

封孔完毕，待凝几天后，孔口空余部分如小于5m，即用水泥砂浆或水泥球，经由铁管送入孔内空余部分的底部，自下而上逐渐予以填实封堵；如果仍大于5m，则仍应用机械压浆法再压浆封孔一次，直至孔口空余部分小于5m时止。

(2) 全孔灌浆封孔法

全孔灌浆完毕后，将灌浆塞塞在孔口，灌入水灰比为0.5:1或0.6:1的浓浆，灌浆压力应根据工程具体情况而定，一般不宜小于1MPa。当注入率不大于1L/min，延续30min停止。这种封孔方法适用于采用自下而上分段灌浆法施工和深度小于15m的较浅帷幕灌浆孔。

（3）置换和压力灌浆封孔法

这种封孔法系上述两种方法的综和，也就是先将孔内余浆置换成为水灰比 0.5（或 0.6）：1 的浓浆，再将灌浆塞塞在孔口进行压力灌浆封孔。封孔质量好。其适用于采用孔口封闭、自上而下分段灌浆法且深度较大的帷幕灌浆孔。

采用孔口封闭法灌浆，当最下面一段灌完结束后，利用原灌浆管灌入水灰比为 0.5（或 0.6）：1 的浓浆，将孔中余浆全部顶出，直至孔口返出浓浆。而后提升灌浆管，在提升过程中，严禁用水冲洗灌浆管，严防地面废浆和污水、杂物等流入孔内，同时应不断地向孔内补入浓浆（或待灌浆管全部提出后再向孔内补入浓浆也可）。最后，在孔口卡塞进行纯压式封孔灌浆，仍采用水灰比为 0.5（或 0.6）：1 浓浆，压力可为该孔最大灌浆压力的 50%～80% 或采用 1MPa。当注入率不大于 1L/min，延续 30min 停止。封孔灌浆结束后，闭浆 12～24h。

（4）分段灌浆封孔法

全孔灌浆结束后，自下而上分段进行灌浆，每段长 15～20m，浆液水灰比为 0.5（或 0.6）：1 的浓浆，灌注压力可采用该段顶部孔段的灌浆压力，当注入率不大于 1L/min，延续 30min 停灌。将灌浆塞上提，继续其上面一段的灌浆封孔，直至孔口段。有条件时，孔口段封孔压力不宜小于 1MPa。

帷幕灌浆孔封孔工序非常重要，如果封堵不严实，孔内有水渗流出，将会形成"短路"，对帷幕起到冲蚀破坏作用，有损帷幕的耐久性。较多的重要的大坝基岩灌浆帷幕，在某一地段灌浆工作结束后，对其中少数帷幕灌浆孔重新扫开，检验封孔质量，不合格者，应二次补灌封孔。

3.1.4 化学灌浆

化学灌浆是在水泥灌浆基础上发展起来的新型灌浆方法。它是将有机高分子材料配制成的浆液灌入地基或建筑物的裂缝中经胶凝固化后，达到防渗、堵漏、补强、加固的目的。

化学灌浆主要用于裂隙与空隙细小（0.1mm 以下），颗粒材料不能灌入；对基础的防渗或强度有较高要求；渗透水流的速度较大，其他灌浆材料不能封堵等情况。

1. 化学灌浆的特性

化学灌浆材料有很多品种，每种材料都有其特殊的性能，按灌浆的目的可分为防渗堵漏和补强加固两类。属于防渗堵漏的有水玻璃、丙烯类、聚氨酯类等，属于补强加固的有环氧树脂类、甲醛类等。化学浆液有以下特性。

（1）化学浆液的黏度低，有的接近于水，有的比水还小，流动性好，可灌性高，可以灌入水泥浆液灌不进去的细微裂隙中。

（2）化学浆液的聚合时间可以比较准确地控制，从几秒到几十分钟，有利于机动灵活地进行施工控制。

（3）化学浆液聚合后的聚合体，渗透系数很小，通常为 $10^{-6} \sim 10^{-5}$ cm/s，防渗效果好。

（4）有些化学浆液聚合体本身的强度及黏结强度比较高，可承受高水头。

（5）化学灌浆材料聚合体的稳定性和耐久性均较好，能抗酸、碱及微生物的侵蚀。

（6）化学灌浆材料都有一定毒性，在配制、施工过程中要十分注意防护，并切实防止对环境的污染。

2. 化学灌浆的施工

由于化学材料配制的浆液为真溶液，不存在粒状灌浆材料所存在的沉淀问题，故化学灌浆都采用纯压式灌浆。

化学灌浆的钻孔和清洗工艺及技术要求与水泥灌浆基本相同，也遵循分序加密的原则进行钻孔灌浆。

化学灌浆的方法，按浆液的混合方式可分为单液法灌浆和双液法灌浆。一次配制成的浆液或两种浆液组分在泵送灌注前先行混合的灌浆方法称为单液法。两种浆液组分在泵送后才混合的灌浆方法称为双液法。前者施工相对简单，在工程中使用较多。为了保持连续供浆，现在多采用电动式比例泵提供压送浆液的动力。比例泵是专用的化学灌浆设备，由两个出浆量能够任意调整，可实现按设计比例压浆的活塞泵所构成。对于小型工程和个别补强加固的部位，也可采用手压泵。

3.2 防渗墙工程施工

防渗墙是一种修建在松散透水底层或土石坝中起防渗作用的地下连续墙。防渗墙技术在 20 世纪 50 年代起源于欧洲，因其结构可靠、施工简单、适应各类底层条件、防渗效果好及造价低等优点，在国内外得到广泛应用。

3.2.1 防渗墙概述

1. 防渗墙的特点

（1）适用范围较广

适用于多种地质条件，如砂土、砂壤土、粉土及直径小于 10mm 的卵砾石土层，都可以做连续墙，岩石地层可以使用冲击钻成槽。

（2）实用性较强

广泛应用于水利水电、工业民用建筑、市政建设等各个领域。塑性混凝土防渗墙可以在江河、湖泊、水库堤坝中起到防渗加固作用；刚性混凝土连续墙可以在工业民用建筑、市政建设中起到挡土、承重作用。混凝土连续墙深度可达 100 多米。三峡二期围堰轴线全长 1439.6m，最大高度 82.5m，最大填筑水深达 60m，最大挡水水头达 85m，防渗墙最大高度 74m。

（3）施工条件要求较宽

地下连续墙施工时噪声低、振动小，可以在较复杂条件下施工，可昼夜施工，加快施工速度。

（4）安全、可靠

地下连续墙技术自诞生以来有了较大发展，在接头的连接技术上也有了很大进步，较好地完成了段与段之间的连接，其渗透系数可达到 10^{-7} cm/s 以下。作为承重和挡土墙，可以做成刚度较大的钢筋混凝土连续墙。

（5）工程造价较低

10cm 厚的混凝土防渗墙造价约为 240 元/m^2，40cm 厚的防渗墙造价约为 430 元/m。

2. 防渗墙的分类及适用条件

按结构形式防渗墙可分为桩柱型、槽孔（板）型和板桩灌注型等。

按墙体材料防渗墙可分为混凝土、黏土混凝土、钢筋混凝土、自凝灰浆、固化灰浆及少灰混凝土等。

防渗墙的类型及其适用条件见表 3.2。

表 3.2 防渗墙的类型及适用条件

	防渗墙类型		特点	适用条件
按结构形式分类	桩柱型	搭接	单孔钻进后浇筑混凝土建成桩柱，桩柱间搭接一定厚度成墙，不易塌孔。造孔精度要求高，搭接厚度不易保证，难以形成等厚度的墙体	各种地层，特别是深度较浅、成层复杂、容易塌孔的地层。多用于低水头工程
		连接	单号孔先钻进建成桩柱，双号孔用异形钻头和双反弧钻头钻进，可连接建成等厚度墙体，施工工艺机具较复杂，不易塌孔，单接缝多	各种地层，特殊条件下，多用于地层深度较大的工程
	槽孔（板）型		将防渗墙沿轴线方向分成一定长度两槽段，各槽段分期施工，槽段间卸料用不同连接形式连接成墙。接缝少，工效高，墙厚均匀，防渗效果好。措施不当易发生塌孔现象和不易保证墙体质量	采用不同机具，适用于各种不同深度的地层
	板桩灌注型		打入特制钢板桩，提桩注浆成墙，工效高，墙厚小，造价低	深度较浅的松软地层，低水头堤、闸、坝防渗处理
按墙体材料分类	混凝土		普通混凝土，抗压强度和弹性模量较高，抗渗性能好	一般工程
	黏土混凝土		抗渗性能好	一般工程
	钢筋混凝土		能承受较大的弯矩和应力	结构有特殊要求
	自凝灰浆和固化灰浆		灰浆固壁、自凝成墙，或泥浆固壁然后向泥浆内掺加凝结材料成墙，强度低，弹模低，塑性好	多用于低水头或临时建筑物
	少灰混凝土		利用开挖渣料，掺加黏土和少量水泥，采用岸坡倾灌法浇筑成墙	临时性工程，或有特殊要求的工程

3. 防渗墙的作用、构造特点与防渗性能

（1）防渗墙的作用

防渗墙是一种防渗结构，但其实际的应用已远远超出防渗的范围，可用来解决防渗、防冲、加固、承重及地下截流等工程问题。具体的运用主要有以下几个方面：①控制闸、坝基础的渗流；②控制土石围堰及其基础的渗流；③防止泄水建筑物下游基础的冲刷；④加固一些有病害的土石坝及堤防工程；⑤作为一般水工建筑物基础的承重结构；⑥拦截地下潜流，抬高地下水位，形成地下水库。

（2）防渗墙的构造特点

防渗墙的类型较多，但从其构造特点来说，主要是三类：桩柱型防渗墙、槽孔（板）型防渗墙和板桩灌注型防渗墙。其中，槽孔（板）型防渗墙是我国水利水电工程中混凝土防渗墙的主要形式。防渗墙系垂直防渗措施，其立面布置有两种形式：封闭式与悬挂式。封闭式防渗墙是指墙体插入基岩或相对不透水层一定深度，以实现全面截断渗流的目的。而悬挂式防渗墙，墙体只深入地层一定深度，仅能加长渗径，无法完全封闭渗流。高水头的坝体或重要的围堰，有时设置两道防渗墙，共同作用，按一定比例分担水头。这时应注意水头的合理分配，避免造成单道墙承受水头过大而破坏，这对另一道墙也很危险的。

防渗墙的厚度主要由防渗要求、抗渗耐久性、墙体的应力与强度及施工设备等因素确定。其中，防渗墙的耐久性是指抵抗渗流侵蚀及化学溶蚀的性能，这两种破坏作用均与水力梯度有关。

不同的墙体材料具有不同的抗渗耐久性，其允许水力梯度值也就不同。如普通混凝土防渗墙的允许水力梯度值一般为80～100，而塑性混凝土因其抗化学溶蚀性能较好，可达300，水力梯度值一般为50～60。

(3) 防渗墙的防渗性能

根据混凝土防渗墙深度、水头压力及地质条件的不同，混凝土防渗墙可以采用不同的厚度，为0.20～1.50m。目前，塑性混凝土防渗墙越来越受到重视，它是在普通混凝土中加入黏土、膨润土等掺和材料，大幅度降低水泥掺量而形成的一种新型塑性防渗墙体材料。塑性混凝土防渗墙因其弹性模量低，极限应变大，使得塑性混凝土防渗墙在荷载作用下，墙内应力和应变都很低，可提高墙体的安全性和耐久性，而且施工方便，节约水泥，降低工程成本，具有良好的变形和防渗性能。

有的工程对墙的耐久性进行了研究，粗略计算防渗墙抗溶蚀的安全年限。根据已经建成的一些防渗墙统计，混凝土防渗墙实际承受的水力坡降可达100。对于较浅的混凝土防渗墙在承受低水头的情况下，可使用薄墙，厚度为0.22～0.35m。

3.2.2 防渗墙的墙体材料

防渗墙的墙体材料，按其抗压强度和弹性模量，一般分为刚性材料和柔性材料。可在工程性质与技术经济比较后，选择合适的墙体材料。

刚性材料包括普通混凝土、黏土混凝土和掺粉煤灰混凝土等，其抗压强度大于5MPa，弹性模量大于10000MPa；柔性材料的抗压强度则小于5MPa，弹性模量小于10000MPa，包括塑性混凝土、自凝灰浆和固化灰浆等。另外，近年来，有些工程开始使用强度大于25MPa的高强混凝土，来适应高坝深基础对防渗墙的技术要求。

1. 刚性材料

(1) 普通混凝土

是指其强度在7.5～20.0MPa，不加其他掺和料的高流动性混凝土。由于防渗墙的混凝土是在泥浆下浇筑，故要求混凝土能在自重下自由流动，并有抗离析与保持水分的性能。其坍落度一般为18～22cm，扩散度为34～38cm。

(2) 黏土混凝土

在混凝土中掺入一定量的黏土（一般为总量的12%～20%），不仅可以节省水泥，还可以降低混凝土的弹性模量，改变其变形性能，增加其和易性，改善其易堵性。

(3) 掺粉煤灰混凝土

在混凝土中掺加一定比例的粉煤灰，能改善混凝土的和易性，降低混凝土发热量，提高混凝土密实性和抗侵蚀性，并且具有较高的后期强度。

2. 柔性材料

（1）塑性混凝土

以黏土和（或）膨润土取代普通混凝土中的大部分水泥所形成的一种柔性墙体材料。

塑性混凝土与黏土混凝土有本质区别。因为后者的水泥用量降低并不多，掺入黏土的主要目的是改善和易性，并未过多改变弹性模量。塑性混凝土的水泥用量仅为 80～100kg/mL 使获得的混凝土强度低，特别是弹性模量值低到与周围介质（基础）相接近，这时，墙体适应变形的能力大大提高，几乎不产生拉应力，降低了墙体出现开裂现象的可能性。

（2）自凝灰浆

是在固壁浆液（以膨润土为主）中加入水泥和缓凝剂所制成的一种灰浆，凝固前作为造孔用的固壁泥浆，槽孔造成后则自行凝固成墙。

（3）固化灰浆

在槽锻造孔完成后，向固壁的泥浆中加入水泥等固化材料，沙子、粉煤灰等掺和料，水玻璃等外加剂，经机械搅拌或压缩空气搅拌之后，凝固成墙体。

3. 高强混凝土

高强混凝土指的是强度等级为 C60 及其以上的混凝土，它是用水泥、砂、石原材料外加减水剂或同时外加粉煤灰、F 矿粉、矿渣、硅粉等混合料，经常规工艺生产而获得高强的混凝土。高强混凝土最大的特点是抗压强度高，一般为普通强度混凝土的 4～6 倍，故可减小构件的截面面积，因此可适应高坝深基础对防渗墙的技术要求。

3.2.3 防渗墙的施工程序与工艺

尽管防渗墙有很多种类型，但它们的施工程序与工艺是类似的。下文以槽孔（板）型防渗墙为例，对防渗墙的施工程序与工艺进行阐述。

槽孔（板）型的防渗墙，是由一段段槽孔套接而成的地下墙。其施工程序与工艺主要包括造孔准备；固壁泥浆和泥浆系统；造孔成槽；终孔验收和清孔换浆；墙体浇筑；全墙质量验收。

1. 造孔准备

造孔前准备工作是防渗墙施工的一个重要环节。

必须根据防渗墙的设计要求和槽孔长度的划分，做好了槽孔的测量定位工作，并在此基础上设置导向槽。

导向槽的作用：导墙是控制防渗墙各项指标的基准，导墙和防渗墙的中心线必须一致，导墙宽度一般比防渗墙的宽度多 3～5cm，它指示挖槽位置，为挖槽起导向作用；导墙竖向面的垂直度是决定防渗墙垂直度的首要条件，导墙顶部应平整，保证导向钢轨的架设和定位；导墙可防止槽壁顶部坍塌，保持泥浆压力，防止坍塌和阻止废浆污水倒流入槽，保证地面土体稳定，在导墙之间每隔 1～3m 加设临时木支撑；导墙经常承受灌注混凝土的导管、钻机等静、动荷载，可以起到重物支承台的作用；维持稳定液面的作用，特别是地下水位很高的地段，为维持稳定液面，至少要高出地下水位 1m；导墙内的空间有时可作为稳定液的贮藏槽。

导向槽可用木料、条石、灰拌土或混凝土制成。导向槽沿防渗墙轴线设在槽孔上方，导向槽的净宽一般等于或略大于防渗墙的设计厚度，高度以 1.5～2.0m 为宜。为了维持槽孔的稳定，要求导向槽底部高出地下水位 0.5m 以上。为了防止地表积水倒流和便于自流排浆，其顶部高程应比两侧地面略高。

钢筋混凝土导墙常用现场浇筑法。其施工顺序：平整场地、测量位置、挖槽与处理弃土、绑扎钢筋、支模板、灌注混凝土、拆模板并且设横撑、回填导墙外侧空隙并碾压密实。

导墙的施工接头位置，应与防渗墙的施工接头位置错开。另外可设置插铁，以保持导墙的连续性。

导向槽安设好后，在槽侧铺设造孔钻机的轨道，安装钻机，修筑运输道路，架设动力和照明路线及供水供浆管路，做好排水排浆系统，并向槽内充灌泥浆，保持泥浆液面在槽顶以下 30～50cm。做好这些准备工作以后，就能开始造孔。

2. 固壁泥浆和泥浆系统

在松散透水的地层和坝（堰）体内进行造孔成墙，如何维持槽孔孔壁的稳定是防渗墙施工的关键技术之一。工程实践表明，泥浆固壁是解决这类问题的主要方法。泥浆固壁的原理：槽孔内的泥浆压力要高于地层的水压力，使泥浆渗入槽壁介质中，其中较细的颗粒进入空隙，较粗的颗粒附在孔壁上，形成泥皮。泥皮对地下水的流动形成阻力，使槽孔内的泥浆与地层被泥皮隔开。泥浆一般具有较大的密度，所产生的侧压力通过泥皮作用在孔壁上，就保证了槽壁的稳定。

泥浆除了固壁作用外，在造孔过程中，还有悬浮和携带岩屑、冷却润滑钻头的作用；成墙以后，渗入孔壁的泥浆和胶结在孔壁的泥皮，还对防渗起辅助作用。由于泥浆的特殊重要性，在防渗墙施工中，国内外工程对于泥浆的制浆土料、配比及质量控制等方面均有严格的要求。

泥浆的制浆材料主要有膨润土、黏土、水及改善泥浆性能的掺和料，如加重剂、增黏剂、分散剂和堵漏剂等。制浆材料通过搅拌机进行拌制，经筛网过滤后，放入专用储浆池备用。

我国根据大量的工程实践，提出制浆土料的基本要求是黏粒含量大于 50%，塑性指数大于 20，含砂量小于 5%，二氧化硅与三氧化二铝含量的比值以 3～4 为宜。配制而成的泥浆，其性能指标，应根据地层特性、造孔方法及泥浆用途等，通过试验选定。

3. 造孔成槽

造孔成槽工序约占防渗墙整个施工工期的一半。槽孔的精度直接影响防渗墙的质量。选择合适的造孔机具与挖槽方法对于提高施工质量、加快施工速度至关重要。混凝土防渗墙的发展和广泛应用，也是与造孔机具的发展和造孔挖槽技术的改进密切相关的。

用于防渗墙开挖槽孔的机具，主要有冲击钻机、回转钻机、钢绳抓斗及液压铣槽机等。它们的工作原理、适用的地层条件及工作效率有一定差别。复杂多样的地层，一般要多种机具配套使用。

进行造孔挖槽时，为了提高工效，通常要先划分槽段，然后在一个槽段内，划分主孔和副孔，采用钻劈法、钻抓法或分层钻进等方法成槽。

各种造孔挖槽的方法，都采用泥浆固壁，在泥浆液面下钻挖成槽的。在造孔过程中，要严格按操作规程施工，防止掉钻、卡钻、埋钻等事故发生；必须经常注意泥浆液面的稳定，发现严重漏浆，要及时补充泥浆，采取了有效的止漏措施；要定时测定泥浆的性能指标，并控制在允许范围以内；应及时清理废水、废浆、废渣，不允许在槽口两侧堆放重物，以免影响工作，甚至造成孔壁坍塌；要保持槽壁平直，保证孔位、孔斜、孔深、孔宽以及槽孔搭接厚度、嵌入基岩的深度等满足规定的要求，防止了漏钻漏挖和欠钻欠挖。

4. 终孔验收和清孔换浆

防渗墙终孔验收项目及要求见表3.3。验收合格方准进行清孔换浆，清孔换浆的目的是在混凝土浇筑前，对留在孔底的沉渣进行清除，换上新鲜泥浆，以保证混凝土和不透水地层连接的质量。清孔换浆应该达到的标准是：经过1h后，孔底淤积厚度不大于10cm，孔内泥浆密度不大于1.3，黏度不大于30s，含砂量不大于10%。一般要求清孔换浆以后4h内开始浇筑混凝土，如果不能按时浇筑，应采取措施，防止落淤，否则，在浇筑前要重新清孔换浆。

表3.3 防渗墙终孔验收项目及要求

终孔验收项目	终孔验收要求
槽位允许偏差	±3cm
槽宽要求	≥设计墙厚
槽孔孔斜	≤4%
一、二期槽孔搭接孔位中心偏差	≤1/3设计墙厚
槽孔水平断面上	没有梅花孔、小墙
槽孔嵌入基岩深度	满足设计要求

5. 墙体浇筑

防渗墙的混凝土浇筑和一般混凝土浇筑不同，是在泥浆液面下进行的，泥浆下浇筑混凝土的主要特点如下。

（1）不允许泥浆与混凝土掺混形成泥浆夹层。

（2）确保混凝土与基础及一、二期混凝土之间的结合。

（3）连续浇筑，一气呵成。

泥浆下浇筑混凝土常用直升导管法。清孔合格后，立即下设钢筋笼、预埋管、导管和观测仪器。导管由若干节管径20~25cm的钢管连接而成，沿槽孔轴线布置，相邻导管的间距不宜大于3.5m，一期槽孔两端的导管距端面以1.0~1.5m为宜，开浇时导管口距孔底10~25cm，把导管固定在槽孔口。当孔底高差大于25cm时，导管中心应布置在该导管控制范围的最低处。这样布置导管，有利于全槽混凝土面的均衡上升，有利于一、二期混凝土的结合，并且可防止混凝土与泥浆掺混。槽孔浇筑应严格遵循先深后浅的顺序，即从最深的导管开始，由深到浅依次开浇，待全槽混凝土面浇平以后，再全槽均衡上升。

每个导管开浇时，先下入导注塞，并在导管中灌入适量的水泥砂浆，准备好足够数量的混凝土，将导注塞压到导管底部，使管内被泥浆挤出管外。然后将导管稍微上提，使导注塞浮出，一举将导管底端被泄出的砂浆和混凝土埋住，保证后续浇筑的混凝土不至于泥浆掺混。

在浇筑过程中，应保证供料连续，一气呵成；保持导管埋入混凝土的深度不小于1m；维持全槽混凝土面均匀上升，上升速度不应小于2m/h，高差控制在0.5m范围内。

混凝土上升到距孔口10m左右，常因沉淀砂浆含砂量大，稠度增浓，压差减小，增加浇筑困难。这时可用空气吸泥器、砂泵等抽排浓浆，以便浇筑顺利进行。

浇筑过程中应注意观测，做好混凝土面上升的记录，防止堵管、埋管、导管漏浆和泥浆掺混等事故的发生。

6. 全墙质量验收

防渗墙施工结束后，应当及时进行验收，验收工作应当在防渗墙完成施工的7d内进行。

验收内容包括检查防渗墙的外观质量是否符合要求，主要包括无明显的损坏和渗漏等现象；检查防渗墙的尺寸和位置是否符合设计要求；检查防渗墙的材料质量是否符合要求，比如，材料是否完整、是否过期等。

3.3 砂砾石地基处理方法

3.3.1 砂砾石地基灌浆

1. 砂砾石地基的可灌性

砂砾石地基的可灌性是指砂砾石地基能否接受灌浆材料灌入的一种特性，是决定灌浆效果的先决条件。其主要取决于地层的颗粒级配、灌浆材料的细度、灌浆压力及灌浆工艺等，见式（3.1）。

$$M = \frac{D_{15}}{d_{85}} \tag{3.1}$$

式中，M 为可灌比；D_{15} 为砂砾石地层颗粒级配曲线上含量为15%的粒径，mm；d_{85} 为灌浆材料颗粒级配曲线上含量为85%的粒径，mm。

可灌比 M 越大，接受颗粒灌浆材料的可灌性越好。通常 $M=10\sim15$ 时，可以灌注水泥黏土浆；当 $M \geqslant 15$ 时，可以灌水泥浆。

2. 灌浆材料

多用水泥黏土浆液。一般水泥和黏土的比例为 $1:1\sim1:4$，水和干料的比例为 $1:1\sim1:6$。

3. 钻灌方法

砂砾石地基的钻孔灌浆方法有打管灌浆、套管灌浆、循环钻灌、预埋花管灌浆等。

（1）打管灌浆

打管灌浆就是将带有灌浆花管的厚壁无缝钢管，直接打入受灌地层中，并利用它进行灌浆。其程序：先将钢管打入设计深度，再用压力水将管内冲洗干净，然后用灌浆泵灌浆，或利用浆液自重进行自流灌浆。灌完一段之后，将钢管起拔一个灌浆段高度，再进行冲洗和灌浆，如此自下而上，拔一段灌一段，直到结束。

这种方法设备简单，操作方便，适用于砂砾石层较浅、结构松散、颗粒不大、容易打管和起拔的场合，用这种方法所灌成的帷幕，防渗性能较差，多用于临时性工程（如围堰）。

(2) 套管灌浆

套管灌浆的施工程序是一边钻孔，另一边跟着下护壁套管。或者，一边打设护壁套管，另一边冲掏管内的砂砾石，直到套管下到设计深度。然后将钻孔冲洗干净，下入灌浆管，起拔套管到第一灌浆段顶部，安好止浆塞，对第一段进行灌浆。如此自下而上，逐段提升灌浆管和套管，逐段灌浆，直至结束。

采用这种方法灌浆，由于有套管护壁，不会产生第二段灌浆坍孔埋钻等事故。但是，在灌浆过程中，浆液容易沿着套管外壁向上流动，甚至产生地表冒浆。如果灌浆时间较长，则又会胶结套管，造成起拔的困难。

(3) 循环钻灌

循环钻灌是一种自上而下，钻一段灌一段，钻孔与灌浆循环进行的施工方法。钻孔时用黏土浆或浓度最小水泥黏土浆固壁。钻孔长度，也就是灌浆段的长度，视孔壁稳定和砂砾石层渗漏程度而定，容易坍孔和渗漏严重的地层，分段短一些，反之则长一些，一般为1～2m。灌浆时可利用钻杆作灌浆管。

用这种方法灌浆，做好孔口封闭，是防止地面抬动及地表冒浆提高灌浆质量的有效措施。

(4) 预埋花管灌浆

预埋花管灌浆的施工程序如下。

①用回转式钻机或冲击钻钻孔，跟着下护壁套管，一次直达孔的全深。

②钻孔结束后，立即进行清孔，清除孔壁残留的石渣。

③在套管内安设花管，花管的直径一般为73～108mm，沿管长每隔33～50cm就钻一排3～4个射浆孔，孔径1cm，射浆孔外面用橡皮箍紧。花管底部要封闭严密牢固，安设花管要垂直对中，不能偏向套管的一侧。

④在花管与套管之间灌注填料，边下填料边起拔套管，连续灌注，直到全孔填满套管拔出为止。

⑤填料待凝10d左右，达到一定强度，严密牢固地将花管与孔壁之间的环形圈封闭。

⑥在花管中下入双栓灌浆塞。灌浆塞的出浆孔要对准花管之上准备灌浆的射浆孔。然后用清水或稀浆逐渐升压，压开花管上的橡皮圈，压穿填料，形成通路，为浆液进入砂砾石层创造条件，称为开环。开环以后，继续用稀浆或清水灌注5～10min，再开始灌浆。每排射浆孔就是一个灌浆段。灌完一段，移动双栓灌浆塞，使其出浆孔对准另一排射浆孔，进行另一灌浆段的开环灌浆。由于双栓灌浆塞的构造特点，可以在任一灌浆段进行开环灌浆，必要之时还可以进行复灌，比较机动灵活。

用预埋花管法灌浆，由于有填料阻止浆液沿孔壁和管壁上升，很少发生冒浆、串浆现象，灌浆压力可相对提高，灌浆比较机动，可以重复灌浆，对灌浆质量有较好保证。国内外比较重要工程的砂砾石层灌浆，多采用这种方法；其缺点是花管被填料胶结以后，不能起拔，耗用管材较多。

3.3.2 水泥土搅拌桩

近几年，在处理软弱地基时，经常采用深层搅拌桩进行复合地基加固处理。深层搅拌是利用水泥类浆液和原土通过叶片强制搅拌形成墙体的技术。

1. 技术特点

多头小直径深层搅拌桩机的问世，使防渗墙的施工厚度变为8～45cm，在江苏、湖北、江西、山东、福建等省广泛应用并已取得很好的社会效益与经济效益。该技术使各幅钻孔搭接形成墙体，使排柱式水泥土地下墙的连续性、均匀性、美观度都有大幅度提高。该工法适用于黏土、粉质黏土、淤泥质土及密实度中等以下的砂层，且施工进度和质量不受地下水位的影响。从浆液搅拌混合后形成"复合土"的物理性质分析，这种复合土属于"柔性"物质，从防渗墙的开挖过程中还可以看到，防渗墙与原地基土无明显的分界面，即复合土与周边土胶结良好。因而目前防洪堤的垂直防渗处理，在墙身不大于18m的条件下优先选用深层搅拌桩水泥土防渗墙。

2. 防渗性能

防渗墙的功能是截渗或增加渗径，防止堤身和堤基的渗透破坏。影响水泥搅拌桩渗透性的因素主要有流体本身的性质、水泥搅拌土的密度、封闭气泡和孔隙的大小及分布。因此，从施工工艺上看，防渗墙的完整性和连续性是关键，当墙厚不应小于20cm时，成墙28d后渗透系数$K<10^{-6}$cm/s，抗压强度$R>0.5$MPa。

3. 复合地基

当水泥土搅拌桩用来加固地基，形成复合地基用以提高地基承载力时，应符合以下规定。

(1) 竖向承载搅拌桩的长度应根据上部结构对承载力和变形的要求确定，并应穿透软弱土层到达承载力相对较高的土层；设置的搅拌桩同时为提高抗滑稳定性时，其桩长应超过危险滑弧2.0m。干法的加固深度不宜大于15m；湿法及型钢水泥土搅拌墙（桩）的加固深度应考虑机械性能的限制。单头、双头加固深度不宜大于20m，多头及型钢水泥土搅拌墙（桩）的深度不宜超过35m。

(2) 竖向承载力水泥土搅拌桩复合地基的承载力特征值应通过现场单桩或多桩复合地基荷载试验确定，初步设计时也可按《建筑地基处理技术规范》（JGJ 79—2012）的相关公式进行估算。

(3) 竖向承载搅拌桩复合地基中的桩长超过10m时，可采用变掺量设计。在全桩水泥总掺量不变的前提下，桩身上部1/3桩长范围内可适当增加水泥掺量及搅拌次数；桩身下部1/3桩长范围内可适当减少水泥掺量。

(4) 竖向承载搅拌桩的平面布置可根据上部结构特点及对地基承载力和变形的要求，采用柱状、壁状、格栅状或块状等加固形式。桩可只在刚性基础平面范围内布置，独立基础下的桩数不宜少于3根。柔性基础应通过验算在基础内、外布桩。柱状加固可采用正方形、等边三角形等布桩形式。

3.3.3 高压喷射灌浆

高压喷射灌浆是利用钻机造孔，然后将带有特制合金喷嘴的灌浆管下到地层预定位置，以高压把浆液或水、气高速喷射到周围地层，对地层介质产生冲切、搅拌及挤压等作用，同时被浆液置换、充填和混合，待浆液凝固后，就在地层中形成一定形状的凝结体。高压喷射灌浆是利用旋喷机具造成旋喷桩，以提高地基的承载能力，也可以作联锁桩施工或定向喷射成连续墙用于防渗。高压喷射灌浆适用于软弱地基的加固，对砂卵石（最大粒径小于20cm）的防渗也有较好的效果。

通过各孔凝结体的连接，形成板式或墙式的结构，不仅可以提高基础的承载力，而且成为一种有效的防渗体。高压喷射灌浆具有对地层条件适用性广、浆液可控性好、施工简单等优点，近年来在国内外都得到了广泛应用。

1. 技术特点

高压喷射灌浆防渗加固技术适用于软弱土层，包括第四纪冲积层、洪积层、残积层及人工填土等。实践证明，其对软弱地基来说效果较好。对粒径过大和含量过多的砾卵石及有大量纤维质的腐殖土地层，一般应通过现场试验确定施工方法，对含有粒径为2～20cm的砂砾石地层，在强力的升扬置换作用之下，仍可实现浆液包裹作用。

高压喷射灌浆不仅在黏性土层、砂层中可用，在砂砾卵石层中也可用。经过多年的研究和工程试验证明，只要控制措施和工艺参数选择得当，在各种松散地层均可采用，以烟台市夹河地下水库工程为例，采用高喷灌浆技术的半圆相向对喷和双排摆喷菱形结构的新的施工方案，成功在夹河卵砾石层中构筑了地下水库截渗坝工程。

该技术可灌性、可控性好，接头连接可靠，平面布置灵活，适应性地层广，深度较大，对施工场地要求不高等特点。

2. 高压喷射灌浆作用

高压喷射灌浆的浆液以水泥浆为主，其压力一般为10～30MPa，它对地层的作用和机理有如下几个方面。

（1）冲切掺搅作用。高压喷射流通过对原地层介质的冲击、切割和强烈扰动，使浆液扩散充填地层，并与土石颗粒掺混搅和，硬化后形成凝结体，从而改变原地层结构和组分，达到防渗加固的目的。

（2）升扬置换作用。随高压喷射流喷出的压缩空气，不仅对射流的能量有维持作用，而且造成孔内空气扬水的效果，使冲击切割下来的地层细颗粒和碎屑升扬至孔口，空余部分由浆液代替，起到置换作用。

（3）挤压渗透作用。高压喷射流的强度随射流距离的增加而衰减，至末端虽不能冲切地层，但对地层仍能产生挤压作用；同时，喷射后的静压浆液对地层还产生渗透凝结层，有利于进一步提高抗渗性能。

（4）位移握裹作用。对于地层中的小块石，由于其喷射能量大，以及升扬置换作用，浆液可填满块石四周空隙，并将其握裹；对大块石或块石集中区，如降低提升速度，提高喷射能量，可以使块石产生位移，浆液便深入空（孔）隙。

总之，在高压喷射、挤压、余压渗透及浆气升串的综合作用下，产生握裹凝结作用，从而形成连续和密实的凝结体。

3. 防渗性能

在高压喷射流的作用下切割土层，被切割下来的土体与浆液搅拌混合，进而固结，形成防渗板墙。不同地层及施工方式形成的防渗体结构体的渗透系数稍有差别，一般说来，其渗透系数小于 $10^{-7}\mathrm{cm/s}$。

4. 高压喷射凝结体

（1）凝结体的形式

凝结体的形式与高压喷射方式有关。常见有3种。

①喷嘴喷射时，边旋转边垂直提升，简称旋喷，可形成圆柱形凝结体。

②喷嘴的喷射方向固定，则称定喷，可形成板状凝结体。

③喷嘴喷射时，边提升边摆动，简称摆喷，形成哑铃状或扇形凝结体。

为了保证高压喷射防渗板（墙）的连续性与完整性，必须使各单孔凝结体在其有效范围内相互可靠连接，这与设计的结构布置形式及孔距有很大关系。

（2）高压喷射灌浆的施工方法

目前，高压喷射灌浆的基本方法有单管法、双管法、三管法及多管法等，它们各有特点，应根据工程要求和地层条件选用。

①单管法

采用高压灌浆泵以大于 2.0MPa 的高压将浆液从喷嘴喷出，冲击和切割周围地层，并产生搅和、充填作用，硬化后形成凝结体。该方法施工简易，但有效范围小。

②双管法

双管法有两个管道，分别将浆液和压缩空气直接射入地层，浆压达 45～50MPa，气压为 1.0～1.5MPa。由于射浆具有足够的射流强度和比能，易于将地层加压密实。这种方法工效高，效果好，尤其适合处理地下水丰富、含大粒径块石及孔隙率大的地层。

③三管法

用水管、气管和浆管组成喷射杆，水、气的喷嘴在上，浆液的喷嘴在下。随着喷射杆的旋转和提升，先有高压水和气的射流冲击扰动地层，再以低压注入浓浆进行掺混搅拌。常用参数：水压为 38～40MPa，气压为 0.6～0.8MPa，浆压为 0.3～0.5MPa。

如果将浆液也改为高压（浆压达 20～30MPa）喷射，浆液可以对地层进行二次切割、充填，其作用范围就更大。

④多管法

其喷管包含输送水、气、浆管、泥浆排出管和探头导向管。采用超高压水射流（40MPa）切削地层，所形成的泥浆由管道排出，用探头测出地层中形成的空间，最后由浆液、砂浆、砾石等置换充填。多管法可在地层中形成直径较大的柱状凝结体。

5. 施工程序与工艺

高压喷射灌浆的施工程序主要有造孔、下喷射管、喷射提升（旋转或摆动）及最后成桩或墙。

（1）造孔

在软弱透水的地层进行造孔，应采用泥浆固壁或跟管（套管法）的方法确保成孔。造孔机具有回转式钻机、冲击式钻机等。目前用得较多的是立轴式液压回转钻机。

为保证钻孔质量，孔位偏差应不大于2cm，孔斜率小于1%。

（2）下喷射管

用泥浆固壁的钻孔，可以将喷射管直接下入孔内，直到孔底。用根管钻进的孔，可在拔管前向套管内注入密度大的塑性泥浆，边拔边注，并保持液面与孔口齐平，直至套管被拔出，再将喷射管下到孔底。

将喷嘴对准设计的喷射方向，不偏斜，是确保喷射灌浆成墙的关键。

（3）喷射灌浆

根据设计的喷射方法与技术要求，将水、气、浆送入喷射管，喷射1~3min待注入的浆液冒出后，按预定的喷射速度自上而下边喷射边转动、摆动，逐渐提升到设计高度。

进行高压喷射灌浆的设备由造孔、供水、供气、供浆及喷灌等五大系统组成。

（4）施工要点

①管路、旋转活接头和喷嘴必须拧紧，达到安全密封；高压水泥浆液、高压水和压缩空气各管路系统均应不堵、不漏、不串。设备系统安装后，必须经过运行试验，试验压力达到工作压力的1.5~2.0倍。

②旋喷管进入预定深度后，应先进行试喷，待达到预定压力和流量后，再提升旋喷。中途发生故障，应立即停止提升和旋喷，以防止桩体中断。同时进行检查，排除故障。若发现浆液喷射不足，影响桩体质量时，应进行复喷。施工中应做好详细记录。旋喷水泥浆应严格过滤，防止水泥结块和杂物堵塞喷嘴及管路。

③旋喷结束后要进行压力注浆，以补填桩柱凝结收缩后产生的顶部空穴。每次施工完毕后，必须立即用清水冲洗旋喷机具和管路，检查磨损情况，例如，有损坏零部件应及时更换。

6. 旋喷桩的质量检查

旋喷桩的质量检查通常采取钻孔取样、贯入试验、荷载试验或开挖检查等方法。对于防渗的联锁桩、定喷桩，应进行渗透试验。

3.4 灌注桩工程施工

灌注桩是先用机械或人工成孔，再下钢筋笼后灌注混凝土形成的基桩。其主要作用是提高地基承载力、侧向支撑等。

根据其承载性状可分为摩擦型桩、端承摩擦桩、端承型桩及摩擦端承桩；根据其使用功能分为竖向抗压桩、竖向抗拔桩、水平受荷桩、复合受荷桩；根据其成孔形式主要分为冲击成孔灌注桩、冲抓成孔灌注桩、回转钻成孔灌注桩、潜水钻成孔灌注桩及人工挖（扩）孔灌注桩等。

3.4.1 灌注桩的适应地层与桩型的选择

1. 灌注桩的适应地层

（1）冲击成孔灌注桩：适用于黄土、黏性土或粉质黏土和人工杂填土层中应用，特别适合于有孤石的砂砾石层、漂石层、坚硬土层、岩层中使用，对流砂层亦可克服，但对淤泥及淤泥质土，则应慎重使用。

（2）冲抓成孔灌注桩：适用于一般较松软黏土、粉质黏土、沙土、砂砾层及软质岩层应用。

(3) 回转钻成孔灌注桩：适用于地下水位较高的软、硬土层，如淤泥、黏性土、沙土、软质岩层。

(4) 潜水钻成孔灌注桩：适用于地下水位较高的软、硬土层，如淤泥、淤泥质土、黏土、粉质黏土、沙土、砂夹卵石及风化页岩层中使用，不得用于漂石。

(5) 人工挖（扩）孔灌注桩：适用于地下水位较低的软、硬土层，如淤泥、淤泥质土、黏土、粉质黏土、沙土、砂夹卵石及风化页岩层中使用。

2. 桩型的选择

桩型与工艺选择应根据建筑结构类型、荷载性质、桩的使用功能、穿越土层、桩端持力层土类、地下水位、施工设备、施工环境、施工经验、制桩材料供应条件等，选择经济合理、安全适用的桩型和成桩工艺。排列基桩时，宜使桩群承载力合力点与长期荷载重心重合，并使桩基受水平力及力矩较大方向有较大的截面模量。

3.4.2 施工准备

1. 施工现场

施工前应根据施工地点的水文、工程地质条件及机具、设备、动力、材料、运输等情况，布置施工现场。

(1) 场地为旱地时，应平整场地、清除杂物、换除软土并夯打密实，钻机底座应布置在坚实的填土上。

(2) 场地为陡坡时，可用木排架或枕木搭设工作平台，平台应牢固可靠，保证施工顺利进行。

(3) 场地为浅水时，可采用筑岛法，岛顶平面应高出水面1～2m。

(4) 场地为深水时，根据水深、流速、水位涨落、水底地层等情况，采用固定式平台或浮动式钻探船。

2. 灌注桩的试验（试桩）

(1) 试桩目的

灌注桩正式施工前，应先选择合理的施工方法、施工工艺和机具设备，验证明桩的设计参数，即试桩。试桩是为了给大范围的灌注桩施工作业提供第一手的首次施工参数资料，包括桩径、有效桩长、入岩深度、沉渣、贯入度、桩焊接、承载力、成桩质量等。

(2) 试桩施工方法

试桩所用的设备与方法，应与实际成孔成桩所用者相同；一般可用基桩做试验或选择有代表性的地层或预计钻进困难的地层进行成孔、成桩等工序的试验，重点查明地质情况，判定成孔、成桩工艺方法是否适宜；试桩的材料和截面、长度必须与设计相同。

(3) 试桩数目

工艺性试桩的数目根据施工具体情况决定；力学性试桩的数目，一般不少于实际基桩总数的3%，且不少于2根。

(4) 荷载试验

灌注桩的荷载试验，一般应作垂直静载试验和水平静载试验。

垂直静载试验的目的是测定桩的垂直极限承载力，测定各土层的桩侧极摩擦阻力和桩底反力，并查明桩的沉降情况。试验加载装置，一般采用油压千斤顶。千斤顶的加载反力装置可根据现场实际条件而定。一般均采用锚桩横梁反力装置。加载与沉降的测量与试验资料整理，可参照有关规定。

水平静载试验的目的是确定桩的允许水平荷载作用下的桩头变位（水平位移和转角），一般只有在设计要求时才进行。

加载方式、方法、设备、试验资料的观测、记录整理等，参照有关规定。

3. 编制施工流程图

为确保钻孔灌注桩施工质量，使施工按规定程序有序地进行作业，应该编制钻孔灌注桩施工流程图。

4. 测量放样

根据建设单位提供的测量基线和水准点，由专业测量人员制作施工平面控制网。采用极坐标法对每根桩孔进行放样。为保证放样准确无误，对每根桩必须进行三次定位，即第一次定位挖、埋设护筒；第二次校正护筒；第三次在护筒上用十字交叉法定出桩位。

5. 埋设护筒

埋设护筒应准确稳定。护筒内径一般应比钻头直径稍大；用冲击或冲抓方法时，大约20cm，用回转法者，大约10cm。护筒一般有木质、钢质与钢筋混凝土3种材质。

护筒周围用黏土回填并夯实。当地基回填土松散、孔口易坍塌时，我们应该扩大护筒坑的挖埋直径或在护筒周围填砂浆混凝土，护筒埋设深度一般为1～1.5m；对于坍塌较深的桩孔，应增加护筒埋设深度。

6. 制备泥浆

制浆用黏土的质量要求、泥浆搅拌和泥浆性能指标等，均应符合有关规定。泥浆主要性能指标：比重为1.1～1.15，黏度为10～25s，含砂率小于6%，胶体率大于95%，失水量小于30mL/min，pH为7～9。

泥浆的循环系统主要包括制浆池、泥浆池、沉淀池和循环槽等。开动钻机较多时，一般采用集中制浆与供浆。用抽浆泵通过主浆管和软管向各孔桩供浆。

泥浆的排浆系统由主排浆沟、支排浆沟和泥浆沉淀池组成。沉淀池内的泥浆采用泥浆净化机净化后，由泥浆泵抽回泥浆池以便再次利用。

废弃的泥浆与渣应按环境保护的有关规定进行处理。

3.4.3 造孔

1. 造孔方法

钻孔灌注桩造孔常用的方法有冲击钻进法、冲抓钻进法、冲击反循环钻进法、泵吸反循环钻进法、正循环回转钻进法等，可根据具体的情况进行选用。

2. 造孔

施工平台应铺设枕木和台板，安装钻机应保持稳固、周正、水平。开钻前提钻具，校正孔位。造孔时，钻具对准测放的中心开孔钻进。施工中应经常检测孔径、孔形和孔斜，严格控制钻孔质量。出渣时，应及时补给泥浆，保证钻孔内浆液面的泥浆稳定，防止塌孔。

根据地质勘探资料、钻进速度、钻具磨损程度及抽筒排出的钻渣等情况，判断换层孔深。如钻孔进入基岩，立即用样管取样。经现场地质人员鉴定，确定终孔深度。终孔验收时，桩位孔口偏差不得大于5cm，桩身垂直度偏斜应小于1‰，当上述指标达到规定要求时，才能进入下道工序施工。

3. 清孔

（1）清孔的目的。清孔的目的是抽、换孔内泥浆，清除孔内钻渣，尽量减小孔底沉淀层厚度，防止桩底存留过厚沉淀砂土而降低桩的承载力，确保灌注混凝土的质量。

（2）清孔的质量要求。清孔的质量要求是应清除孔底所有的沉淀沙土。当技术上确有困难时，应允许残留少量不成浆状的松土，其数量应按合同文件的规定。清孔后灌注混凝土前，孔底500mm以内的泥浆性能指标：含砂率为8％。相对密度应小于1.25，漏斗黏度不大于28s（以马氏漏斗黏度计测量为准）。

（3）清孔方法。根据设计要求、钻进方法、钻具和土质条件决定清孔方法。常用的清孔方法有正循环清孔、泵吸反循环清孔、空压机清孔和掏渣清孔等。

正循环清孔，适用于淤泥层、沙土层和基岩施工的桩孔。孔径一般小于800mm。其方法是在终孔后，将钻头提离孔底10～20cm空转，并且保持泥浆正常循环。输入比重为1.10～1.25的较纯的新泥浆循环，把钻孔内悬浮钻渣较多的泥浆换出。根据孔内情况，清孔时间一般为4～6h。

泵吸反循环清孔，适用于孔径为600～1500mm及更大的桩孔。清孔时，在终孔后停止回转，将钻具提离孔底为10～20cm，反循环持续到满足清孔要求为止。清孔时间一般为8～15min。

空压机清孔，其原理与空压机抽水洗井的原理相同，适用于各种孔径、深度大于10m各种钻进方法的桩孔。一般是在钢筋笼下入孔内后，将安有进气管的导管吊入孔中。导管下入深度距沉渣面30～40cm。由于桩孔不深，混合器可以下到接近孔底，以增加沉没深度。清孔开始时，应向孔内补水。清孔停止时，应先关风后断水，防止水头损失而造成塌孔。送风量由小到大，风压一般为0.5～0.7MPa。

掏渣清孔，干钻施工的桩孔，不应该用循环液清除孔内虚土，应采用掏渣等或者加碎石夯实的办法。

3.4.4 钢筋笼的制作与安装

1. 一般要求

（1）钢筋的种类、钢号、直径应符合设计要求。钢筋的材质应进行物理力学性能或化学成分的分析试验。

（2）制作前应除锈、调直（螺旋筋除外）。主筋应尽量用整根钢筋。焊接的钢材，应作可焊性和焊接质量的试验。

（3）当钢筋笼全长超过10m时，宜分段制作。分段后的主筋接头应互相错开，同一截面内的接头数目不多于主筋总根数的50％，两个接头的间距应大于50cm。接头可采用搭接、绑条或坡口焊接。加强筋与主筋间采用点焊连接，箍筋和主筋间采用绑扎方法。

2. 钢筋笼的制作

制作钢筋笼的设备与工具有电焊机、钢筋切割机、钢筋圈制作台和钢筋笼成形支架等。钢筋笼的制作程序如下。

(1) 根据设计,确定箍筋用料长度。将钢筋成批切割好备用。

(2) 钢筋笼主筋保护层厚度一般为6~8cm。绑扎或焊接钢筋混凝土预制块,焊接环筋。环的直径不小于10mm,焊在主筋外侧。

(3) 制作好的钢筋笼在平整的地面上放置,应防止变形。

(4) 按图纸尺寸和焊接质量要求检查钢筋笼(内径应比导管接头外径大100mm以上)。不合格者不得使用。

3. 钢筋笼的安装

钢筋笼安装用大型吊车起吊,对准桩孔中心放入孔内。例如,桩孔较深,钢筋笼应分段加工,在孔口处进行对接。采用单面焊缝焊接,焊缝应饱满,不得咬边夹渣。焊缝长度不小于10d(d为钢筋直径)。为保证钢筋笼的垂直度,钢筋笼在孔口按桩位中心定位,使其悬吊在孔内。

下放钢筋笼应防止碰撞孔壁。如下放受阻,应查明原因,不得强行下插。一般采用正反旋转,缓慢逐步下放。安装完毕后,经有关人员对钢筋笼的位置、垂直度、焊缝质量、箍筋点焊质量等全面进行检查验收,合格后才能下导管灌注混凝土。

3.4.5 混凝土的配置与灌注

1. 一般规定

(1) 桩身混凝土按条件养护28d后应达到下列要求。

①抗压强度达到相应标号的标准强度。

②凝结密实,胶结良好,不得有蜂窝、空洞、裂缝、稀释、夹层和夹泥渣等不良现象。水泥砂浆与钢筋黏结良好,不得有脱黏露筋现象。

③有特殊要求的混凝土或钢筋混凝土的其他性能指标,应达到设计要求。

(2) 配制混凝土所用材料和配合比除应符合设计规定外,并且应满足下列要求。

①水泥除应符合国家标准外,其按标准方法规定的初凝时间不宜小于3h。

②桩身混凝土,相对密度一般为2300~2400kg/m^3,水泥强度等级不低于42.5,水泥用量不得少于360kg/m^3。

③混凝土坍落度一般为18~22cm。

④粗骨料可选用卵石或碎石,最大粒径应小于40mm,并不得大于导管的1/8~1/6和钢筋最小净距的1/3,一般用5~40mm为宜。细骨料宜采用质地坚硬的天然中、粗砂。

⑤为使混凝土有较好的和易性,混凝土含砂率宜采用40%~45%;并宜选用中、粗砂。水灰比应小于0.5。

⑥混凝土拌和用水,与水泥起化学作用的水达到水泥质量的15%~20%即可。多余的水只起润滑作用,即搅成混凝土具有和易性。混凝土灌注完毕后,多余水逐渐蒸发,在混凝土中留下小气孔,气孔越多,强度越低,因此要控制用水量,洁净的天然水和自来水都可使用。

⑦添加剂为改善水下混凝土的工艺性能，加速施工进度和节约水泥，可在混凝土中掺入添加剂。其种类、加入量按设计要求确定。

2. 水下混凝土灌注

灌注混凝土要严格按照有关规定进行施工。混凝土灌注分为干孔灌注和水下灌注，一般均采用导管灌注法。

混凝土灌注是钻孔灌注桩的重要工序，应予特别注意。钻孔应经过质量检验合格后，才能进行灌注工作。

(1) 灌注导管

灌注导管用钢管制作，导管壁厚不宜小于3mm，直径宜为200~300mm，每节导管长度，导管下部第一根为4000~6000mm，导管中部为1000~2000mm，导管上部为300~500mm，密封形式采用橡胶圈或橡胶皮垫，适用桩径为600~1500mm。

(2) 导管顶部应安装漏斗和储料斗

漏斗安装高度应适应操作为宜，在灌注到最后阶段时，能满足对导管内混凝土柱高度的需要，以保证上部桩身的灌注质量。混凝土柱的高度，一般在桩底低于桩孔中水面时，应比水面至少高出2m。漏斗与储料斗应有足够的容量来储存混凝土，以保证首批灌入的混凝土量能达到1.0~1.2m的埋管高度。

(3) 灌注顺序

灌注前，应再次测定孔底沉渣厚度。如厚度超过规定，应再次进行清孔。当下导管时，导管底部与孔底的距离以能放出隔水栓和混凝土为原则，一般为300~500mm。桩径小于600mm时，可适当加大导管底部至孔底距离。

①首批混凝土连续不断地灌注后，应有专人测量孔内混凝土面深度，并计算导管埋置深度，一般控制在2~6m，不得小于1m或大于6m。严禁导管提出混凝土面，应及时填写水下混凝土灌注记录。如发现导管内大量进水，应立即停止灌注，查明原因，处理后再灌注。

②水下灌注必须连续进行，严禁中途停灌。灌注中，应注意观察管内混凝土下降和孔内水位变化情况，及时测量管内混凝土面上升高度及分段计算充盈系数（充盈系数应为1.1~1.2），不得小于1。

③导管提升时，不得挂住钢筋笼，可设置防护三角形加筋板或设置锥形法兰护罩。

④灌注即将结束时，由于导管内混凝土柱高度减小，超压力降低，而导管外的泥浆及所含渣土稠度增加，相对密度增大。出现混凝土顶升困难时，可以小于300mm的幅度上下串动导管，但不允许横向摆动，确保灌注顺利进行。

⑤终灌时，考虑泥浆层的影响，实灌桩顶混凝土面应高于设计桩顶0.5m以上。

⑥施工过程中，要协调混凝土配制、运输和灌注各道工序的合理配合，以保证灌注连续作业和灌注质量。

4 土石方工程施工

4.1 石方开挖

4.1.1 坝基开挖

1. 坝基开挖程序

坝基开挖程序的选择与坝型、枢纽布置、地形地质条件、开挖量及导流方式等因素有关。其中导流程序与导流方式是主要因素，坝基开挖常用程序见表4.1。

表4.1 坝基开挖常用程序

选择因素			常用开挖程序	施工条件	开挖步骤
坝型	一般地形条件	常用导流方式			
拱坝或重力坝	河床狭窄，两岸边坡陡峻	全段围堰法、隧洞导流	自上而下，先开挖两岸边坡后开挖基坑	开挖施工布置简单；基坑开挖基本可全年施工	在导流洞施工时，同时开挖常水位以上边坡；河床截流后，开挖常水位以下两岸边坡、浮渣和基坑覆盖层；从上游至下游进行基坑开挖
低坝或闸坝	河床开阔、两岸平坦（多属平原地区河流）	全段围堰法、明渠导流或分段围堰法导流	上下结合开挖或自上而下开挖	开挖施工布置简单；基坑开挖基本可全年施工	先开挖明渠；截流后开挖基坑或基坑与岸坡上下结合开挖
重力坝	河床宽阔，两岸边坡比较平缓	分段围堰、大坝底孔和梳齿导流	上下结合开挖	开挖施工布置较复杂；由导流程序决定开挖施工分期	先开挖围堰段一侧边坡；开挖导流段基坑和另一侧边坡；导流段完建、截流后，开挖另一侧基坑

2. 坝基开挖方式

开挖程序确定以后，开挖方式的选择主要取决于总开挖深度、具体开挖部位、开挖量、技术要求及机械化施工因素等。

薄层开挖。岩基开挖深度小于4m，采用浅孔爆破。开挖方式有劈坡开挖、大面积群孔爆破开挖、先掏槽后扩大开挖等（表4.2）。

表 4.2 坝基薄层开挖方式选择

类别	适用条件	施工要点
劈坡开挖	开挖深度小，坡度陡的岸坡	自上而下每次钻爆深度 3~4m，一般情况由人工翻渣至坡脚处，然后挖除
大面积群孔爆破开挖	开挖深度小于 2~3m 的基坑；手风钻钻孔，小型机械或人工半机械化施工	钻孔深度 2m 左右，一次孔数 400~600 孔，爆破面积 500m² 左右；推土机集渣，由一端或两端出渣
先掏槽后扩大开挖	开挖深度小于 4m 的基坑；应用中小型机械施工	一次钻孔深度 3m 左右，以掏槽爆破创造临空面和打通出渣道，由一端或两端出渣

分层开挖。开挖深度大于 4m 时，一般采用分层开挖。开挖方式有自上而下逐层爆破开挖、台阶式分层爆破开挖、竖向分段爆破开挖、深孔与洞室组合爆破开挖及洞室爆破开挖等。坝基分层开挖方式选择见表 4.3。

表 4.3 坝基分层开挖方式选择

类别	适用条件	施工要点
自上而下逐层爆破开挖	开挖深度大于 4m 的基坑；要有专用深孔钻机和大斗容、大吨位的出渣机械	先在中间开挖先锋槽（槽宽应大于或等于机械回转半径），然后向两侧扩大开挖
台阶式分层开挖	挖方量大、边坡较缓的岸坡；开挖断面满足大型施工机械联合作业的空间要求	在坡顶平整场地和在边坡上沿每层开辟施工道路；上下多层同时作业时，应错开和进行必要的防护
竖向分段爆破开挖	边坡较高、较陡的岸坡	由边坡表面向里，竖向分段钻爆；爆破后的石渣翻至坡脚处，集中出渣
深孔与洞室组合爆破开挖	分层高度大于钻机正常钻孔深度的岸坡	梯段上部布置深孔，梯段下部布置药室
洞室爆破开挖	平整施工场地和开辟施工道路，为机械施工创造条件	开挖导洞，在洞内开凿洞室

全断面开挖和高梯段开挖。梯段高度一般大于 20m，主要特点是通过钻爆使开挖面一次成形。

3. 坝基保护层开挖

水平建基面高程的偏差不应大于±20cm。设计边坡轮廓面的开挖偏差，在一次钻孔深度开挖时，不应大于其开挖高度的±2%；在分台阶开挖时，其最下部一个台阶坡脚位置的偏差，以及整体边坡的平均坡度，均符合设计要求，还应注意不使水平建基面产生大量爆破裂隙，以及使节理裂隙面、层面等弱面明显恶化，并损害岩体的完整性。

在岩基开挖中为了达到设计的开挖面，又不破坏周边岩层结构，如河床坝基、两岸坝岸、发电厂基础、廊道等工程连接岩基部分的岩石开挖，根据规范要求及常规做法都要留有一定的保护层，紧邻水平建基面的保护层厚度，应由爆破试验确定，若无条件进行试验时，才可以采用工程类比法确定，一般不小于 1.5m，并参考表 4.4 选定。

表 4.4 保护层厚度与岩石类别、药卷直径 d 的关系

岩石类别	岩石抗压强度 $\sigma_压$	保护层厚度
软弱岩石	$\sigma_压<29.4$MPa	$40d$
中等坚硬岩石	$\sigma_压<29.4\sim58.8$MPa	$30d$
坚硬岩石	$\sigma_压>58.8$MPa	$25d$

对岩体保护层进行分层爆破，必须遵循下述规定。

第一层炮孔不得穿入距水平建基面 1.5m 的范围；炮孔装药直径不应大于 40mm；应采用梯段爆破的方法。

第二层对节理裂隙不发育、较发育、发育和坚硬的岩体炮孔不得穿入距水平建基面 5m 的范围；对节理裂隙极发育和软弱的岩体，炮孔不得穿入距水平建基面 0.7m 的范围。炮孔与水平面的夹角不应大于 60°，炮孔装药直径不应大于 32mm，采用单孔起爆方法。

第三层对节理裂隙不发育、较发育、发育和坚硬的岩体炮孔不得穿入距水平建基面 0.2m 的范围；剩余 0.2m 厚的岩体应进行撬挖。炮孔角度、装药直径和起爆方法，同第二层的要求。

必须在通过试验证明可行并经主管部门批准后，才可在紧邻水平建基面采用有或无岩体保护层的一次爆破法。

无保护层的一次爆破法应符合下述原则：水平建基面开挖，应采用预裂爆破方法；越过岩石开挖，应采用梯段爆破方法；梯段爆破孔孔底与预裂爆破面应有一定的距离。

4.1.2 溢洪道和渠道开挖

1. 开挖程序

溢洪道、渠道的常用过水断面一般为梯形或矩形。选择开挖程序应考虑现场地形与施工道路等条件，结合混凝土衬砌的安排以及拟采用的施工方法等，溢洪道、渠道开挖程序见表 4.5。

表 4.5 溢洪道、渠道开挖程序

主要因素	开挖程序	适用工程类型
考虑临时泄洪的需要安排开挖程序	分期开挖，每一期根据需要开挖到一定高程	溢洪道
根据现场的地形、道路等施工条件和挖方利用情况安排开挖程序	可分期、分段开挖	溢洪道
结合混凝土衬砌边坡和浇筑底板的顺序安排开挖程序	先开挖两岸边坡、后开挖底板或上下结合开挖	溢洪道
按照构筑物的分类安排开挖程序	先开挖闸室或渠首，后开挖消能段或渠尾部分	溢洪道、渠道
根据采用人工或机械等不同施工方法划分开挖段	分段开挖	渠道

设计开挖程序须注意以下问题：应在两侧边坡顶部修建排水天沟，减少雨水冲刷。施工中要保持工作面平整，并沿上下游方向贯通以利排水和出渣；根据开挖断面的宽窄、长度和挖方量的大小，一般应同时对称开挖两侧边坡，并随时修整，以保持稳定；对窄而深的渠道，爆破受两侧岩壁的约束力大，爆破效果一般较差，应结合钻爆设计安排合理的开挖程序；渠身段可采用大爆破施工方法，但要注意控制渠首附近的最大起爆药量，防止破坏山岩而造成渗漏。

2. 开挖方式

溢洪道、渠道一般爆破开挖方式，其常用开挖方式见表4.6。

表4.6 溢洪道、渠道常用开挖方式

开挖方式	适用条件	施工要点
深孔分段爆破	为常规开挖施工方法，应用广泛	先中间挖槽贯通上下游，然后向两侧扩大开挖，由一端或两端同时向中间推进
扬弃爆破	用于揭露地表覆盖层或开挖渠身段	先沿轴线方向开挖平导洞，然后向两侧开挖药室、爆破后的石渣可大部分抛至开挖断面以外
小型洞室爆破	在缺少专用钻机的条件下采用	沿轴线方向布置多排竖井药室，靠近两侧边坡处布置蛇穴药室
分层分块钻爆	用于人工半机械或中小型机械施工	根据施工机械化程度确定分层厚度和分块尺寸
楔形掏槽爆破	用于开挖深度小于6m的浅窄渠道	沿轴线方向进行掏槽爆破、两侧边坡钻预裂孔、底板预留保护层
定向爆破	用于浅渠开挖	爆破的石渣按预定的一侧或两侧抛至断面以外，通过爆破使渠道成形
直接用机械开挖	用于软岩开挖	利用带有松土器的重型推土机分层破碎，每层破碎深度为0.5～1.0m

4.1.3 边坡开挖

在边坡稳定分析的基础上，应判明影响边坡稳定的主导因素，对边坡变形破坏形式和原因做出正确的判断，并且制订可行的开挖措施，以免因工程施工影响和恶化边坡的稳定性。

1. 开挖控制措施

尽量改善边坡的稳定性。拦截地表水和排除地下水，防止边坡稳定恶化。可在边坡变形区以外5m开挖截水天沟和变形区以内开挖排水沟，拦截和排除地表水。同时可采用喷浆、勾缝、覆盖等方式保护坡体不受渗水侵害。对于地下水的排除，可根据岩体结构特征和水文地质条件，采用倾角小于15°的钻孔排水；对于有明显含水层可能产生深层滑动的边坡，可采用平洞排水。

对于不稳定型边坡开挖，可以先作稳定处理，然后进行开挖。例如，采用抗滑挡墙、抗滑桩、锚筋桩、预应力锚索及化学灌浆等方法，必要时进行边挡护边开挖。

尽量避免雨季施工，并力争一次处理完毕。否则，雨季施工应采用临时封闭措施。

做好稳定性观测和预报工作。

按照"先坡面、后坡脚"自上而下的开挖程序施工,并限制坡比,坡高要在允许范围之内,必要时增设马道。

开挖时,注意不切断层面或楔体棱线,不使滑体悬空而失去支撑作用。坡高应尽量控制到不涉及有害软弱面及不稳定岩体。

控制爆破规模,应不使爆破振动附加动荷载使边坡失稳。为避免造成过大的爆破裂隙,开挖临近最终边坡时,应采用光面、预裂爆破,必要时改用小炮、风镐或人工挖撬。

2. 不稳定岩体的开挖

一次削坡开挖。主要是开挖边坡高度较低的不稳岩体,如溢洪道或渠道边坡。其施工要点是由坡面至坡脚顺而开挖,即先降低滑体高度,再循序向里开挖。

分段跳槽开挖。主要用于有支挡(如挡土墙、抗滑桩)要求的边坡开挖。其施工要点是开挖一段即支护一段。

分台阶开挖。在坡高较大时,采用分层留出平台或马道以提高边坡的稳定性。台阶高度由边坡处于稳定状态下的极限滑动体高度 h_v 和极限坡高 H_v 来确定,其值由力学计算的有关算式求得。为保证施工安全,应将计算的极限值除以安全系数 K,作为允许值。

4.2 土方机械化施工

4.2.1 土方机械

1. 挖土机械

挖土机械可分为单斗挖掘机和多斗挖掘机。

(1) 单斗挖掘机

按用途分:建筑用和专用。

按行走装置分:履带式、汽车式、轮胎式和步行式。

按传动装置分:机械传动、液压传动和液力机械传动。

按工作装置分:正向铲、反向铲、拉(索)铲、抓铲。

按动力装置分:内燃机驱动、电力驱动。

按斗容量分:0.5m³、1m³、2m³等。

挖掘机有回转、行驶和工作三个装置。正向铲挖掘机有强有力的推力装置,能挖掘Ⅰ~Ⅳ级土和破碎后的岩石。正向铲主要用来挖掘停机面以上的土石方,也可以挖掘停机面以下不深的地方,但不能用于水下开挖。反向铲可以挖停机面以下较深的土,也可以挖停机面以上一定范围的土,也可以用于水下开挖。

(2) 多斗挖掘机

多斗挖掘机又称挖沟机、纵向多斗挖掘机。与单斗挖掘机比较,多斗式挖掘机有下列优点:挖土作业是连续的,在同样条件下生产率高;开挖单位土方量所需的能量消耗较低;开挖沟槽的底和壁较整齐;在连续挖土的同时,能将土自动卸在沟槽一侧。

多斗挖掘机不宜开挖坚硬的土和含水量较大的土。它适宜开挖黄土、粉质黏土等。多斗挖掘机由工作装置、行走装置和动力、操纵及传动装置等组成。

按工作装置分为链斗式和轮式两种。按卸土方式分为装有卸土皮带运输器和未装卸土皮带运输器的两种。通常挖沟机大多装有皮带运输器。行走装置有履带式、轮胎式和履带轮胎式三种。其动力一般为内燃机。

当地面具有较大横向坡度时，可采用可调节轮轴的挖沟机。

2. 挖运组合机械

（1）推土机

以拖拉机为原动机械，另加切土刀片的推土器，既可薄层切土，又能短距离推运。推土机是一种挖运综合作业机械，是在拖拉机上装上推土铲刀而成。按推土板的操作方式不同，可分为索式和液压式两种。索式推土机的铲刀是借刀具自重切入土中，切土深度较小；液压推土机能强制切土，推土板的切土角度可以调整，切土深度较大，因此，液压推土机是目前工程中常用的一种推土机。

推土机构造简单，操作灵活，运转方便，所需作业面小，功率大，能爬30°左右的缓坡。适用于施工场地清理和平整，开挖深度不超过1.5m的基坑以及沟槽的回填土，堆筑高度在1.5m以内的路基、堤坝等。在推土机后面安装松土装置，可破、松硬土和冻土，还可牵引无动力的土方机械（如拖式铲运机、羊脚碾等）进行其他土方作业。推土机的推运距离宜在100m以内，当推运距离为30～60m时，经济效益最好。

利用下述方法可提高推土机的生产效率：

①下坡推土。借推土机自重，增大铲刀的切土深度和运土数量，以提高推土能力和缩短运土时间。一般可提高效率30%～40%。

②并列推土。对于大面积土方工程，可用2～3台推土机并列推土。推土时，两铲刀相距15～30cm，以减少土的侧向散失，倒车时，分别按先后顺序推回。平均运距不超过50～75m时，效率最高。

③沟槽推土。当运距较远，挖土层较厚时，利用前次推土形成的槽推土，可大大减少土方散失，从而提高效率。此外，还可在推土板两侧附加侧板，增大推土板前的推土体积以提高推土效率。

（2）铲运机

按行走方式，铲运机分为牵引式和自行式。前者用拖拉机牵引铲斗，后者自身有行驶动力装置。现在多用自行式。根据操作方式不同，拖式铲运机又分为索式和液压式两种。

铲运机能独立完成铲土、运土、卸土和平土作业，对行驶道路要求低，操作灵活，运转方便，生产效率高。铲运机适用于大面积场地平整，开挖大型基坑、沟槽及填筑路基、堤坝等，最适合开挖含水量不大于27%的松土和普通土，不适合在砂砾层和沼泽区工作。当铲运较硬的土壤时，宜先用推土机翻松0.2～0.4m，以减少机械磨损，提高效率。常用铲运机斗容量为1.5～6.0m^3。拖式铲运机的运距以不超过800m为宜，当运距为300m左右时效率最高，自行式铲运机的经济运距为800～1500m。

（3）装载机

装载机是一种高效的挖运组合机械。主要用途是铲取散粒料并装上车辆，可用于装运、挖掘、平整场地和牵引车辆等，更换工作装置后，可用于抓举或起重的作业，因此在工程中得到广泛应用。

装载机按行走装置分为轮胎式和履带式两种；按卸料方式分为前卸式、后卸式和回转式三种；按装载重量：分为小型（<1t）、轻型（1～3t）、中型（4～8t）和重型（>10t）四种。目前使用最多的是四轮驱动铰接转向的轮式装载机，其铲斗多为前卸式，有的兼可侧卸。

3. 运输机械

运输机械有循环式和连续式两种。

循环式包括有轨机车和机动灵活的汽车。一般工程自卸汽车的吨位是10～35t，汽车吨位的大小应根据需要并结合路涵条件来考虑。

最常用的连续式运输机械是带式运输机。根据有无行驶装置，分为移动式和固定式两种。前者多用于短途运输和散料的装卸堆存，后者常用于长距离的运输。

4.2.2 土石料挖运方案

1. 综合机械化施工的基本原则

充分发挥主要机械的作用；挖运机械应根据工作特点配套选择；机械配套要有利于使用、维修和管理；加强维修管理工作，充分发挥机械联合作业的生产力，提高其时间利用系数；合理布置工作面、改善道路条件，减少连续的运转时间。

2. 挖运设备生产能力

（1）挖土机械

循环式单斗挖掘机和连续式多斗挖掘机的实际小时生产率 P（m³/h）可按式（4.1）确定。

$$P = 60qnK_H K'_p K_B K_t \tag{4.1}$$

式中，q 为土料的几何容积，m³；n 为对于单斗挖掘机系指每分钟循环工作次数，对于多斗挖掘机系指每分钟倾倒的土斗数量；K_H 为土斗的充盈系数，表示实际装料容积与土斗几何容积的比值，对于正向铲可取1，对于索铲可取0.9；K'_p 为土的松散系数，指挖土前的实土与挖后松土体积的比值其大小与土料的等级有关，土的松散系数取值范围见表4.7；K_B 为时间利用系数，表示挖掘机工作时间利用程度，可取0.8～0.9；K_t 为联合作业延误系数，考虑运输工具影响挖掘机的工作时间；有运输工具配合时，可取0.9，无运输工具配合时应取1。

表4.7 土的松散系数取值范围

土料的等级	土的松散系数
Ⅰ	0.93～0.83
Ⅱ	0.88～0.78
Ⅲ	0.81～0.71
Ⅳ	0.79～0.73

（2）运输机械

①循环式运输机械数量 n 的确定见式（4.2）。

$$n = \frac{Q_T t}{q(T_1 - T_2)} \tag{4.2}$$

式中，Q_T 为运输强度（1d 或一班运载的总方量），m^3；t 为运输工具周转一次的循环时间，min；q 为运输工具装载的有效方量，m^3；T_1 为 1d 或一班的时间，min；T_2 为 1d 或一班内运输工具的非工作的时间，min。

②连续式运输机械即带式运输机，其生产率取决于带宽、带速及带上物料的装满程度。然而，带的装满程度与带的形状、所装物料性质和运输机械布置的倾角有关。若以实方计，带式运输机的实际小时生产率 P_T（m^3/h）可按式（4.3）计算。

$$P_T = KB^2 v K_B K_H K_p' K_d K_\alpha \tag{4.3}$$

式中，K 为带形系数；对于平面带，$K=200$；对于槽形带，$K=400$；B 为带宽，m；v 为带的运行速度，m/s，通常可取 1～2m/s；K_B 为时间利用系数，一般取 0.75～0.8；K_H 为充盈系数；K_d 为土石粒径系数；K_α 为倾角影响系数；其余符号意义同前。

3. 挖运强度和挖运机械数量的确定

（1）挖运强度的确定

土石坝施工的挖运强度取决于土石坝的上坝强度，上坝强度又取决于施工中的气象水文条件、施工导流方式、施工分期、工作面的大小、劳动力、机械设备、燃料动力供应情况等因素。在施工组织设计中，一般根据施工进度计划各个阶段要求完成的坝体方量来确定上坝和挖运强度。合理的施工组织管理应有利于实现均衡生产，避免生产大起大落，使人力、机械设备不能充分利用，造成浪费。

上坝强度 Q_D 计算见式（4.4）。

$$Q_D = \frac{V' K_a}{T K_1} K \tag{4.4}$$

式中，V' 为分期完成的坝体设计方量，m^3，以压实方计；K_a 为坝体沉陷影响系数，可取 1.03～1.5；K 为施工不均衡系数，可取 1.2～1.3；K_1 为坝面作业土料损失系数，可取 0.9～0.95；T 为施工分期的有效工作日数。

运输强度 Q_T 计算见式（4.5）。

$$Q_T = \frac{Q_D}{K_2} K_c \tag{4.5}$$

式中，K_c 为压实影响系数；K_2 为运输损失系数，可取 0.95～0.99；其余符号意义同前。

开挖强度 Q_c 计算见式（4.6）。

$$Q_c = \frac{Q_D}{K_2 K_3} K_c' \tag{4.6}$$

式中，K_c' 为压实系数，为坝体设计干容重 γ_0 与土料天然容重 γ_c 的比值；K_3 为土料开挖损失系数，一般取 0.92～0.97；其余符号意义同前。

（2）挖运机械数量确定

挖掘机装车斗数 m 计算见式（4.7）。

$$m = \frac{Q}{\gamma_c q K_H K_p'} \tag{4.7}$$

式中，Q 为自卸汽车的载重量，t；γ_c 为料场土的天然容重，t/m^3；q 为选定挖掘机的斗容量，m^3；K_H 为挖掘机的土斗充盈系数；K_p' 为土料的松散影响系数。

配套一台挖掘机所需自卸汽车数量 n 计算见式（4.8）。

$$np_a \geqslant p_c \quad (4.8)$$

式中，p_a 为每辆汽车的生产率，m^3/h；p_c 为每台挖掘机的生产率，m^3/h。

满足施工高峰期上坝强度的挖掘机数量 N_c 计算见式（4.9）。

$$N_c = \frac{Q_{cmax}}{p_c} \quad (4.9)$$

式中，Q_{cmax} 为最大开挖强度；其余符号意义同前。

满足施工高峰期上坝强度的汽车的数量 N_a 计算见式（4.10）。

$$N_a = \frac{Q_{Tmax}}{p_a} \quad (4.10)$$

式中，Q_{Tmax} 为最大运输强度；其余符号意义同前。

4. 综合机械化方案选择

土石坝工程量巨大，挖、运、填、压等多个工艺环节环环相扣。提高劳动生产率，改善工程质量，降低工程成本的有效措施是采用综合机械化施工。

选择机械化施工方案通常应考虑如下原则：适应当地条件，保证施工质量，生产能力满足整个施工过程的要求；机械设备性能机动、灵活、高效、低耗、运行安全、耐久可靠；通用性强，能承担先后施工的工程项目，设备利用率高；机械设备要配套，各类设备均能充分发挥效率，特别应注意充分发挥主导机械的效率，如在挖、运、填、压作业中，应充分发挥龙头机械挖掘机的效率，以期为其他作业设备效率的提高提供必要的前提和保证；设备购置及运行费用低，易于获得零、配件，便于维修、保养、管理和调度；应从采料工作面、回车场地、路桥等级、卸料位置、坝面条件等方面创造相适应的条件，以便充分发挥挖、运、填、压各种机械的效能。

4.3　土石坝施工技术

土石坝是一种充分利用当地材料的坝型。随着大型高效施工机械的广泛使用，施工人数大量减少，施工工期不断缩短，施工费用显著降低，施工条件日益改善，土石坝工程的应用比任何其他坝型都更加广泛。

根据施工方法不同，土石坝分为干填碾压、水中填土、水力冲填（包括水坠坝）和定向爆破筑坝等类型。国内以碾压式土石坝应用最多。

碾压土石坝的施工，包括施工准备作业、基本作业、辅助作业和附加作业等。准备作业包括："三通一平"（平整场地、通车、通水、通电），架设通信线路，修建生产、生活福利、行政办公用房及排水清基等项工作。

基本作业包括料场土石料开采，挖、装、运、卸及坝面铺平、压实和质检等项工作。

辅助作业是保证准备及基本作业顺利进行，创造良好工作条件的作业，包括清除施工场地及料场的覆盖层，从上坝土料中剔除超径石块、杂物，坝面排水、层间刨毛和洒水等工作。

附加作业是保证坝体长期安全运行的防护及修整工作，包括坝坡修整，铺砌护面块石及种植草皮等。

4.3.1 土石料场的规划

土石坝用料量很大,在选坝阶段需对土石料场做全面调查,施工前配合施工组织设计,对料场做深入勘测,并从时间、空间、质量和数量等方面进行全面规划。

1. 时间上的规划

所谓时间规划,就必须考虑施工强度和坝体填筑部位的变化。随着季节及坝前库水情况的变化,料场的工作条件也在变化。在场料规划上应力求做到上坝强度高时用较近料场,上坝强度低时用较远的料场,使运输任务比较均衡。对近料和上游易淹的料场应先用,远料和下游不易淹的料场后用;旱季可采用含水量高的料场,雨季可采用含水量低的料场。在料场使用规划中,还应保留一部分近料场供合龙段填筑和拦洪度汛高峰强度时使用。此外,还应对时间和空间进行统筹规划,否则会产生事与愿违的后果。

2. 空间上的规划

所谓空间规划,系指对料场位置、高程的恰当选择,合理布置。土石料的上坝运距尽可能短些,高程上有利于重车下坡,减少运输机械功率的消耗。近料场不应因取料影响坝的防渗稳定和上坝运输;也不应使道路坡度过陡引起运输事故。坝的上下游、左右岸最好都选有料场,这样有利于上下游左右岸同时供料,减少施工干扰,保证坝体均衡上升。用料时原则上应低料低用,高料高用,当高料场储有富余时,亦可高料低用。同时料场的位置应有利于布置开采设备、交通及排水通畅。对石料场尚应考虑与重要建筑物、构筑物、机械设备等保持足够的防爆、防震安全距离。

3. 质量与数量上的规划

料场质量与数量的规划,是料场规划最基本的要求,也是决定料场取舍的重要因素。在选择和规划使用料场时,应对料场的地质成因、产状、埋深、储量及各种物理力学指标进行全面勘探和试验。勘探精度应随设计深度加深而提高。在施工组织设计中,进行用料规划,不仅应使料场的总储量满足坝体总方量的要求,而且应满足施工各个阶段最大上坝强度的要求。

料尽其用,充分利用永久和临时建筑物基础开挖渣料是土石坝料场规划的又一重要原则。为此应增加必要的施工技术组织措施,确保渣料的充分利用。若导流建筑物和永久建筑物的基础开挖时间与上坝时间不一致时,则可以调整开挖和填筑进度,或增设堆料场储备渣料,供填筑时使用。

料场规划还应对主要料场和备用料场分别加以考虑。前者要求质好、量大、运距近,且有利于常年开采;后者通常在淹没区外,当前者被淹没或因库区水位抬高,土料过湿或其他原因中断使用时,则用备用料场保证坝体填筑不致中断。

在规划料场实际可开采总量时,应考虑料场查勘的精度、料场天然容重与坝体压实容重的差异,以及开挖运输、坝面清理、返工削坡等损失。实际可开采总量与坝体填筑量之比一般为:土料 2~2.5;砂砾料 1.5~2;水下砂砾料 2~3;石料 1.5~2;反滤料应根据筛后有效方法确定,一般不宜小于3。另外,料场选择还应与施工总体布置结合考虑,应根据运输方式、强度来研究运输线路的规划和装料面的布置。料场内装料面应保持合理的间距，间距太小会使道路频繁搬迁，影响工效；间距太大影响开采强度，通常装料面的间距取 100m 为宜。整个场地规划还应排水通畅，全面考虑出料、堆料、弃料的位置，力求避免干扰，以加快采运速度。

4.3.2 坝面作业施工组织规划

当基础开挖和基础处理基本完成后，就可进行坝体的铺填、压实施工。

坝面作业施工程序包括铺土、平土、洒水、压实，对于黏性土采用平碾，压实后尚需刨毛，以保证层间结合的质量、质检等工序。坝面作业，工作面狭窄，工种多，工序多，机械设备多，施工时须有妥善的施工组织规划。

为避免坝面施工中的干扰，延误施工进度，坝面压实宜采用流水作业施工。

流水作业施工组织应先按施工工序数目对坝面分段，然后组织相应专业施工队依次进入各工段施工。这样，对同一工段而言，各专业队按工序依次连续施工；对各专业施工队而言，依次不停地在各工队完成固定的专业工作。其结果是实现了施工专业化，有利于工人技能熟练程度的提高。同时，各工段都有专业队使用固定的施工机具，从而保证施工过程人、机、地三不闲，避免施工干扰，有利于坝面作业多、快、好、省、安全地进行。

设拟开展的坝面作业划分为铺土、平土洒水、压实、刨毛质检四道工序，于是将坝面至少划分成四个相互平行的工段。在同一时间内，四个工段均有一个专业队完成一道工序，各专业队依次流水作业。

正确划分工段是组织流水作业的前提，每个工段的面积取决于各施工时段的上坝强度，以及不同高程坝面面积的大小。

工段数目 m 可按式（4.11）计算。

$$m=\frac{W_\mathrm{D}}{W_\mathrm{B}} \tag{4.11}$$

式中，W_D 为坝体某一高程工作面面积，可根据施工进度按图确定，m^2；W_B 为每一工作时段的铺土面积，m^2，其计算见式（4.12）。

$$W_\mathrm{B}=\frac{Q_\mathrm{D}}{h} \tag{4.12}$$

式中，h 为根据压实试验确定的每层铺土厚度，m；Q_D 为上坝强度，m^3/d。

若 m' 为流水作业工序数，m 为每层工段数，二者的大小关系反映流水作业的组织情况。当 $m=m'$ 时，表示流水工段数等于流水工序数，有条件使流水作业在人、机、地三不闲的情况下进行；当 $m>m'$ 时，表示流水工段数大于流水工序数，这样流水作业在"地闲"而人和机械不闲的情况下进行；当 $m<m'$ 时，表示流水工段数小于流水工序数，表明人、机闲置，流水作业无法正常进行，这种情况应予避免。

出现 $m<m'$ 的情况是由于坝面升高、工作面面积减小或划分流水工序（划分专业队）过多。要增加流水工段数 m，可通过缩短流水单位时间，或降低上坝强度 Q_D，减少单位时间的铺土面积 W_B 来解决。另一条途径是减小流水工序数目 m'，合并某些工序，例如，将铺土、平土洒水、压实和质检刨毛四道工序，合并为三道工序，如可将前两道工序合并为铺土平土洒水一道工序。

铺土宜平行坝轴线进行，铺土厚度要匀，超径不合格的土块应打碎，石块、杂物应剔除。进入防渗体内铺土，自卸汽车卸料宜用进占法倒退铺土，使汽车始终在松土上行驶，避免在压实土层上开行，造成超压，引起剪力破坏。汽车穿越反滤层进入防渗体，容易将反滤料带入防渗体内，造成防渗土料与反滤料混杂，影响坝体质量。因此，应在坝面每隔40～60m设专用"路口"，每填筑2～3层换一次"路口"位置，既可防止不同土料混杂，又能防止超压产生剪切破坏，万一在"路口"出现质量事故，也便于集中处理，不影响整个坝面作业。

按设计厚度铺土平土是保证压实质量的关键。采用带式运输机或自卸汽车上坝，卸料集中。为保证铺土均匀，需用推土机或平土机散料平土。国内不少工地采用"算方上料、定点卸料、随卸随平、定机定人、铺平把关、插杆检查"的措施，使平土工作取得良好的效果。铺填中不应使坝面起伏不平，避免降雨积水。

黏性土料含水量偏低，主要应在料场加水，若需在坝面加水，应力求"少、勤、匀"，以保证压实效果。对非黏性土料，为防止运输过程脱水过量，加水工作主要在坝面进行。石渣料和砂砾料压实前应充分加水，确保压实质量。

对于汽车上坝或光面压实机具压实的土层，应刨毛处理，以利层间结合。通常刨毛深度3～5cm，可用推土机改装的刨毛机刨毛，工效高、质量好。

4.3.3 压实机械及其生产能力的确定

众所周知，土料不同，其物理力学性质也不同，因此使之密实的作用外力也不同。黏性土料黏结力是主要的，要求压实作用外力能克服黏结力；非黏性土料（砂性土料、石渣料、砾石料）内摩擦力是主要的，要求压实作用外力能克服颗粒间的内摩擦力。不同的压实机械设备产生的压实作用外力不同，大体可分为碾压、夯击和振动三种基本类型。

碾压的作用力是静压力，其大小不随作用时间而变化；夯击的作用力为瞬时动力，有瞬时脉冲作用，其大小随时间和落高而变化；振动的作用力为周期性的重复动力，其大小随时间呈周期性变化，振动周期的长短，随振动频率的大小而变化。

1. 压实机械及其压实方法

根据压实作用力来划分，通常有碾压、夯击和振动压实三种机具。随着工程机械的发展，又有振动和碾压同时作用的振动碾，产生振动和夯击作用的振动夯等。常用的压实机械有以下几种。

（1）羊脚碾

羊脚碾与平碾不同，其在碾压滚筒表面设有交错排列的截头圆锥体，状如羊脚，钢铁空心滚筒侧面设有加载孔，加载大小根据设计需要确定。加载物料有铸铁块和砂砾石等。碾滚的轴由框架支承，与牵引的拖拉机用横辕相连。羊脚的长度随碾滚的质量增加而增加，一般为碾滚直径的1/7～1/6。羊脚过长，其表面面积过大，压实阻力增加，羊脚端部的接触应力减小，影响压实效果。重型羊脚碾质量可达30t，羊脚相应长40cm。拖拉机的牵引力随碾重增加而增加。

羊脚碾的羊脚插入土中，不仅使羊脚端部的土料受到压实，而且使侧向土料受到挤压，从而达到均匀压实的效果。在压实过程中，羊脚对表层土有翻松作用，无须刨毛就能保证土料层间结合。

和其他碾压机械一样,羊脚碾的开行方式有如下两种:进退错距法和圈转套压法。前者操作简便,碾压、铺土和质检等工序协调,便于分段流水作业,压实质量容易保证,其开行方式如图4.1(a)所示;后者要求开行的工作面较大,适合于多碾滚组合碾压。其优点是生产效率较高,但碾压中转弯套压交接处重压过多,易于超压。当转弯半径小时,容易引起土层扭曲,产生剪力破坏,在转弯的四角容易漏压,质量难以保证,其开行方式如图4.1(b)所示。国内多采用进退错距法,用这种开行方式,为避免漏压,可在碾压带的两侧先往复压够遍数后,再进行错距碾压。

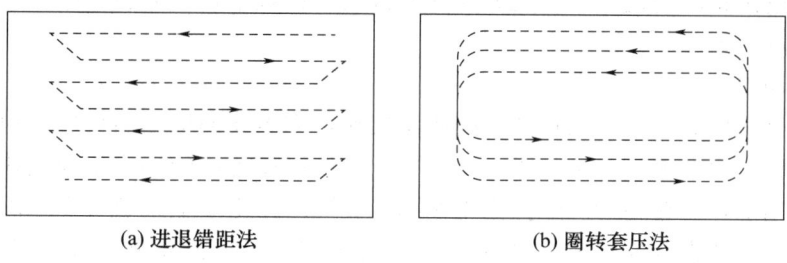

(a) 进退错距法　　　　　　　(b) 圈转套压法

图 4.1　碾压机械开行方式

错距宽度 b(m) 按式(4.13)计算。

$$b=\frac{B}{n} \tag{4.13}$$

式中,B 为碾滚净宽,m;n 为设计碾压遍数。

(2) 气胎碾

气胎碾有单轴和双轴之分,单轴的装有1排轮胎,双轴的装有2排轮胎。另外,根据牵引和行走方式,气胎碾又可分为拖式和自行式。

气胎碾在碾压土料时,气胎随土体的变形而变形。随着土体压实密度的增加,气胎的变形也相应增加,从而使气胎与土体的接触面积随之增大,始终能保持较为均匀的压实效果,它与刚性碾比较,气胎不仅对土体的接触压力分布均匀而且作用时间长,压实效果好,压实土料厚度大,生产效率高。

气胎碾可根据压实土料的特性调整其内压力,使气胎对土体的压力始终保持在土料的极限强度内。通常气胎的内压力,对黏性土以 $5\times10^5\sim6\times10^5$ Pa、非黏性土以 $2\times10^5\sim4\times10^5$ Pa 为宜。平碾碾滚是刚性的,不能适应土体的变形,荷载过大就会使碾滚的接触应力超过土体极限强度,这就限制了这类碾朝重型方向发展。气胎碾却不然,随着荷载的增加,气胎与土体的接触面增大,接触应力仍不致超过土体的极限强度。所以只要牵引力能满足要求,就不会妨碍气胎碾朝重型高效方向发展。

(3) 夯板

夯板可以吊装在去掉土斗的挖掘机的臂杆上,借助卷扬机操纵绳索系统使夯板上升。夯击土料时将索具放松,使夯板自由下落,以夯实土料,其压实铺土厚度可达1m,生产效率较高。大颗粒填料可用夯板夯实,其破碎率比用碾压机械压实大得多。为了提高夯实效果,适应夯实土料特性,在夯击黏性土料或略受冰冻的土料时,尚可将夯板装上羊脚,即称羊脚夯。

夯板的尺寸与铺土厚度 h 密切相关。在夯击作用下，土层沿垂直方向应力的分布随夯板短边 b 的尺寸而变化。当 $b=h$ 时，底层应力与表层应力之比为 0.965；当 $b=\dfrac{h}{2}$ 时，底层应力与表层应力比为 0.473。若夯板尺寸不变，表层和底层的应力差值，随铺土厚度增加而增加。差值越大，压实后的土层竖向密度越不均匀。故选择夯板尺寸时，尽可能使夯板的短边尺寸接近或略大于铺土厚度。

夯板工作时，机身在压实地段中部后退移动，随夯板臂杆的回转，土料被夯实的夯迹呈扇形。为避免漏夯，夯迹与夯迹之间要套夯，其重叠宽度为 10～15cm，夯迹排与排之间也要搭接相同的宽度。为充分发挥夯板的工作效率，避免前后排套压过多，夯板的工作转角以不超过 90°为宜。

(4) 振动碾

振动碾是一种振动和碾压相结合的压实机械，它由柴油机带动与机身相连的附有偏心块的轴旋转，迫使碾滚产生高频振动。振动功能以压力波的形式传到土体。非黏性土料在振动作用下，土粒间的内摩擦力迅速降低。同时，由于土颗粒大小不均匀，质量有差异，导致其惯性力存在差异，从而产生相对位移。基于此细颗粒填入粗颗粒间的空隙，进而达到密实。然而，黏性土颗粒间的黏结力是主要的，且土粒相对比较均匀，在振动作用下，不能取得像非黏性土那样的压实效果。

由于振动作用，振动碾的压实影响深度为一般碾压机械的 2～4 倍，可达 1m 以上。它的碾压面积比振动夯、振动器压实面积大，生产率很高。振动碾压实效果好，使非黏性土料的相对密度大为提高，坝体的沉陷量大幅度降低，稳定性明显增强，使土工建筑物的抗震性能大为改善。故抗震规范明确规定，对有防震要求的土工建筑物必须用振动碾压实。振动碾结构简单，制作方便，成本低廉，生产率高，是压实非黏性土石料的高效压实机械。

(5) 振动夯

振动夯是一种振动和夯击相结合的压实机械，用于夯实地面，可夯实平面、斜面、台阶、沟槽、凹坑、边角、桥台背等，主要适用于夯实颗粒之间的黏结力及摩擦力较小的材料，如河砂、碎石及沥青等。常与振动压路机配套使用。

振动夯填层厚度大，压实度可达到高等级基础的要求。

2. 压实机械的生产率

碾压机械的生产率 p 计算见式（4.14）。

$$p=\dfrac{v(B-C)h}{n}K_B \tag{4.14}$$

式中，n 为碾压遍数；v 为碾的行驶速度，m/h；B 为碾压带宽度，m；C 为碾压带搭接宽度，m；h 为碾压层厚度，m；K_B 为时间利用系数。

夯实机械的生产率 p 计算见式（4.15）。

$$p=\dfrac{60m(B-C)^2 h}{n}K_B \tag{4.15}$$

式中，n 为夯实遍数；m 为每分钟夯击次数；B 为夯板底宽，m；C 为夯迹重叠宽度，m；h 为夯实厚度，m；K_B 为时间利用系数。

3. 压实机械的选择

(1) 选择压实机械的原则

在选择压实机械时,主要考虑以下因素:选可取得的设备类型;能够满足设计压实标准;与压实土料的物理力学性质相适应;满足施工强度要求;设备类型、规格与工作面面积的大小、压实部位相适应;施工队伍现有装备和施工经验等。

(2) 各种压实机械的适用情况

根据国产碾压设备情况,宜用50t气胎碾压黏性土、砾质土,压实含水量略高于最优含水量(或塑限)的土料。用9.0~16.4t的双联羊脚碾压实黏性土,重型羊脚碾宜用于含水量低于最优含水量的重黏性土,含水量较高、压实标准较低的轻黏性土也可用肋型碾和平碾压实。13.5t的振动碾可压实堆石与含有大于500mm特大粒径的砂卵石。用直径110cm重2.5t的夯板夯实砂砾料和狭窄场面的填土,对与刚性建筑物、岸坡等的接触带、边角、拐角等部位可用轻便夯夯实,例如,采用HW-01型蛙式夯。

各种碾压设备的适用情况见表4.8。

表4.8 各种碾压设备的适用情况

碾压设备	土料种类						
	堆石	砂、砂砾料		砾质土	黏性土	黏土		软弱风化土石混合料
		优良级配	均匀级配			低中强度黏土	高强度黏土	
5~10t振动平碾	△	○	○	○	△	△	△	
10~15t振动平碾	○	○	○	○	△	△	△	
振动凸块碾			△	△	○	△	△	
振动羊脚碾				△	○	△	△	
气胎碾		○	○	○	○	○	○	
羊脚碾				△	○	○	○	
夯板		○	○	○	○	△	△	
尖齿碾								○

注:○表示适用,△表示可用。

4.3.4 压实标准与压实参数

1. 压实标准

土石坝的土料压实标准是根据水工设计要求和土料的物理力学特性提出来的。对黏性土用干容重 γ_d 来控制,非黏性土用相对密度 D 来控制。控制标准随建筑物的等级不同而异。近些年来由于振动碾的采用,使坝体相对密度值大为提高,设计边坡更陡,设计断面更为紧凑,设计工程量显著减少。对于填方,一级建筑物可取 $D=0.7\sim0.75$,二级建筑物可取 $D=0.65\sim0.7$。

在现场用相对密度来控制施工质量不太方便,通常将相对密度 D 转换成对应的干容重 γ_d 来控制,其大小按非黏性土不同砾石含量,分别确定不同标准。在实际工程中通过检测压实后的干容重来间接控制相对密度。其换算公式见式(4.16)。

$$\gamma_d = \frac{\gamma_1 \gamma_2}{\gamma_2(1-D)+\gamma_1 D} \tag{4.16}$$

式中,γ_d 为干容重,t/m^3;γ_1、γ_2 为土料极松散和极紧密时的干容重,t/m^3;D 为相对密度。

2. 压实参数

在确定土料压实参数前必须对土料场进行充分调查,全面掌握各料场土料的物理力学指标,在此基础上选择具有代表性的料场进行碾压试验,作为施工过程的控制参数。当所选料场土性差异较大时,其应分别进行碾压试验。因试验不能完全与施工条件吻合,在确定压实标准的合格率时,其应略高于设计标准。

压实试验前,先通过理论计算并参照已建类似工程的经验,初选几种碾压机械和拟定几组碾压参数,采用逐步收敛法进行试验。先以室内试验确定的最优含水量进行现场试验。逐步收敛法系指固定其他参数,变动一个参数,通过试验得到该参数的最优值。将优选的此参数和其他参数固定,再变动另一个参数,用试验确定其最优值。以此类推,通过试验得到每个参数的最优值。最后将这组最优参数再进行一次复核试验。若试验结果满足设计、施工要求,便可作为现场使用的施工碾压参数。试验中,现场碾压试验设备及碾压参数组合见表4.9。

表4.9 现场碾压试验设备及碾压参数组合

压实参数 碾压机械	羊脚碾	气胎碾	夯板	振动碾
机械参数	选择三种羊脚接触压力或碾重	气胎的内压力和碾重各选择三种	夯板的自重和直径各选择三种	对确定的一种机械碾重为定值
施工参数	1. 选三种铺土厚度 2. 选三种碾压遍数 3. 选三种含水量	1. 选三种铺土厚度 2. 选三种碾压遍数 3. 选三种含水量	1. 选三种铺土厚度 2. 选三种夯实遍数 3. 选三种夯板落距 4. 选三种含水量	1. 选三种铺土厚度 2. 选三种碾压遍数 3. 充分洒水[1]
复核试验参数	按最优参数试验	按最优参数试验	按最优参数试验	按最优参数试验
全部试验组数(组)	13	16	19(16)[2]	10(7)[3]
每个参数试验场地大小/m	6×10	6×10	8×8	10×20

注:1. 堆石的洒水量约为其体积的30%~50%,砂砾料为20%~40%;
2. 通常固定夯板直径,这时只试验16组;
3. 通常固定碾重,这时只试验7组。

黏性土料压实含水量可取 $\omega_1 = \omega_p + 2\%$;$\omega_2 = \omega_p$;$\omega_3 = \omega_p - 2\%$ 这三种进行试验。ω_p 为土料的塑限,ω_1、ω_2、ω_3 分别为三种试验的黏性土料压实含水量。

试验的铺土厚度和碾压遍数见表4.10,并测定相应的含水量和干容重,作出对应的关系曲线如图4.2所示。再按铺土厚度、压实遍数和最优含水量、最大干容重进行整理并绘制相应的曲线如图4.3所示。

表4.10 试验的铺土厚度和碾压遍数

| 压实机械名称 | 铺松土厚度 h/cm | 碾压遍数 n | |
		黏性土	非黏性土
80型履带拖拉机	10-13-16	6-10-12	5-8-10

续表

压实机械名称	铺松土厚度 h/cm	碾压遍数 n	
		黏性土	非黏性土
10t 平碾	16-20-24	5-8-10	5-6-8
5t 双联羊脚碾	19-23-27	10-15-18	
30t 双联羊脚碾	50-58-65	6-8-10	
13.5t 振动平碾	75-100-150		5-6-8
25t 气胎碾	28-35-40	6-8-10	5-6-8
50t 气胎碾	40-50-60	5-6-8	2-6-8
2～3t 夯板	80-100-150	2-5-6	2-3-4

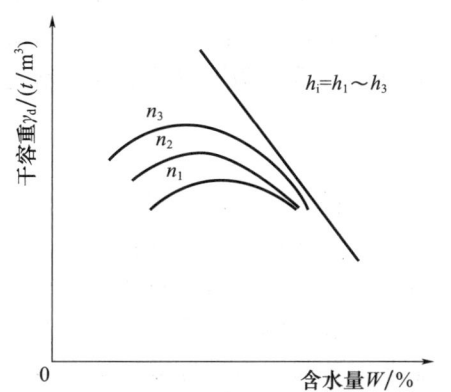

h_i、h_1、h_3—铺土厚度；n_1、n_2、n_3—压实遍数。

图 4.2 不同铺土厚度、不同压实遍数土料含水量和干容重的关系曲线

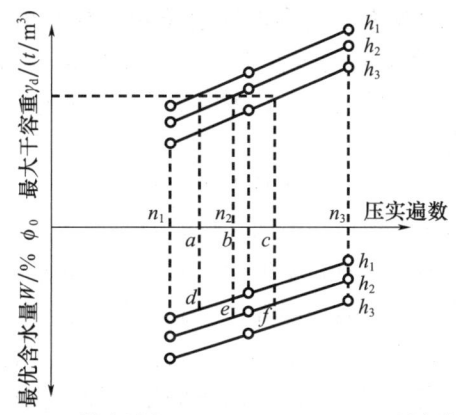

h_1、h_2、h_3—铺土厚度；n_1、n_2、n_3、a、b、c—压实遍数；d、e、f—最优含水量。

图 4.3 铺土厚度、压实遍数、最优含水量、最大干容重的关系曲线

根据设计干容 γ_d，从图 4.3 曲线上分别查出不同铺土厚度 h_1、h_2、h_3 所对应的压实遍数 a、b、c 和对应的最优含水量 d、e、f。最后再分别计算 $\dfrac{h_1}{a}$、$\dfrac{h_2}{b}$、$\dfrac{h_3}{c}$ 的值（单位压实遍数的压实厚度）进行比较，以单位压实遍数的压实厚度最大者为最经济合理。

在施工中选择合理的碾压方式、铺土厚度及压实遍数，是综合各种因素试验确定的。有时对同一种土料采用 2 种压实机具、2 种压实遍数是最经济合理的。

4.3.5 土石坝的扩建增容

随着经济的快速发展和人民生活水平的提高，水资源短缺的矛盾越来越突出，因此许多水库的扩建增容受到了重视。

1. 土石坝扩建加高的一般形式

土石坝加高的形式，随原坝体结构的不同而异。一般情况下，当加高的高度不大时，常用"戴帽"的形式，原坝轴线位置不变；当加高的高度大，用"戴帽"的形式不能满足其稳定要求时，常从坝后培厚加高，原坝轴线下移。特殊情况下，也有从坝前培

厚加高者。

2. 施工特点

土石坝扩建加高工程，有以下施工特点：与新建工程一样进行坝身及两岸坝头的处理，并要进行坝体的结合处理；由于库内已经蓄水，应尽可能不影响水库的正常运用；一般只能从下游侧一个方向来料，进料线路及上坝强度均受到影响；由于坝体较高，施工场地狭窄，施工布置受到很大的限制；坝顶部分拆除后，不宜长期暴露；必须确保安全度汛。

鉴于以上特点，扩建加高工程在开工前必须有较详细的施工组织设计和较严密的施工技术措施。

3. 施工技术要求与技术措施

（1）坝基处理

拆除在施工范围内的建筑物（如水电站、变电所、输水道出口、坝下公路、桥涵等），以及原有的排水体；坝基加宽部分需拆除的人工填筑层及堆置的弃料要全部清除并挖至砂砾层顶面，其表层干容重不低于原坝基的自然干容重；两坝肩的清理与新建工程相同。

（2）原坝顶拆除及坝体填筑

拆除原坝顶防浪墙、灯座及路面等。一般采用松动爆破开挖，人工或挖土机装汽车运出；为防止原心墙发生干缩裂缝，坝顶可预留0.5m厚的保护层，心墙临空面，应全部覆盖，并加强表层养护工作，防止暴晒、雨淋和冻融破坏。随着新填筑体的上升，逐层对原心墙进行刨毛洒水，改善与新填土体的结合条件。如暴露的心墙临空面高差太大时，开挖成安全边坡，以防坍塌；原砂壳拆除的砂砾料，如符合设计标准，可直接用于铺筑新坝体；否则，可按代替料使用；大坝填筑要尽可能保护土、砂、石平衡上升，按不同的料物及运距，配置一定比例的挖运机械，满足大坝平衡上升填筑强度的要求；防渗体雨季施工时，需采取相应的雨季填筑措施，填筑面应有适当的排水坡度。

（3）坝体观测设备的恢复和补设

为了监视土石坝的工作状况及其变化，保证其加高前后观测资料的连续性，对各种观测设备必须及时恢复与补设。特别是对浸润线观测管，既要照顾到原有测压管布置状况，对原管必须进行检查和鉴定，确定哪些管需要报废重设，哪些管需要保留加高；又要考虑需要增设必要的观测断面，重新布孔和施工。

4.4 堤防与护岸工程施工技术

4.4.1 堤防工程施工

堤防工程是指沿河、渠、湖、海岸或行洪区、分洪区、围垦区的边缘修筑的挡水建筑物。堤防施工的主要内容包括土料选择与土料开采、堤身填筑施工与堤防道路施工等。

1. 土料选择

土料选择的原则：一方面要满足防渗要求；另一方面应就地取材，因地制宜。

开工前,应根据设计要求、土质、天然含水量、运距及开采条件等因素选择取料区;均质土堤宜选用中壤土至亚黏土;铺盖、心墙、斜墙等防渗体宜选用黏性较大的土;堤后盖重宜选用砂性土。淤泥土、杂质土、冻土块、膨胀土、分散性黏土等特殊土料,一般不宜于填筑堤身。

2. 土料开采

(1) 地表清理

土料场地表清理包括清除表层杂质和耕作土、植物根系及表层稀软淤土。

(2) 排水

土料场排水应采取截、排结合,以截为主的措施。地表水应在采料高程以上修筑截水沟加以拦截。流入开采范围的地表水应挖纵横排水沟迅速排除。在开挖过程中,应保持地下水位在开挖面 0.5m 以下。

(3) 常用挖运设备

堤防施工是挖、装、运、填的综合作业。开挖与运输是施工的关键工序,是保证工期和降低施工费用的主要环节。堤防施工中常用的设备按其功能可分为挖装、运输和碾压三类,主要设备有挖掘机、铲运机、推土机、碾压设备和自卸汽车等。

(4) 开采方式

土料开采主要有立面开采和平面开采两种方式,土料开采方式比较见表 4.11。

表 4.11 土料开采方式比较

开采条件	立面开采	平面开采
料场条件	土层较厚(大于 5m),料料成层分布不均	地形平坦,面积较大,适应薄层开挖
含水率	损失小,适用于接近或略小于施工控制含水率的土料	损失大,适用于稍大于施工控制含水率的土料
冬季施工	土温散失小	土温易散失,不宜在负气温下施工
雨季施工	不利影响较小	不利影响较大
适用机械	正铲挖掘机,装载机	推土机,铲运机,反向挖掘机
层状土料情况	层状土料允许掺混	层状土料有需剔除的不合格料层

无论采用何种开采方式,均应在料场对土料进行质量控制,检查土料性质及含水率是否符合设计规定,不符合规定的土料不得上堤。

3. 堤身填筑施工

(1) 堤基清理

筑堤工作开始前,必须按设计要求对堤基进行清理;堤基清理范围包括堤身、铺盖和压载的基面。堤基清理边线应比设计基面边线宽 30~50cm。老堤基加高培厚,其清理范围包括堤顶和堤坡;堤基清理时,应将堤基范围内的淤泥、腐殖土、泥炭、不合格土及杂草、树根等清除干净;堤基内的井窖、树坑、坑塘等应按堤身要求进行分层回填处理;堤基清理后,应在第一层铺填前进行平整压实,压实后土体干密度应符合设计要求;堤基冻结后不应有明显冻夹层、冻胀现象或浸水现象。

(2) 填筑作业

地面起伏不平时,应按水平分层由低处开始逐层填筑,不得顺坡铺填;堤防横断面上的地面坡度陡于1:5时,应削至缓于1:5;分段作业面长度,机械施工时工段长不应小于100m;人工施工时段长可适当减短;作业面应分层统一铺土、统一碾压,并进行平整,界面处要相互搭接,严禁出现界沟;在软土堤基上筑堤时,如堤身两侧设有压载平台,则应按设计断面同步分层填筑;相邻施工段的作业面宜均衡上升,若段与段之间不可避免出现高差时,应以斜坡面相接,并按堤身接缝施工要点的要求作业。

已铺土料表面在压实前被晒干时,应洒水湿润;光面碾压的黏性土填筑层,在新层铺料前,应作刨毛处理;若发现局部"弹簧土"、层间光面、层间中空、松土层等质量问题时,应及时进行处理,并经检验合格后,方可铺填新土;在软土地基上筑堤,或用较高含水量土料填筑堤身时,应严格控制施工速度,必要时应在地基、坡面设置沉降和位移观测点,根据观测资料分析结果,指导安全施工。堤身全断面填筑完毕后,应作整坡压实及削坡处理,并对堤防两侧护堤地面的坑洼进行铺填平整。

(3) 铺料作业

铺料前应将已压实层的压光面层刨毛,含水量应适宜,过干时要洒水湿润。铺料要求均匀、平整。每层铺料厚度和土块直径的限制尺寸应通过碾压试验确定。在缺乏试验资料时,可按表4.12中的厚度控制(但应通过压实效果验证);严禁砂砾料或其他透水料与黏性土料混合,上堤土料中的杂质应当清除。

表4.12 不同碾压机具土料块径和铺土厚度控制参考

压实机具类型	碾压机具	土块限制块径/cm	每层铺土厚度/cm
轻型	人工夯、机械夯	≤5	15~20
	5~10t平碾或凸块碾	≤8	20~25
中型	12~15t平碾或凸块碾、5~8t振动碾、2.5m³铲运机	≤10	25~30
重型	加载气胎碾、10~16t振动碾、大于7m³铲运机	≤15	30~35

土料或砾质土可采用进占法或后退法卸料,砂砾料宜用后退法卸料;砂砾料或砾质土卸料时如发生颗粒分离现象,应将其拌和均匀。砂砾料分层铺填的厚度不宜超过30~35cm,用重型振动碾时,可适当加厚,但不超过60~80cm。

铺料至堤边时,应在设计边线外侧各超填一定余量。人工铺料宜为10cm,机械铺料宜为30cm;土料铺填与压实工序应连续进行,以免土料含水量变化过大影响填筑质量。

(4) 压实作业

施工前应先做碾压试验,确定碾压参数,以保证碾压质量能达到设计干密度值;碾压时必须严格控制土料含水率。土料含水率应控制在最优含水率±3%范围内;分段填筑,各段应设立标志,以防漏压、欠压和过压。上下层的分段接缝位置应错开。分段、分片碾压时,相邻作业面的搭接碾压宽度,平行堤轴线方向不应小于0.5m,垂直堤轴线方向不应小于3m;砂砾料压实时,洒水量宜为填筑方量的20%~40%;中细砂压实时的洒水量应按最优含水率控制。

4. 堤防道路施工

下文以黄河堤防道路工程为例,对冷再生技术与堤防道路施工进行阐述。

黄河堤防标准化建设后,现有堤顶道路全部修筑为沥青路面,经过几年的运行,部分路面已出现损坏趋势；部分利用率高的道路已经损坏，严重的已经影响路基。利用冷再生技术对堤防道路进行维修和基础改良，增加堤防道路使用寿命，提高道路强度，是当今沥青路面翻修及修补的关键技术。

(1) 再生技术的分类及定义

沥青路面再生技术按照旧料再生方式的不同可以分为热再生和冷再生；按照旧料再生形成路面层位的不同可分为再生面层和再生基层或底基层；按照再生地点的不同可分为现场再生和厂拌再生等。下文主要介绍沥青路面就地（现场）冷再生技术。

沥青路面的冷再生，是指将废旧沥青路面材料（主要是面层材料，有时也包括部分基层材料）适当加工后进行重复利用，按比例加入一定量的水泥、石灰、泡沫沥青、乳化沥青等添加剂，需要时加入部分新骨料而制成的冷再生混合料。该技术是在自然环境温度下完成沥青路面的翻挖、破碎、新材料的添加、拌和、摊铺及压实成形，重新形成路面结构层的一种工艺方法。

根据《公路沥青路面再生技术规范》(JTG/T 5521—2019) 规定，沥青路面就地冷再生，适用于一、二、三级公路沥青路面的就地再生利用，用于高速公路时应进行论证。对于一、二级公路，再生层可作为下面层、基层；对于三级公路，再生层可作为面层、基层，用作上面层时应采用稀浆封层、碎石封层、微表处等做上封层。当使用水泥、石灰等作为再生结合料时，再生层只可作为基层。

(2) 冷再生施工过程

山东黄河堤防道路利用冷再生技术开工建设的项目有聊城金堤河干流河道治理工程堤防道路。下文以聊城市北金堤滞洪区堤防道路冷再生项目为例，具体介绍冷再生施工具体过程。

①封闭交通。a. 提前在再生路段各路口设置标示牌，提醒司机及行人封闭交通的时间。b. 开始准备原路面时，完全封闭交通，禁止一切车辆通行。c. 整个施工及养护过程中，对再生施工路段完全封闭交通，除洒水车外，禁止任何车辆通行。

②施工放样。a. 在再生施工之前，在道路的两侧放置了一系列的控制桩，用来恢复道路的中心线。b. 控制桩的间距为20m。

③预布碎石。a. 碎石要求：采用5~10mm和10~20mm两种型号碎石。压碎值不大于30%，针片状颗粒含量不超过20%，不得含有黏土块、植物等有害物质。b. 碎石用量计算：根据配合比设计碎石料用量占混合料用量的22%，碎石堆积密度为1550kg/m³，厚度为0.2m，计算每平方米用量：$0.2 \times 1784 \times 22\% \approx 78.5 \text{kg/m}^2$，每米摊铺碎石层厚度为$78.5/1550 \times 100 \approx 5.1 \text{cm}$。c. 摊铺碎石：路面两侧用钢钎插入路肩中，拉钢丝绳控制铺料高度为5.1cm，采用自卸车运输料，平地机整平。缺料处应人工用手推车运料找平。为防止碎石被运输车碾碎，布料长度控制在1~2km。

④碎石与原路面拌和。碎石预布完成并经监理工程师验收合格后，采用两台冷再生机梯队作业将碎石与原路面材料拌和均匀，根据试验段成果，松铺系数为1.4，即拌和深度不小于28cm。行走速度控制在4~8m/min，两台机械前后保持20m以上安全作业距离，保持拌和搭接宽度重叠1/2以上。拌和完成后，用平地机整平并用单钢轮压路机静压两遍，保证基面平整。

⑤石灰撒布。a. 石灰要求：采用Ⅱ级钙质消石灰，石灰经过充分消解，过筛后用

于工程。b. 石灰量计算：根据配合比设计石灰用量占混合料用量的8%，计算每延米用量：$0.2×1784×8\%×6.8=194.1kg$，按照消石灰松方密度$550kg/m^3$计算，每延米石灰用量为$194.1/550=0.353m^3$。c. 石灰撒布：采用半自动布料斗布设，平地机将灰条分别向两侧摊铺均匀，紧跟人工对石灰进行局部整形，确保石灰均匀布撒在作业面。

⑥石灰拌和与闷料。石灰撒布均匀并经监理工程师验收合格后，采用灰土拌和机将石灰拌和均匀，拌和速度控制在$6\sim8m/min$。拌和完成后，洒水并用钢轮压路机静压两遍进行闷料，闷料时间不小于6h。

⑦撒布水泥。a. 水泥要求：采用河南省湖波水泥集团有限公司生产的42.5袋装水泥，经检测合格后进场用于工程。b. 水泥用量计算：根据配合比设计水泥用量占混合料用量的4%，每延米用量：$0.2×1784×4\%×6.8=94.05kg$。c. 布设水泥：按照每袋水泥50kg，同时考虑一定的保证系数，按每4米一方格进行控制，即每4米布设水泥8袋。水泥布设用人工推板刮匀。布水泥段落长度和冷再生机速度相适应，控制在冷再生机前70m左右，防止风、行车气流造成损失。

⑧冷再生机拌和。水泥布设完成并经监理工程师验收合格后，采用两台冷再生机梯队作业再次将各材料拌和均匀，拌和时将冷再生机连接洒水车，根据最佳含水率调整冷再生机上的自动化控制装置，保证拌和后的混合料含水率符合要求，一般实测含水率比配比含水率提高$1\%\sim2\%$。拌和深度不小于28cm。行走速度控制在$4\sim8m/min$，拌和搭接宽度重叠1/2以上。操作手随时观察再生机的行驶轨迹，保持行驶线形的顺直，从而保证前后两幅的搭接。冷再生机后配置专门人员时刻检测铣刨深度，试验人员对混合料的含水量进行检测，发现异常情况，及时通报操作手进行调整。

⑨排压。由于冷再生机自重很大，当再生机经过再生层后，轮迹深度可达5cm左右，且再生料被压实，而两轮间再生料未被压实。为保证再生层厚度的一致性，避免差异压实，采用履带式推土机排压两遍，可以在消除大部分轮迹的同时，将浮料压实，使其处于稳定状态。

⑩整平。排压后，测量人员根据纵断高程及横坡值，每10m一断面分左、中、右三点进行。对局部高差或横坡值达不到设计要求的部位用平地机进行整平，直至达到设计高程及横坡值的允许范围。

⑪碾压。通过试验段获取的技术参数采取的碾压方式：单钢轮压路机静压1遍＋单钢轮压路机强振四遍＋胶轮碾静压一遍。由路肩向路中心碾压，重叠1/2轮宽，后轮超过两段的接缝处，后轮压完路面全宽时，即1遍。

⑫养护。每一段碾压完成并经压实度检查合格后，立即开始养护，养护期不少于7d。整个养护期间始终保持底基层表面湿润。在养护期间除洒水车外，禁止其他车辆通行。

4.4.2 护岸工程施工

护岸工程是指直接或间接保护河岸，并保持适当整治线的任何一种结构，它包括用混凝土、块石或其他材料做成的直接（连续性的）护岸工程，也包括如用丁坝等建筑物用来改变和调整河槽的间接性（非连续性的）护岸工程。护岸工程一般是布设在受水流冲刷严重的险工险段，其长度一般应从开始塌岸处至塌岸终止点，并加一定的安全长度。通常堤防护岸工程包括水上护坡和水下护脚两部分。水上与水下之分均指枯水施工期。护岸工程的原则是先护脚后护坡。

堤岸防护工程一般可分为坡式护岸（平顺护岸）、坝式护岸、墙式护岸等。

1. 坡式护岸

即顺岸坡及坡脚一定范围内覆盖抗冲材料，这种护岸形式对河床边界条件改变和对近岸水流条件的影响均较小，是一种较常采用的形式。

（1）护脚工程

下层护脚为护岸工程的根基，其稳固与否，决定着护岸工程的成败，实践中所强调的"护脚为先"就是对其重要性的经验总结。护脚工程及其建筑材料要求能抵御水流的冲刷及推移质的磨损；具有较好的整体性并能适应河床的变形；较好的水下防腐朽性能；便于水下施工并易于补充修复。经常采用的形式有抛石护脚、抛石笼护脚、沉排护脚、沉枕护脚等。

①抛石护脚。抛石护脚是平顺坡式护岸下部固基的主要方法。抛石护脚施工技术特性见表4.13。

表4.13 抛石护脚施工技术特性

技术要点	技术条件	技术要求
抛石粒径	岸坡1:2，水深超过20m；岸坡缓于1:3，流速不大	粒径为20～45cm；粒径为15～33cm
抛石厚度	抛石厚度应不小于抛石块径的2倍；水深流急时宜为3～4倍	一般堤段为60～100cm，重要堤段为80～100cm
抛石坡度	枯水位以下	抛石坡度为1:1.5～1:1.4

抛石护脚宜在枯水期组织施工。要严格按施工程序进行，设计好抛石船位置，抛投由上游往下游，由远而近，先点后线，先深后浅，循序渐进，自下而上分层均匀抛投。

②抛石笼护脚。现场石块尺寸较小，抛投后可能被水冲走，可采用抛石笼的方法。石笼护脚多用于流速大于5.0m/s、岸坡较陡的岸段。预先以编织、扎绳索制成的铅丝网（铅丝石笼）、钢筋网（钢筋石笼），在现场充填石料后抛投入水。石笼体积可达1.0～2.5m³，具体大小由现场抛投手段和能力而定。抛投完成后，要全面进行一次水下探测，将笼与笼接头不严处用大块石抛填补齐。

铅丝石笼的主要优点是可以充分利用较小粒径的石料，具有较大体积与质量，整体性和柔韧性能均较好，用于护岸时，可适应坡度较陡的河岸。

而钢筋石笼是由高强度钢筋编织而成的石笼网，可以承受更大的重物，相比铅丝石笼更为坚固，适用于重载荷承载等要求较高的区域。

③沉排护脚。沉排又叫柴排，它是一种用梢料制成的大面积的排状物，用块石压沉于近岸河床之上，以保护河床、岸坡免受水流冲刷的一种工程措施。

沉排是靠石块压沉的，石块的大小和数量，应通过计算大致确定。沉排护脚的主要优点是：整体性和柔韧性强，能适应河床变形，同时坚固耐用，具有较长的使用寿命，以往一般认为可达10～30年。

沉排的缺点：成本高，用料多，制作技术和沉放要求较高，一旦散排上浮器材损失严重。另外要及时抛石维护，防止因排脚局部淘刷而造成柴排折断破坏。

④沉枕护脚。抛沉柳石枕也是最常用的一种护脚工程形式，其结构是：先用柳枝、芦苇、秸料等扎成直径15cm、长5～10m左右的梢把（又称梢龙），每隔0.5m紧扎篾子一道（或用16号铅丝捆扎），然后将其铺在枕架上，上面堆置块石，石块上再放梢把，最后用14号或12号铅丝捆紧成枕。枕体两端应装较大石块，并捆成布袋口形，以免枕石外漏。有时为了控制枕体沉放位置，在制作时，加穿心绳（三股8号铅丝绞成）；沉枕一般设计成单层，对个别局部陡坡险段，也可根据实际需要设计成双层或三层。

沉枕上端应在常年枯水位下0.5m，以防最枯水位时沉枕外露而腐烂，其上还应加抛接坡石。沉枕外脚，有可能因河床刷深而使枕体下滚或悬空折断，因此要加抛压脚石。为稳定枕体，延长使用寿命，最好在其上部加抛压枕石，压枕石一般平均厚0.5m。

沉枕护脚的主要优点是能使水下掩护层联结成密实体，又因具有一定的柔韧性，入水后可以紧贴河床，起到较好的防冲作用。同时容易滞沙落淤，稳定性能较好，在我国黄河干、支流治河工程中被广泛采用。

（2）护坡工程

护坡工程除受水流冲刷作用外，还要承受波浪的冲击及地下水外渗的侵蚀。其次，因其处于河道水位变动区，时干时湿，这就要求其建筑材料坚硬、密实、能长期耐风化。

目前，常见的护坡工程结构形式：干砌石护坡、浆砌石护坡、混凝土护坡、模袋混凝土护坡等。

①干砌石护坡。a. 坡面较缓（1.0∶2.5～1.0∶3.0）、受水流冲刷较轻的坡面，采用单层干砌块石护坡或双层干砌块石护坡。b. 坡面有涌水现象时，应在护坡层下铺设15cm以上厚度的碎石、粗砂或砂砾作为反滤层。封顶用平整块石砌护。c. 干砌石护坡的坡度，根据土体的结构性质而定，土质坚实的砌石坡度可陡些，反之则应缓些。一般坡度1.0∶2.5～1.0∶3.0，个别可为1.0∶2.0。

②浆砌石护坡。a. 坡度为1∶1～1∶2，或坡面位于沟岸、河岸，下部可能遭受水流冲刷，且洪水冲击力强的防护地段，宜采用浆砌石护坡；b. 浆砌石护坡由面层和起反滤层作用的垫层组成。面层铺砌厚度为25～35cm，垫层又分为单层和双层两种，单层厚5～15cm，双层厚20～25cm。原坡面如为砂、砾、卵石，可不设垫层；c. 对长度较大的浆砌石护坡，应沿纵向每隔10～15m设置一道宽约2cm的伸缩缝，并用沥青或木条填塞。

③混凝土护坡。a. 在边坡坡脚可能遭受强烈洪水冲刷的陡坡段，采取混凝土（或钢筋混凝土）护坡，必要时需加锚固定；b. 混凝土护坡施工工序：测量、放线、修整夯实边坡、开挖齿坎、滤水垫层、立模、混凝土浇筑、养护等，并注意预留排水孔；c. 预制混凝土块施工工序：预制混凝土块，测量放线，整平夯实边坡，开挖齿坎，铺设垫层，混凝土砌筑，勾缝养护。

④模袋混凝土护坡。a. 清整浇筑场地。清除坡面杂物，平整浇筑面；b. 模袋铺设。开挖模袋埋固沟后，将模袋从坡上往坡下铺放；c. 充填模袋。利用灌料泵自下而上，按左、右、中灌入孔次序充填。充填约1h后，清除模袋表面漏浆，设渗水孔管。回填埋固沟，并按规定要求养护。

2. 坝式护岸

坝式护岸是指修建丁坝、顺坝,将水流挑离堤岸,以防止水流、波浪或潮汐对堤岸边坡的冲刷,这种形式多用于游荡性河流的护岸。

坝式防护分为丁坝、顺坝、丁顺坝、潜坝四种形式,坝体结构基本相同,因此下文仅讨论丁坝。

丁坝护岸的要点如下。

丁坝是一种间断性的有重点的护岸形式,具有调整水流的作用。在河床宽阔、水浅流缓的河段,常采用这种护岸形式。

丁坝坝头底脚常有垂直旋涡发生,以致冲刷为深塘,故坝前应予以保护或将坝头构筑加固,丁坝坝根需埋入堤岸内。

3. 墙式护岸

墙式护岸是指顺堤岸修筑竖直陡坡式挡墙,这种形式多用于城区河流或海岸防护。

在河道狭窄,堤外无滩且易受水冲刷,受地形条件或已述建筑物限制的重要堤段,常采用墙式护岸。

墙式防护(防洪墙)分为重力式挡土墙、扶壁式挡土墙、悬臂式挡土墙等形式。墙式护岸一般临水侧采用直立式,在满足稳定要求的前提下,断面面积应尽量减小,以减少工程量和少占地为原则。墙体材料可采用钢筋混凝土、混凝土和浆砌石等。墙基应嵌入堤岸护脚一定深度,以满足墙体和堤岸整体抗滑稳定及抗冲刷的要求。如冲刷深度大,还需采取抛石等护脚固基措施,以减少基础埋深。

混凝土护岸可采用大型模板或拉模浇筑,按规范施工。

5 钢筋模板工程施工

5.1 钢筋工程施工

5.1.1 钢筋接头的连接

钢筋的接头连接有焊接和机械连接两类。

1. 钢筋焊接

采用焊接代替绑扎,可改善结构受力性能,提高工效,节约钢材,降低成本。结构的有些部位,如轴心受拉和小偏心受拉构件中的钢筋接头,应焊接。普通混凝土中直径大于22mm的钢筋和轻骨料混凝土中直径大于25mm的HRB400级钢筋,均宜采用焊接接头。

钢筋的焊接,应采用闪光对焊、电弧焊、电渣压力焊和电阻点焊。钢筋与钢板的T形连接,宜采用埋弧压力焊或电弧焊。钢筋焊接的接头形式、焊接工艺和质量验收,应符合《钢筋焊接及验收规程》(JGJ 18—2012)的规定。

钢筋的焊接质量与钢材的可焊性、焊接工艺有关。在相同的焊接工艺条件下,能获得良好焊接质量的钢材,称其在这种条件下的可焊性好,相反则称其在这种工艺条件下的可焊性差。钢筋的可焊性与其含碳及含合金元素的数量有关。含碳、锰量增加,则可焊性差;加入适量的钛,可改善焊接性能。焊接参数和操作水平亦影响焊接质量,即使可焊性差的钢材,若焊接工艺适宜,亦可获得良好的焊接质量。

(1) 钢筋点焊

电阻点焊主要用于焊接钢筋网片、钢筋骨架等(适用于直径6~14mm的HPB300级钢筋和直径3~5mm的冷拔低碳钢丝),它生产效率高,节约材料,应用广泛。

点焊机的工作原理如图5.1所示,将已除锈的钢筋交叉点放在点焊机的两电极间,使钢筋通电加热至一定温度后,加压使焊点金属焊合。常用点焊机有单点点焊机、多点点焊机和悬挂式点焊机,施工现场还可采用手提式点焊机。电阻点焊的主要工艺参数为电流强度、通电时间和电极压力。电流强度和通电时间一般均宜采用电流强度大、通电时间短的参数,电极压力则根据钢筋级别和直径选择。

电阻点焊的焊点应进行外观检查和强度试验,热轧钢筋的焊点应进行抗剪试验。冷处理钢筋除进行抗剪试验外,还应进行抗拉试验。

点焊时,将表面清理好的钢筋叠合,放在两个电极之间预压夹紧,使两根钢筋交接点紧密接触。当踏下脚踏板时,带动压紧机构使上电极压紧钢筋,同时断路器也接通电路,电流经变压器次级线圈引到电极,接触点处在极短的时间内产生大量的电阻热,使钢筋加热到熔化状态,在压力作用下两根钢筋交叉焊接。当放松脚踏板时,电极松开,断路器随着杠杆下降,断开电路,点焊结束。

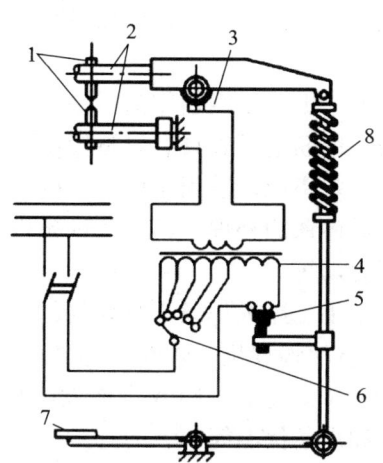

1—电极；2—电极臂；3—变压器的次级线圈；4—变压器的初级线圈；
5—断路器；6—变压器的调节开关；7—踏板；8—压紧机构。

图 5.1 点焊机工作原理

（2）钢筋闪光对焊

闪光对焊广泛用于钢筋接长及预应力钢筋与螺丝端杆的焊接。热轧钢筋的焊接宜优先用闪光对焊，条件不可能时才用电弧焊。

钢筋闪光对焊是利用对焊机使两段钢筋接触，通过低电压的强电流，待钢筋被加热到一定温度变软后，进行轴向加压顶锻，形成对焊接头。钢筋闪光对焊焊接工艺应根据具体情况选择：钢筋直径较小，可采用连续闪光焊；钢筋直径较大，端面比较平整，宜采用预热闪光焊；端面不够平整。宜采用闪光-预热-闪光焊。

①连续闪光焊。这种焊接工艺过程是将钢筋夹紧在电极钳口后，闭合电源，使两钢筋端面轻微接触。由于钢筋端部不平，开始只有一点或数点接触，接触面小而电流密度和接触电阻很大。接触点很快熔化并产生金属蒸气飞溅，形成闪光现象。闪光一开始，即徐徐移动钢筋，形成连续闪光过程，同时接头也被加热。待接头烧平、闪去杂质和氧化膜、白热熔化时，随即施加轴向压力迅速进行顶锻，使两根钢筋焊牢。

②预热闪光焊。施焊时先闭合电源然后使两钢筋端面交替接触和分开。这时钢筋端面间隙中即发出断续的闪光，形成预热过程。当钢筋达到预热温度后进入闪光阶段，随后顶锻而成。

③闪光-预热-闪光焊。在预热闪光焊前加一次闪光过程。目的是使不平整的钢筋端面烧化平整。使预热均匀，然后按预热闪光焊操作。

焊接大直径的钢筋（25mm 以上），多用预热闪光焊与闪光-预热-闪光焊。

采用连续闪光焊时，应合理选择调伸长度、烧化留量、顶锻留量及变压器级数等；采用闪光-预热-闪光焊时，除上述参数外，还应包括一次烧化留量、二次烧化留量、预热留量和预热时间等参数。焊接不同直径的钢筋时，其截面比不宜超过 1.5。焊接参数按大直径的钢筋选择。负温下焊接时，由于冷却快，易产生冷脆现象，内应力也大。为此，负温下焊接应减小温度梯度和冷却速度。

钢筋闪光对焊后。除对接头进行外观检查（无裂纹和烧伤，接头弯折不大于 4°，接头轴线偏移不大于 1/10 的钢筋直径，也不大于 2mm）外，还应按《钢筋焊接及验收规程》(JGJ 18—2012) 的规定进行抗拉强度和冷弯试验。

(3) 电弧焊接

钢筋电弧焊是以焊条作为一极，以钢筋作为另一极，利用焊接电流通过产生的电弧热进行焊接的一种熔焊方法。钢筋电弧焊具有设备简单、操作灵活、成本低等特点，且焊接性能好，但工作条件差、效率低。适用于构件厂内和施工现场焊接碳素钢、低合金结构钢、不锈钢、耐热钢和对铸铁的补焊，可在各种条件下进行各种位置的焊接。钢筋电弧焊又分手弧焊、埋弧压力焊等。

①手弧焊。手弧焊是利用手工操纵焊条进行焊接的一种电弧焊。手弧焊用的焊机有交流弧焊机（焊接变压器）、直流弧焊机（焊接发电机）等。手弧焊用的焊机是一台额定电流 500A 以下的弧焊电源（交流变压器或直流发电机）；辅助设备有焊钳、焊接电缆、面罩、敲渣锤、钢丝刷和焊条保温筒等。

②埋弧压力焊。埋弧压力焊是将钢筋与钢板安放成 T 形，利用焊接电流通过时在焊剂层下产生电弧，形成熔池，加压完成的一种压焊方法。具有生产效率高、质量好等优点，适用于各种预埋件、T 形接头、钢筋与钢板的焊接。预埋件钢筋压力焊适用于热轧直径 6~25mm HPB300 级钢筋的焊接，钢板为普通碳素钢，厚度为 6~20mm。

埋弧压力焊机主要由焊接电源（BX2-500、AX1-500）、焊接机构和控制系统（控制箱）三部分组成。图 5.2 是由 BX2-500 型交流弧焊机作为电源的埋弧压力焊机的基本构造。其工作线圈（副线圈）分别接入活动电极（钢筋夹头）及固定电极（电磁吸铁盘）。焊机结构采用摇臂式，摇臂固定在立柱上，可做左右回转活动；摇臂本身可做前后移动，以使焊接时能取得所需要的工作位置。摇臂末端装有可上下移动的工作头，其下端是用导电材料制成的偏心夹头，夹头接工作线圈，成活动电极。工作平台上装有平面型电磁吸铁盘，拟焊钢板放置其上，接通电源，能被吸住而固定不动。

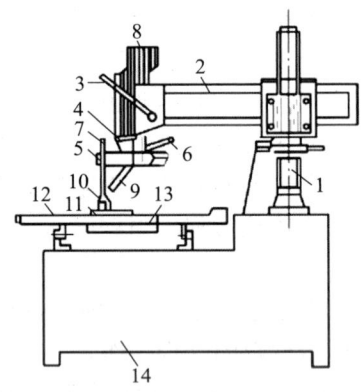

1—立柱；2—摇臂；3—压柄；4—工作头；5—钢筋夹头；
6—手柄；7—钢筋；8—焊剂料箱；9—焊剂漏口；10—铁圈；
11—预埋钢板；12—工作平台；13—焊剂储斗；14—机座。

图 5.2 埋弧压力焊机

在埋弧压力焊时，钢筋与钢板之间引燃电弧之后，电弧作用使局部用材及部分焊剂熔化和蒸发，蒸发气体形成了一个空腔，空腔被熔化的焊剂所形成的熔渣包围，焊接电弧就在这个空腔内燃烧，在焊接电弧热的作用下，熔化的钢筋端部和钢板金属形成焊熔池。待钢筋整个截面均匀加热到一定温度,将钢筋向下顶压,随即切断焊接电源,冷却凝固后形成焊接接头。

前文说过,钢筋电弧焊是利用弧焊机使焊条与焊件之间产生高温电弧,使焊条和电弧燃烧范围内的焊件熔化,待其凝固,便形成焊缝或接头。钢筋电弧焊可分帮条焊、搭接焊、坡口焊和熔槽帮条焊4种焊接方法。因篇幅关系,下文仅介绍帮条焊、搭接焊和坡口焊,熔槽帮条焊及其他电弧焊接方法详见《钢筋焊接及验收规程》(JGJ 18—2012)。

①帮条焊焊接方法。适用于焊接直径10~40mm的各级热轧钢筋。帮条宜采用与主筋同级别、同直径的钢筋制作,钢筋帮条长度见表5.1。如帮条级别与主筋相同时,帮条的直径可比主筋直径小一个规格,如帮条直径与主筋相同时,帮条钢筋的级别可比主筋低一个级别。

表5.1 钢筋帮条长度

钢筋级别	焊接形式	帮条长度
HPB300级	单面焊	>8d
	双面焊	>4d
HRB400级	单面焊	>10d
	双面焊	>5d

注:d表示钢筋直径。

②搭接焊焊接方法。只适用于焊接直径为10~40mm的HPB300级钢筋。焊接时,宜采用双面焊。不能进行双面焊时,也可采用单面焊。搭接长度应与帮条长度相同。

钢筋绑条接头或搭接接头的焊缝厚度h应不小于0.3倍钢筋直径;焊缝宽度b不小于0.7倍钢筋直径,焊缝尺寸示意如图5.3所示。

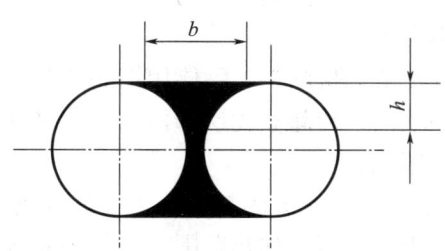

b—焊接宽度;h—焊缝厚度。

图5.3 焊接尺寸示意

③坡口焊焊接方法。有平焊和立焊两种。这种接头比上两种接头节约钢材,适用于在现场焊接装配整体式构件接头中直径为18~40mm的各级热轧钢筋。钢筋坡口平焊时,V形坡口角度为60°,坡口立焊时,坡口角度为45°。钢垫板长为40~60mm。平焊时,钢垫板宽度为钢筋直径加10mm;立焊时,其宽度等于钢筋直径。钢筋根部间隙,平焊时为4~6mm,立焊时为3~5mm。最大间隙均不宜超过10mm。

焊接电流的大小应根据钢筋直径和焊条的直径进行选择。

帮条焊、搭接焊和坡口焊接方法的焊接接头,除应进行外观质量检查外,亦需抽样作拉力试验。如对焊接质量有怀疑或发现异常情况，还应进行非破损方式（X射线、γ射线、超声波探伤等）检验。

(4) 气压焊接

气压焊是利用氧气和乙炔气，按一定的比例混合燃烧的火焰，将被焊钢筋两端加热，使其达到热塑状态，经施加适当压力，使其接合的固相焊接法。钢筋气压焊适用于14~40mm热轧钢筋，也能进行不同直径钢筋间的焊接，还可用于钢轨焊接。被焊材料有碳素钢、低合金钢、不锈钢和耐热合金等。钢筋气压焊设备轻便，可进行水平、垂直、倾斜等全方位焊接，具有节省钢材、施工费用低廉等优点。

钢筋气压焊接机由供气装置（氧气瓶、溶解乙炔瓶等）、多嘴环管加热器、加压器（油泵、顶压油缸等）、焊接夹具及压接器等组成。

气压焊接钢筋是利用乙炔-氧混合气体燃烧的高温火焰对已有初始压力的两根钢筋端面接合处加热，使钢筋端部产生塑性变形，并促使钢筋端面的金属原子互相扩散，当钢筋加热到1250℃~1350℃（相当于钢材熔点的80%~90%，此时钢筋加热部位呈橘黄色，有白亮闪光出现）时进行加压顶锻，使钢筋内的原子得以再结晶而焊接。

钢筋气压焊接属于热压焊。在焊接加热过程中，加热温度为钢材熔点的80%~90%，钢材未呈熔化状态，且加热时间较短，钢筋的热输入量较少，所以不会出现钢筋材质劣化倾向。

加热系统中的加热能源是氧和乙炔。系统中的流量计用来控制氧和乙炔的输入量，焊接不同直径的钢筋要求不同的流量。加热器用来将氧和乙炔混合后，从喷火嘴喷出火焰加热钢筋，要求火焰能均匀加热钢筋，有足够的温度和功率并且安全可靠。

加压系统中的压力源为电动油泵（亦有手动油泵），使加压顶锻时压力平稳。压接器是气压焊的主要设备之一，要求它能准确、方便地将两根钢筋固定在同一轴线，并将油泵产生的压力均匀地传递给钢筋，达到焊接的目的。施工时压接器需反复装拆，要求它质量轻、构造简单和装拆方便。

气压焊接的钢筋要用砂轮切割机断料，不能用钢筋切断机切断，要求端面与钢筋轴线垂直。焊接前应打磨钢筋端面，清除氧化层和污物，使之现出金属光泽，并喷涂一薄层焊接活化剂保护端面不再氧化。

钢筋加热前先对钢筋施30~40MPa的初始压力，使钢筋端面贴合。当加热到缝隙密合后，上下摆动加热器适当增大钢筋加热范围，促使钢筋端面金属原子互相渗透，便于加压顶锻。加压顶锻的压应力约为34~40MPa，使焊接部位产生塑性变形。直径小于22mm的筋可以一次顶锻成形，大直径钢筋可以进行二次顶锻。

气压焊的接头，应按规定的方法检查外观质量和进行拉力试验。

(5) 电渣压力焊

现浇钢筋混凝土框架结构中竖向钢筋的连接，宜采用自动或手工电渣压力焊进行焊接（直径为14~40mm的HPB300级钢筋）。与电弧焊比较，它工效高、节约钢材、成本低，在高层建筑施工中得到广泛应用。

钢筋电渣压力焊是将两根钢筋安放成竖向对接形式，利用焊接电流通过两根钢筋端面间隙，在焊剂层下形成电弧过程和电渣过程，产生电弧热和电阻热，熔化钢筋，加压完成的一种焊接方法。钢筋电渣压力焊机操作方便，效率高，适用于竖向或斜向受力钢筋的连接，钢筋级别为HPB300级，直径为14~40mm。电渣压力焊设备包括电源、控制箱、焊接夹具、焊剂盒。自动电渣压力焊的设备还包括控制系统及操作箱。焊接夹具应具有一定刚度，要求坚固、灵巧、上下钳口同心，上下钢筋的轴线应尽量一致。焊接时，先将钢筋端部约120mm范围内的钢筋除尽，将夹具夹牢在下部钢筋上，并将上部钢筋扶直夹牢于活动电极中，上下钢筋间放一小块导电剂（或钢丝小球），装上药盒，装满焊药，接通电路，用操作手柄使电弧引燃（引弧）。然后稳弧一定时间使之形成渣池并使钢筋熔化（稳弧），随着钢筋的熔化，用手柄使上部钢筋缓缓下送。稳弧时间的长短视电流、电压和钢筋直径而定。当稳弧达到规定时间后，在断电的同时用手柄进行加压顶锻以排除夹渣气泡，形成接头。待冷却一定时间后即可拆除药盒，回收焊药，拆除夹具和清除焊渣。引弧、稳弧、顶锻三个过程连续进行。

电渣压力焊的接头，应按规范规定的方法检查外观质量和进行拉力试验。

2. 钢筋机械连接

钢筋机械连接常用钢筋挤压连接和钢筋套管螺纹连接两种形式，是近年来大直径钢筋现场连接的主要方法。

（1）钢筋挤压连接

钢筋挤压连接亦称钢筋套筒冷压连接。它是将需要连接的变形钢筋插入特制钢套筒内，利用液压驱动的挤压机进行径向或轴向挤压，使钢套筒产生塑性变形，使它紧紧咬住变形钢筋实现连接。它适用于竖向、横向及其他方向的较大直径变形钢筋的连接。与焊接相比，它具有节省电能、不受钢筋可焊性能的影响、不受气候影响、无明火、施工简便和接头可靠度高等特点。

钢筋挤压连接的工艺参数，主要是压接顺序、压接力和压接道数。压接顺序从中间逐道向两端压接。压接力要能保证套筒与钢筋紧密咬合，压接力和压接道数取决于钢筋直径、套筒型号和挤压机型号。

（2）钢筋套管螺纹连接

钢筋套管螺纹连接分为锥套管螺纹连接和直套管螺纹连接两种形式。钢套管内壁用专用机床加工有螺纹，钢筋的对端头亦在套丝机上加工有与套管匹配的螺纹。连接时，在对螺纹检查无油污和损伤后，先用手旋入钢筋，然后用扭矩扳手紧固至规定的扭矩即完成连接。它施工速度快、不受气候影响、质量稳定、对中性好。下文重点介绍一下直套管螺纹连接这种形式。

直套管螺纹连接是通过滚轮将钢筋端头部分压圆并一次性滚出螺纹和套筒通过螺纹连接形成的钢筋机械接头。直套管螺纹连接工艺流程：确定滚丝机位置→钢筋调直、切割机下料→丝头加工→丝头质量检查（套丝帽保护）→用机械扳手进行套筒与丝头连接→接头连接后质量检查→钢筋直螺纹接头送检。

钢筋丝头加工步骤如下。

①按钢筋规格所需的调整试棒并调整好滚丝头内孔最小尺寸。

②按钢筋规格更换涨刀环，并按规定的丝头加工尺寸调整好剥肋直径尺寸。

③调整剥肋挡块及滚压行程开关位置，保证剥肋及滚压螺纹的长度符合丝头加工尺寸的规定。

④钢筋丝头长度的确定。确定原则：以钢筋连接套筒长度的一半为钢筋丝扣长度。

由于钢筋的开始端和结束端存在不完整丝扣，所以可初步确定钢筋丝扣的有效长度，钢筋直螺纹丝头加工参数控制标准见表5.2。允许偏差为0～2P（P为螺距），施工中一般按0～1P控制。

表5.2 钢筋直螺纹丝头加工参数控制标准

钢筋直径/mm	有效螺纹数量/扣	有效螺纹长度/mm	螺距/mm
18	9	27.5	2.5
20	10	30	2.5
22	11	32.5	2.5
25	11	35	3.0
28	11	40	3.0
32	13	45	3.0

钢筋连接时用扳手或管钳对钢筋接头拧紧，只要达到力矩扳手调定的力矩值即可（表5.3）。

表5.3 直螺纹套筒连接拧紧扭矩值

钢筋直径/mm	拧紧扭矩/(N·m)
≤16	100
18～20	160
22～25	230
28～32	320
36～40	360

5.1.2 钢筋的冷拉

钢筋的冷加工有冷拉、冷拔、冷轧等三种形式。因篇幅关系，下文仅介绍钢筋的冷拉。

1. 冷拉机械

常用的冷拉机械有阻力轮式、卷扬机式、液压式等钢筋冷拉机。

（1）阻力轮式钢筋冷拉机

阻力轮式钢筋冷拉机由支承架、阻力轮、电动机、变速箱、绞轮等组成。主要适用于冷拉直径为6～8mm的盘圆钢筋，冷拉率为6%～8%。若与两台调直机配合使用，可加工出所需长度的冷拉钢筋。阻力轮式冷拉机，是利用一个变速箱，其出头轴装有绞轮，由电动机带动变速箱高速轴，使绞轮随着变速箱低速轴一同旋转，强力使钢筋通过4个（或6个）不在一条直线上的阻力轮，将钢筋拉长。绞轮直径一般为550mm。阻力轮是固定在支承架上的滑轮，直径为100mm，其中一个阻力轮的高度可以调节，以便改变阻力大小，控制冷拉率。

（2）卷扬机式钢筋冷拉机

卷扬机式钢筋冷拉工艺是目前普遍采用的冷拉工艺。它具有适应性强，可按要求调节冷拉率和冷拉控制应力；冷拉行程大，不受设备限制，可适应冷拉不同长度和直径的钢筋；设备简单、效率高、成本低等特点。卷扬机式钢筋冷拉机主要由卷扬机、滑轮组、地锚、导向滑轮、夹具和测力装置等组成。工作时，由于卷筒上传动钢丝绳是正、反穿绕在两副动滑轮组上，因此当卷扬机旋转时，夹持钢筋的一副动滑轮组被拉向卷扬机，使钢筋被拉伸；而另一副动滑轮组则被拉向导向滑轮，为下次冷拉时交替使用。钢筋所受的拉力经传力杆、活动横梁传送给测力装置，从而测出拉力的大小。拉伸长度可通过标尺直接测量或用行程开关来控制。

(3) 液压式钢筋冷拉机

液压式钢筋冷拉机由液压泵的压力油通过液压缸拉伸钢筋，因而结构紧凑、工作平稳，自动化程度高，是有发展前途的冷拉机。液压式钢筋冷拉机由两台电动机分别带动高、低压力油泵，输出高、低压力油经有关液压控制阀，进入液压张拉缸，完成张拉钢筋和回程动作。液压式钢筋冷拉机的活塞行程较大，一般大于600mm。

2. 冷拉钢筋作业

(1) 钢筋冷拉前，操作人员应先检查钢筋冷拉设备的能力和冷拉钢筋所需的吨位值是否相适应，不允许超载冷拉。特别是用旧设备拉粗钢筋时应特别注意。

(2) 为确保冷拉钢筋的质量，钢筋冷拉前，操作人员应对测力器和各项冷拉数据进行校核，并做好记录。

(3) 冷拉钢筋时，操作人员应站在冷拉线的侧向，且应在统一指挥下进行作业。听到开车信号，确认操作人员离开危险区后，方能开车。

(4) 在冷拉过程中，操作人员应随时注意限制信号，当看到停车信号或见到有人误入危险区时，应立即停车，并稍微放松钢丝绳。在作业过程中，严禁横向跨越钢丝绳或冷拉线。

(5) 冷拉钢筋时，无论是拉紧或放松，操作人员均应缓慢和均匀地进行，决不能时快时慢。

(6) 冷拉钢筋时，如遇焊接接头被拉断，操作人员可重新焊接后再拉，但一般不得超过两次。

5.1.3 钢筋的绑扎与安装

建基面终验清理完毕或施工缝处理完毕，再养护一定时间，混凝土强度达到2.5MPa后，即进行钢筋的绑扎与安装作业。

钢筋的安设方法有两种：一种是将钢筋骨架在加工厂制好，再运到现场安装，称为整装法；另一种是将加工好的散钢筋运到现场，再逐根安装，称为散装法。

1. 钢筋的绑扎接头

根据施工规范规定：直径在25mm以下的钢筋接头，可采用绑扎接头。轴心受压、小偏心受拉构件和承受振动荷载的构件中，钢筋接头不得采用绑扎接头。

钢筋绑扎采用应遵守以下规定：

(1) 搭接长度不得小于表5.4规定的数值。

表 5.4 钢筋绑扎接头的最小搭接长度

钢筋级别	受压区	受压区
HPB300 级	30d	20d
HRB400 级	40d	30d

注：d 表示钢筋直径。

（2）受拉区域内的光面钢筋绑扎接头的末端，应做弯钩。

（3）梁、柱钢筋的接头，如采用绑扎接头，则在绑扎接头的搭接长度范围内应加密钢箍。当搭接钢筋为受拉钢筋时，箍筋间距不应大于 $5d$（d 为两搭接钢筋中较小的直径，下同）；当搭接钢筋为受压钢筋时，箍筋间距不应大于 $10d$。

钢筋接头应分散布置，配置在同一截面内的受力钢筋，其接头的截面面积占受力钢筋总截面面积的比例应符合下列要求。

（1）绑扎接头在构件的受拉区中不超过 25%，在受压区中不超过 50%。

（2）焊接与绑扎接头距钢筋弯起点不小于 $10d$，也不位于最大弯矩处。

（3）在施工中如分辨不清受拉、受压区时，其接头设置应按受拉区的规定。

（4）两根钢筋相距在 $30d$ 或 50cm 以内，两绑扎接头的中距在绑扎搭接长度以内，均作同一截面。

直径不大于 12mm 的受压 HPB300 级钢筋的末端，以及轴心受压构件中任意直径的受力钢筋的末端，可不做弯钩，但搭接长度不应小于 $30d$。

2. 现场钢筋绑扎安装

（1）准备工作

①熟悉施工图纸

通过熟悉图纸，一方面校核钢筋加工中是否有遗漏或误差；另一方面也可以检查图纸中是否存在与实际情况不符的地方，以便及时改正。

②核对钢筋加工配料单和料牌

在熟悉施工图纸的过程中，应核对钢筋加工配料单和料牌，并检查已加工成形的成品的规格、形状、数量、间距是否和图纸一致。

③确定安装顺序

钢筋绑扎与安装的主要工作内容包括放样划线、排筋绑扎、垫撑铁和保护层垫块、检查校正及固定预埋件等。为保证工程顺利进行，在熟悉图纸的基础上，要考虑钢筋绑扎安装顺序。板类构件排筋顺序一般先排受力钢筋后排分布钢筋；梁类构件一般先排纵筋（摆放有焊接接头和绑扎接头的钢筋应符合规定），再排箍筋，最后固定。

④做好材料、机具的准备

钢筋绑扎与安装的主要材料、机具包括钢筋钩、吊线垂球、木水平尺、麻线、长钢尺、钢卷尺、扎丝、垫保护层用的砂浆垫块或塑料卡、撬杆、绑扎架等。对于结构较大或形状较复杂的构件，为了固定钢筋还需一些钢筋支架、钢筋支撑。

扎丝一般采用 18~22 号铁丝或镀锌铁丝（表 5.5）。扎丝长度一般以钢筋钩拧 2~3 圈后，铁丝出头长度为 20cm 左右。

表 5.5 绑扎用扎丝

钢筋直径/mm	铁丝型号/号
<12	22
12~25	20
>25	18

混凝土保护层厚度，必须严格按设计要求控制。控制其厚度可用水泥砂浆垫块或塑料卡。水泥砂浆垫块的厚度应等于保护层厚度；平面尺寸当保护层厚度不大于20mm时为30mm×30mm、大于20mm时为50mm×50mm。在垂直方向使用垫块，应在垫块中埋入两根20号或22号铁丝，用铁丝将垫块绑在钢筋上。

⑤放线

放线要从中心点开始向两边量距放点，定出纵向钢筋的位置。水平筋的放线可放在纵向钢筋或模板上。

（2）钢筋绑扎要点

钢筋的绑扎应顺直均匀、位置正确。钢筋绑扎的操作方法有一面顺扣法、十字花扣法、反十字扣法、兜扣法、缠扣法、兜扣加缠法、套扣法等，较常用的是一面顺扣法。

一面顺扣法的操作步骤：首先将已切断的扎丝在中间折合成180°弯，然后将扎丝清理整齐。绑扎时，执在左手的扎丝应靠近钢筋绑扎点的底部，右手拿住钢筋钩，食指压在钩前部，用钩尖端钩住扎丝底扣处，并紧靠扎丝开口端，绕扎丝拧转两圈半，在绑扎时扎丝扣伸出钢筋底部要短，并用钩尖将铁丝扣紧。

为防止钢筋网（骨架）发生歪斜变形，相邻绑扎点的绑扣应采用八字形扎法（图5.4）。

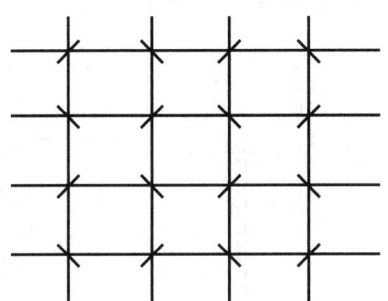

图5.4 钢筋网绑扣扎法

（3）钢筋安装注意事项

在钢筋安装过程中，需要注意以下要点。

①准确位置。在安装钢筋之前，需要明确钢筋的位置和布置，以确保按照设计要求进行安装。同时，需要使用适当的定位工具，如定位钉和定位板等，保证钢筋的准确定位。

②施工顺序。钢筋的安装应按照施工顺序进行，避免错位和交叉，保证钢筋之间的连接和配合稳定可靠。

③安装间距和固定要求。根据设计要求，钢筋的安装间距应符合相关规范，并严格按照规范进行焊接、绑扎或镶嵌固定。

④施工现场保护。在钢筋安装过程中，需要注意施工现场的保护措施，如避免钢筋受潮、避免腐蚀和损坏等。同时，需要确保施工现场的整洁，以便进行后续工序。

5.1.4 预埋铁件

水工混凝土的预埋铁件主要有锚固或支承的插筋、地脚螺栓、锚筋，为结构安装支撑用的梁支座，吊环等。

1. 预埋插筋和地脚螺栓

插筋和地脚螺栓均按设计要求埋设。常用的插筋埋设方法有三种（图 5.5）。

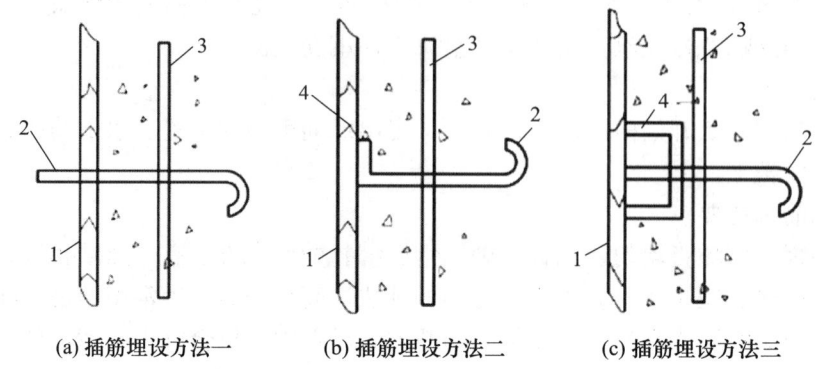

(a) 插筋埋设方法一　　(b) 插筋埋设方法二　　(c) 插筋埋设方法三

1—模板；2—插筋；3—预埋木盒；4—固定钉。

图 5.5　插筋埋设方法

对于精度要求较高的地脚螺栓的埋设，地脚螺栓埋设方法如图 5.6 所示。预埋螺栓时，可采用样板固定，并用黄油涂满螺牙，用薄膜或纸包裹。

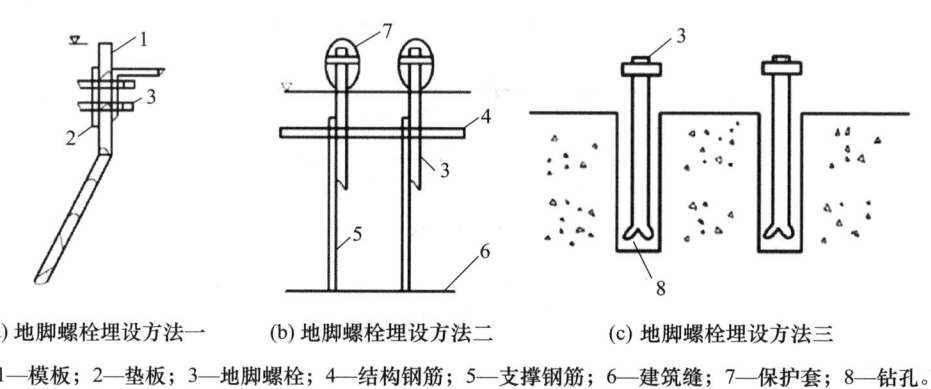

(a) 地脚螺栓埋设方法一　　(b) 地脚螺栓埋设方法二　　(c) 地脚螺栓埋设方法三

1—模板；2—垫板；3—地脚螺栓；4—结构钢筋；5—支撑钢筋；6—建筑缝；7—保护套；8—钻孔。

图 5.6　地脚螺栓埋设方法

2. 预埋锚筋

（1）锚筋一般要求

基础锚筋通常采用 HPB300 级钢筋加工成锚筋，为提高锚固力，其端部均开叉加钢锲，钢筋直径一般不小于 25mm，不大于 32mm，多选用 28mm。锚筋锚固长度应满足设计要求。

（2）锚筋埋设要求和方法

①锚筋的埋设要求钢筋与砂浆、砂浆与孔壁结合紧密，孔内砂浆应有足够的强度，以适应锚筋和孔壁岩石的强度。

②锚筋埋设方法分先插筋后填砂浆和先灌满砂浆而后插筋两种。采用先插筋后填砂浆方法时，孔位与锚筋直径之差应大于 25mm；采用先灌满砂浆而后插筋法时，孔位与锚筋直径之差应大于 15mm。

3. 预埋梁支座

梁支座的埋设误差一般控制标准：支座面的平整度允许误差为±0.2mm；两端支座面高差允许误差为±5mm；平面位置允许误差为±10mm。

当支座面板面积大于25cm×25cm时，应在支座上均匀布置2～6个排气（水）孔，孔径为20mm左右，并预先钻好，不应在现场用氧气烧割。

支座的埋设一般采用二期施工方法，即先在一期混凝土中预埋插筋进行支座安装和固定，然后浇筑二期混凝土完成埋设。

4. 预埋吊环

（1）吊环埋设形式

吊环的埋设形式根据构件的结构尺寸、质量等因素确定，吊环埋设形式如图5.7所示。

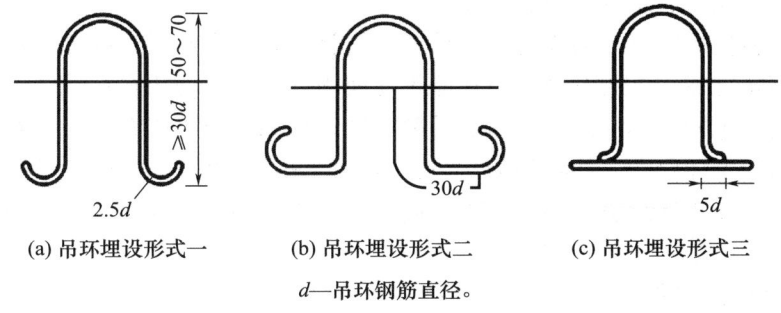

(a) 吊环埋设形式一　(b) 吊环埋设形式二　(c) 吊环埋设形式三

d—吊环钢筋直径。

图5.7　吊环埋设形式（单位：mm）

（2）吊环埋设要求

①吊环采用HPB300级钢筋加工成形，端部加弯钩，不得使用冷处理钢筋，且尽量不用含碳量较多的钢筋。

②吊环埋入部分表面不得有油漆、污物和浮锈。

③吊环应居构件中间埋入，并不得歪斜。

④露出之环圈不宜太高太矮，以保证卡环装拆方便为度，一般高度为15cm左右或按设计要求预留。

⑤构件起吊强度应满足规范要求，否则不得使用吊环，在混凝土浇筑中和浇筑后凝固过程中，不得晃动或使吊环受力。

5.2　模板工程施工

5.2.1　模板的分类

混凝土在没有凝固硬化以前，是一种处于半流体状态的物质。能够把混凝土做成符合设计图纸要求的各种规定的形状和尺寸模子，被称为模板。

在混凝土工程中，模板对于混凝土工程的费用、施工的速度、混凝土的质量均有较大影响。据国内外的统计资料分析表明，模板工程费用一般占混凝土总费用的25％～

35%，即使是大体积混凝土也控制在 15%～20%。因此，对模板结构形式、使用材料、装拆方法，以及拆模时间和周转次数，均应仔细研究，以便节约木材，降低工程造价，加快工程建设速度，提高工程质量。

1. 模板的分类

（1）按模板形状分为平面模板和曲面模板。平面模板又称为侧面模板，主要用于结构物垂直面。曲面模板用于廊道、隧洞、溢流面和某些形状特殊的部位，如进水口扭曲面、蜗壳、尾水管等。

（2）按模板材料分为木模板、竹模板、钢模板、混凝土预制模板、塑料模板、橡胶模板、土模板等。

（3）按模板受力条件分为承重模板和侧面模板。承重模板主要承受混凝土质量和施工中的垂直荷载，侧面模板主要承受新浇混凝土的侧压力。侧面模板按其支承受力方式，又分为简支模板、悬臂模板和半悬臂模板。

（4）按模板使用特点分为固定式、拆移式、移动式和滑动式。固定式用于形状特殊的部位，不能重复使用。后三种模板都能重复使用，或连续使用在形状一致的部位，但其使用方式有所不同：拆移式模板需要拆散移动；移动式模板的车架装有行走轮，可沿专用轨道使模板整体移动（如隧洞施工中的钢模台车）；滑动式模板以千斤顶或卷扬机为动力，可在混凝土连续浇筑的过程中，使模板面紧贴混凝土面滑动（如闸墩施工中的滑模）。

2. 几种模板具体介绍

（1）木模板

木材是最早被人们用来制作模板的工程材料，其主要优点：制作方便、拼装随意，尤其适用于外形复杂或异形的混凝土构件。此外，因其导热系数小，对混凝土冬季施工有一定的保温作用。

木模板的木材主要采用松木和杉木，其含水率不宜过高，以免干裂，材质不宜低于三等材。木模板的基本元件是拼板，它由板条和拼条（木档）组成。板条厚 25～50mm，宽度不宜超过 200mm，以保证在干缩时，缝隙均匀，浇水后缝隙要严密且板条不翘曲，但梁底板的板条宽度不受限制，以免漏浆。拼条截面尺寸为 25mm×35mm～50mm×50mm，拼条间距根据施工荷载大小及板条的厚度而定，一般取 400～500mm。

（2）钢模板

钢模板包括平面模板、阳角模板、阴角模板和连接角模。单块钢模板由面板、边框和加劲肋焊接而成。面板厚 2.3mm 或 2.5mm，边框和加劲肋上面按一定距离（如 150mm）钻孔，可利用 U 形卡和 L 形插销等拼装成大块模板。

钢模板的宽度以 100mm 为基础，50mm 进级，宽度 300mm 和 250mm 的模板有纵肋；长度以 450mm 为基础，150mm 进级；高度皆为 55mm。其规格和型号已做到标准化、系列化。用 P 代表平面模板，Y 代表阳角模板，E 代表阴角模板，J 代表连接角模。如型号为 P3015 的钢模板，P 表示平面模板，3015 表示宽×长为 300mm×1500mm（表 5.6）。又如型号为 Y1015 的钢模板，Y 表示阳角模板，1015 表示宽×长为 100mm×1500mm。如拼装时出现不足模数的空隙时，用镶嵌木条补缺，用钉子或螺栓将木条与板块边框上的孔洞连接。

表 5.6 平面钢模板规格

宽度/mm	代号	尺寸/(mm×mm×mm)	每块面积/m²	每块质量/kg
300	P3015	300×1500×55	0.45	14.90
	P3012	300×1200×55	0.36	12.06
	P3009	300×900×55	0.27	9.21
	P3007	300×750×55	0.225	7.93
	P3006	300×600×55	0.18	6.36
	P3004	300×450×55	0.135	5.08
250	P2515	250×1500×55	0.375	13.19
	P2512	250×1200×55	0.30	10.66
	P2509	250×900×55	0.225	8.13
	P2507	250×750×55	0.188	6.98
	P2506	250×600×55	0.15	5.60
	P2504	250×450×55	0.133	4.45
200	P2015	200×1500×55	0.03	9.76
	P2012	200×1200×55	0.24	7.91
	P2009	200×900×55	0.18	6.03
200	P2007	200×750×55	0.15	5.25
	P2006	200×600×55	0.12	4.17
	P2004	200×450×55	0.09	3.34
150	P1515	150×1500×55	0.225	9.01
	P1512	150×1200×55	0.18	6.47
	P1509	150×900×55	0.135	4.93
	P1507	150×750×55	0.113	4.23
	P1506	150×600×55	0.09	3.40
	P1504	150×450×55	0.068	2.69
100	P1015	100×1500×55	0.15	6.36
	P1012	100×1200×55	0.12	5.13
	P1009	100×900×55	0.09	3.90
	P1007	100×750×55	0.075	3.33
	P1006	100×600×55	0.06	2.67
	P1004	100×450×55	0.045	2.11

(3) 混凝土预制模板

混凝土预制模板可以工厂化生产,安装时多依靠自重维持稳定,因而可以节约大量的木材和钢材;因它既是模板,又是建筑物的组成部分,可提高建筑物表面的抗渗、抗冻和稳定性;简化了施工程序,可以加快工程进度。但安装时必须配合吊装设备进行。

混凝土预制模板主要用于挡土墙、大坝垂直部位、坝内廊道等处。施工中应注意模板与新浇混凝土表面结合处的凿毛处理,以保证结合。

(4) 土模板

在小型水利工程施工中，为了节省木材，常用土模板代替木模板。土模板除具有施工简单、节约木材、技术容易为群众掌握等优点外，还具有温度稳定，有一定湿度和浇筑时不易跑浆等特点，因而便于自然养护。土模板可分为地下式、半地下式和地上式三种。地下式土模板适用于结构外形简单的预制构件，对土质有一定要求［图 5.8（a）］。半地下式土模板，适用于构件较复杂、地下开挖较困难的情况。地面以上部分可用木模板或砌砖［图 5.8（b）］。地上式土模板的构件，全部在地坪以上，主要用于外形比较复杂的构件。地上式土模板拆除、吊装都比较方便，而且易于排水［图 5.8（c）］。

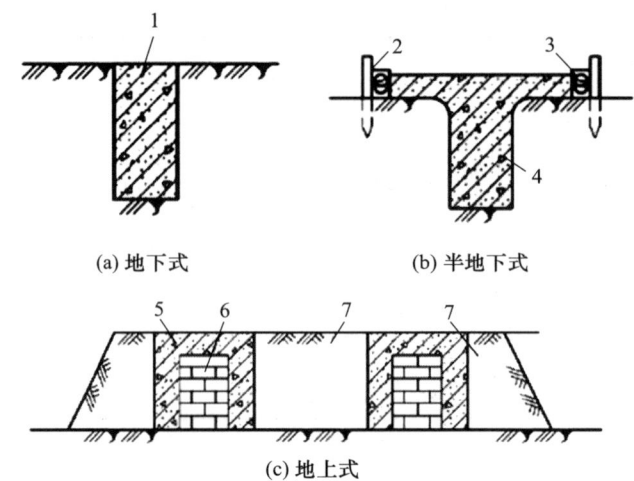

(a) 地下式　　(b) 半地下式

(c) 地上式

1—矩形梁；2—木桩；3—方木；4—T形梁；5—∏形梁；6—砖心；7—培土夯实

图 5.8　土模板的形式

土模板施工中应注意以下几点。

①不宜设在透水性强的场地，黏土适宜含水量应控制为 20％～24％。

②地上式土模板的培土宜选用砂质黏土或黏质砂土，含水量控制在 20％左右为宜。

③混凝土浇筑时，振捣棒一般应离开土模板壁至少 5cm，以防将土模板壁碰坏。

④土模板的拆除时间应较木模板稍迟，一般需在养护两周以后才能拆模，或移动构件的位置。

(5) 滑动式模板

滑动式模板（简称滑模），是在混凝土连续浇筑过程中，可使模板面紧贴混凝土面滑动的模板。采用滑模施工要比常规施工节约材料（包括模板和脚手板等）70％左右；采用滑模施工可以节约劳动力 30％～50％；采用滑模施工要比常规施工的工期短、速度快，可以缩短施工周期 30％～50％；滑模施工的结构整体性好，抗震效果明显，适用于高层或超高层抗震建筑物和高耸构筑物施工；滑模施工的设备便于加工、安装、运输。

5.2.2　模板施工

模板施工过程如图 5.9 所示。

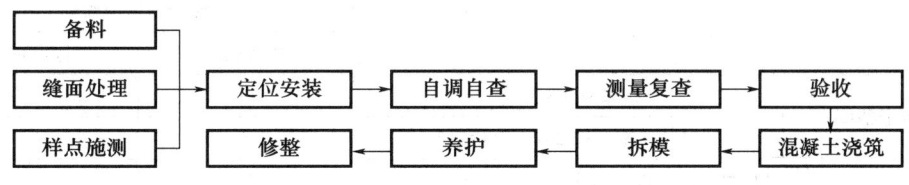

图 5.9 模板施工过程

模板施工要点具体如下。

1. 模板安装

安装模板之前,应事先熟悉设计图纸,掌握建筑物结构的形状尺寸,并根据现场条件,初步考虑好立模及支撑的程序,以及与钢筋绑扎、混凝土浇捣等工序的配合,尽量避免工种之间的相互干扰。

模板的安装包括放样、立模、支撑加固、吊正找平、尺寸校核、堵设缝隙及清仓去污等工序。在安装过程中,应注意下述事项。

(1) 模板竖立后,须切实校正位置和尺寸,垂直方向用垂球校对,水平长度用钢尺丈量两次以上,务使模板的尺寸符合设计标准。

(2) 模板各结合点与支撑必须坚固紧密,牢固可靠,尤其是采用振捣器捣固的结构部位更应注意,以免在浇捣过程中发生裂缝、鼓肚等不良情况。但为了增加模板的周转次数,减少模板拆模损耗,模板结构的安装应力求简便,尽量少用圆钉,多用螺栓、木楔、拉条等进行加固联结。

(3) 凡属承重的梁板结构,跨度大于4m以上时,由于地基的沉陷和支撑结构的压缩变形,跨中应预留起拱高度,每米增高3mm,两边逐渐减少,至两端同原设计高程等高。

(4) 为避免拆模时建筑物受到冲击或震动,安装模板时,撑柱下端应设置硬木楔形垫块,所用支撑不得直接支承于地面,应安装在坚实的桩基或垫板上,使撑木有足够的支承面积,以免沉陷变形。

(5) 模板安装完毕,最好立即浇筑混凝土,以防日晒雨淋导致模板变形。为保证混凝土表面光滑和便于拆卸,宜在模板表面涂抹肥皂水或润滑油。夏季或在气候干燥情况下,为防止模板干缩裂缝漏浆,在浇筑混凝土之前,需洒水养护。如发现模板因干燥产生裂缝,应事先用木条或油灰填塞衬补。

(6) 安装边墙、柱、闸墩等模板时,在浇筑混凝土以前,应将模板内的木屑、刨片、泥块等杂物清除干净,并仔细检查各联结点及接头处的螺栓、拉条、楔木等有无松动滑脱现象。在浇筑混凝土过程中,木工、钢筋、混凝土、架子等工种均应有专人"看仓",以便发现问题随时加固修理。

(7) 模板安装的偏差,应符合设计要求的规定,特别是对于通过高速水流,有金属结构及机电安装等部位,更不应超出规范的允许值。施工中安装模板的允许偏差,大体积混凝土木模板安装的允许偏差见表5.7。

表 5.7　大体积混凝土木模板安装的允许偏差　　　　　　　单位：mm

偏差项目		混凝土结构部位	
		外露表面	隐藏内面
模板平整度	相邻两面板高差	3	5
	局部不平（用2m直尺检直）	5	10
结构物边线与设计边线		10	15
结构物水平截面内部尺寸		±20	
承重模板标高		±5	
预留孔、洞尺寸及位置		±10	

2．模板隔离剂

模板安装前或安装后，为防止模板与混凝土黏结，便于拆模，应及时在模板的表面涂刷隔离剂。常用模板隔离剂配比、配置及使用见表 5.8。

表 5.8　常用模板隔离剂配比、配置及使用

类别	材料及质量配合比	配制和使用方法	优缺点及使用
水质类隔离剂	肥皂液	用肥皂切片泡水，涂刷模板1~2遍	涂刷方便，易脱模，价廉；但冬雨季不能使用。适于木模、混凝土及砖胎模使用
	洗衣粉：滑石粉＝1：5	按比例用适量温水搅至浆状使用	优缺点同上，适于钢模、各种胎模
	松香：肥皂：柴油：水＝15：12：100：800	松香、肥皂、柴油按比例加好后，冲入水搅拌均匀使用	涂刷干后遇雨仍保持隔离效果，适于长线台座使用
	石灰水	将石灰膏加水拌成糊状，均匀涂1~2遍	取材容易，涂刷方便，成本低，但较易脱落。适于土、混凝土脱模使用
	107胶：滑石粉：水＝1：1：1	将建筑胶与水调匀，再将滑石粉加入调匀，涂刷1~2遍	材料易得，操作方便，易于脱模。适于钢模板使用
油质类隔离剂	机油：滑石粉：汽油＝100：15：10	在容器中按配比搅拌均匀，涂刷1~2遍	便于涂刷，易脱模。适于混凝土胎模使用
	废机油（机油）：柴油＝1：4~1：1	将较稠废机油产柴油稀释搅匀，即可使用	便于涂刷，易脱模，干后下雨仍有效。适于钢模、木模、各种胎模使用
	废机油：水泥（滑石粉）：水＝11.4（1.2）：0.4	将3种组分拌和至乳状，刷1~2遍	材料易得，便于涂刷，表面光滑；但钢筋和构件较易沾油
石蜡类隔离剂	石蜡	将石蜡均匀涂于模板面，用喷灯熔化，干布均匀涂擦，再均匀喷烤至深入木质	易脱模，板面光滑；但成本较高，蒸汽养护时不能使用。适于木定型模板使用
	石蜡：煤油＝1：2	将石蜡与2份柴油混合用水浴加热熔化，再加入剩余柴油拌匀	便于涂刷，易脱模，板面光滑；但成本稍高，蒸汽养护时不能使用。适于钢模板、混凝土台座使用

续表

类别	材料及质量配合比	配制和使用方法	优缺点及使用
乳剂类隔离剂	乳化机油：水＝1∶5	在容器中按配合比混合搅匀，涂刷1～2遍	有商品供应，使用方便，易脱模。适于木模使用
	高分子有机酸＋矿物油	金属切削加工使用的润滑冷却剂	有商品供应，使用方便，易于脱模。适于钢模、混凝土胎模使用

3. 模板拆除

模板的拆除顺序一般是先非承重模板，后承重模板，先侧板，后底板。

（1）拆模期限

①不承重的侧模板在混凝土强度能保证混凝土表面和棱角不因拆模而受损害时方可拆模。一般此时混凝土的强度应达到 2.5MPa 以上。

②承重模板应在混凝土达到下列强度以后方能拆除（按设计强度的百分率计）：

a. 当梁、板、拱的跨度小于 2m 时，要求达到设计强度的 50%。

b. 跨度为 2～5m 时，要求达到设计强度的 70%。

c. 跨度为 5m 以上时，要求达到设计强度的 100%。

d. 悬臂板、梁跨度小于 2m 为 70%；跨度大于 2m 为 100%。

（2）拆模注意事项

模板拆卸工作应注意以下事项。

①模板拆除工作应遵守一定的方法与步骤。拆模时要按照模板各结合点构造情况，逐块松开拆卸。首先去掉扒钉、螺栓等连接铁件，然后用撬杠将模板松动或用木楔插入模板与混凝土接触面的缝隙中，以锤击木楔，使模板与混凝土面逐渐分离。拆模时，禁止用重锤直接敲击模板，以免使建筑物受到强烈震动或将模板毁坏。

②拆卸拱形模板时，应先将支柱下的木楔缓慢放松，使拱架徐徐下降，避免新拱因模板突然大幅度下沉而担负全部自重，并应从跨中点向两端同时对称拆卸。拆卸跨度较大的拱模时，则需从拱顶中部分段分期向两端对称拆卸。

③高空拆卸模板时，不得将模板自高处摔下，而应用绳索吊卸，以防砸坏模板或发生事故。

④当模板拆卸完毕后，应将附着在板面上的混凝土砂浆洗凿干净，损坏部分需加修整，板上的圆钉应及时拔除（部分可以回收使用），以免刺伤脚部，造成工伤。卸下的螺栓应与螺帽、垫圈等拧在一起，并加黄油防锈。扒钉、铁丝等物均应收捡归仓，不得丢失。所有模板应按规格分放，妥加保管，以备下次立模周转使用。

⑤对于大体积混凝土，为了防止拆模后混凝土表面温度骤然下降而产生表面裂缝，应考虑外界温度的变化而确定拆模时间，并应避免早、晚或夜间拆模。

6 混凝土工程施工

6.1 普通混凝土的施工工艺

普通混凝土施工过程：施工准备→混凝土拌制→混凝土运输→混凝土浇筑→混凝土养护。

6.1.1 施工准备

混凝土施工准备工作的主要项目：基础处理，施工缝处理，仓面准备，模板、钢筋及预埋件检查等。

1. 基础处理

土基应先将开挖基础时预留下来的保护层挖除，并清除杂物，然后用碎石垫底，盖上湿砂，再进行压实，浇8~12cm厚素混凝土垫层。砂砾地基应清除杂物，整平基础面，并浇筑10~20cm厚素混凝土垫层。

对于岩基，一般要求清除到质地坚硬的新鲜岩面，然后进行整修。整修是用铁锹等工具去掉表面松软岩石、棱角和反坡，并用高压水冲洗，压缩空气吹扫。若岩面上有油污、灰浆及其黏结的杂物，还应采用钢丝刷反复刷洗，直至岩面清洁。清洗后的岩基在混凝土浇筑前应保持洁净和湿润。

当有地下水时，要认真处理，否则会影响混凝土的质量。处理方法：做截水墙，拦截渗水，引入集水井排出；对基岩进行必要的固结灌浆，以封堵裂缝，阻止渗水；沿周边打排水孔，导出地下水，在浇筑混凝土时埋管，用水泵抽出孔内积水，直至混凝土初凝，7d后灌浆封孔；将底层砂浆和混凝土的水灰比适当降低。

2. 施工缝处理

施工缝是指浇筑块之间新老混凝土之间的结合面。为了保证建筑物的整体性，在新混凝土浇筑前，必须将老混凝土表面的水泥膜（又称乳皮）清除干净，并使其表面新鲜整洁、有石子半露的麻面，以利于新老混凝土的紧密结合。但对于要进行接缝灌浆处理的纵缝面，可不凿毛，只需冲洗干净。

施工缝的处理方法有以下几种。

（1）风砂枪喷毛

将经过筛选的粗砂和水装入密封的砂箱，并通入压缩空气。高压空气混合水砂，经喷砂喷出，把混凝土表面喷毛。一般在混凝土浇后24~48h开始喷毛，视气温和混凝土强度增长情况而定。如能在混凝土表层喷洒缓凝剂，则可降低喷毛的难度。

（2）高压水冲毛

在混凝土凝结后但尚未完全硬化以前，用高压水（压力为0.1~0.25MPa）冲刷混凝土表面，形成毛面，对龄期稍长的可用压力更高的水（压力为0.4～0.6MPa），有时配以钢丝刷刷毛。高压水冲毛关键是掌握冲毛时机，过早会使混凝土表面松散和冲去表面混凝土；过迟则混凝土变硬，不仅增加工作困难，质量也会受影响。一般春秋季节，在浇筑完毕后10～16h开始；夏季为6～10h；冬季为18～24h后进行。如在新浇混凝土表面洒刷缓凝剂，则延长冲毛时间。

（3）刷毛机刷毛

在大而平坦的仓面上，可用刷毛机刷毛。刷毛机装有旋转的粗钢丝刷和吸收浮渣的装置，利用粗钢丝刷的旋转刷毛并利用吸渣装置吸收浮渣。

喷毛、冲毛和刷毛适用于尚未完全凝固的混凝土水平缝面的处理。全部处理完后，需用高压水清洗干净，要求缝面无尘无渣，然后再盖上麻袋或草袋进行养护。

（4）风镐凿毛或人工凿毛

对于已经凝固混凝土，可利用风镐凿毛或石工工具凿毛，凿深1～2cm，然后用压力水冲净。凿毛多用于垂直缝。

仓面清扫应在即将浇筑前进行，以清除施工缝上的垃圾、浮渣和灰尘，并用压力水冲洗干净。

3. 仓面准备

浇筑仓面的准备工作，包括机具设备、劳动组合、照明、风水电供应、所需混凝土原材料的准备等，应事先安排就绪，仓面施工的脚手架、工作平台、安全网、安全标志等应检查是否牢固，电源开关、动力线路是否符合安全规定。

仓位的浇筑高程、上升速度、特殊部位的浇筑方法和质量要求等技术问题，须事先进行技术交底。

地基或施工缝处理完毕并养护一定时间，已浇好的混凝土强度达到2.5MPa后，即可在仓面进行放线，安装模板、钢筋和预埋件，架设脚手架等作业。

4. 模板、钢筋及预埋件检查

开仓浇筑前，必须按照设计图纸和施工规范的要求，对仓面安设的模板、钢筋及预埋件进行全面检查验收，签发合格证。

（1）模板检查

主要检查模板的架立位置与尺寸是否准确，模板及其支架是否牢固稳定，固定模板用的拉条是否弯曲等。模板板面要求洁净、密缝并涂刷脱模剂。

（2）钢筋检查

主要检查钢筋的数量、规格、间距、保护层、接头位置与搭接长度是否符合设计要求。焊接或绑扎接头必须牢固，安装后的钢筋网应有足够的刚度和稳定性，钢筋表面应清洁。

（3）预埋件检查

对预埋管道、止水片、止浆片、预埋铁件、冷却水管和预埋观测仪器等，主要检查其数量、安装位置和牢固程度。

6.1.2 混凝土拌制

混凝土拌制，是按照混凝土配合比设计要求，将其各组成材料（砂石、水泥、水、外加剂及掺和料等）拌和成均匀的混凝土料，以满足浇筑的需要。

混凝土制备的过程包括储料、供料、配料和拌和。其中配料和拌和是主要生产环节，也是质量控制的关键，要求品种无误、配料准确、拌和充分。

1. 混凝土配料

配料是按设计要求，称量每次拌和混凝土的材料用量。配料的精度直接影响混凝土质量。混凝土配料要求采用质量配料法，即将砂、石、水泥、掺和料按质量计量，水和外加剂溶液按质量折算成体积计量。施工规范对配料精度（按质量百分比计）的要求：水泥、掺和料、水、外加剂溶液为±1%，砂石料为±2%。

设计配合比中的加水量根据水灰比计算确定，并以饱和面干状态的砂子为标准。水灰比对混凝土强度和耐久性影响极为重大，绝不能任意变更；施工采用的砂子，其含水量又往往较高，在配料时采用的加水量，应扣除砂子表面含水量及外加剂中的水量。

1）给料设备

给料是将混凝土各组分从料仓按要求供到称料料斗。给料设备的工作机构常与称量设备相连，当需要给料时，可控制电路开通，进行给料。当计量达到要求时，即断电停止给料。常用的给料设备见表 6.1。

表 6.1 常用给料设备

名称	特点	适宜给料对象
皮带给料机	运行稳定、无噪声、磨损小、使用寿命长、精度较高	砂
给料闸门	结构简单、操作方便、误差较大，可手控、气控、电磁控制	砂、石
电磁振动给料机	给料均匀，可调整给料量，误差较大、噪声较大	砂、石
叶轮给料机	运行稳定、无噪声、称料准确，可调给料量，满足粗、精称量要求	水泥、混合材料
螺旋给料机	运行稳定、给料距离灵活、工艺布置方便，但精度不高	水泥、混合材料

2）混凝土称量

混凝土配料称量的设备，有简易称量（地磅）、电动磅秤、自动配料杠杆秤、电子秤、配水箱及定量水表。

（1）简易称量（地磅）

当混凝土拌制量不大，可采用简易称量方式：地磅称料或称料斗称料。地磅称量，是将地磅安装在地槽内，用手推车装运材料推到地磅上进行称量。这种方法最简便，但称量速度较慢。台秤称量需配置称料斗、储料斗等辅助设备。称料斗安装在台秤上，骨料能由储料斗迅速落入，故称量时间较快，但储料斗承受骨料的质量大，结构较复杂。储料斗的进料可采用皮带机、卷扬机等提升设备。

（2）电动磅秤

电动磅秤是简单的自控计量装置，每种材料用一台装置。给料设备下料至主称量斗，达到要求质量后即断电停止供料，称量料斗内材料卸至皮带机送至集料斗。

（3）自动配料杠杆秤

自动配料杠杆秤带有配料装置和自动控制装置。自动化水平高，可作砂、石的称量，精度较高。

(4) 电子秤

电子秤是通过传感器承受材料重力拉伸,输出电信号在标尺上指出荷重的大小,当指针与预先给定数据的电接触点接通时,即断电停止给料,同时继电器动作,称料斗斗门打开向集料斗供料。

(5) 配水箱及定量水表

水和外加剂溶液可用配水箱和定量水表计量。配水箱是搅拌机的附属设备,可利用配水箱的浮球刻度尺控制水或外加剂溶液的投放量。定量水表常用于大型搅拌楼,使用时将指针拨至每盘搅拌用水量刻度上,按电钮即可送水,指针也随进水量回移,至零位时电磁阀即断开停水。此后,指针能自动复位至设定的位置。

称量设备一般要求精度较高,而其所处的环境粉尘较多,因此应经常检查调整,及时清除粉尘。一般要求每班检查一次称量精度。

以上给料设备、称量设备、卸料装置一般通过继电器连锁动作,实行自动控制。

2. 混凝土拌和

混凝土拌和的方法,有人工拌和与机械拌和两种。

1) 人工拌和

人工拌和是在一块钢板上进行,先倒入砂子,后倒入水泥,用铁锹反复干拌至少三遍,直到颜色均匀为止。然后在中间扒一个坑,倒入石子和2/3的定量水,翻拌一遍。再进行翻拌(至少两遍),其余1/3的定量水随拌随洒,拌至颜色一致,石子全部被砂浆包裹,石子与砂浆没有分离、泌水与不均匀现象为止。人工拌和劳动强度大、混凝土质量不容易保证,拌和时不得任意加水。人工拌和只适宜于施工条件困难、工作量小、强度不高的混凝土。

2) 机械拌和

(1) 混凝土搅拌机的种类

用拌和机拌和混凝土较广泛,能提高拌和质量和生产率。拌和机械有自落式和强制式两种。混凝土搅拌机的种类见表6.2。

表6.2 混凝土搅拌机的种类

形式	特点	代号	
		组	型
自落式	锥形反转出料	J	Z
	锥形倾翻出料	J	F
强制式	涡桨	J	W
	单卧轴	J	D
	双卧轴	J	S

① 自落式混凝土搅拌机

自落式搅拌机是通过筒身旋转,带动搅拌叶片将物料提高,在重力作用下物料自由坠下,反复进行,互相穿插、翻拌、混合,使混凝土各组分搅拌均匀的。

a. 锥形反转出料搅拌机

锥形反转出料搅拌机是中、小型建筑工程常用的一种搅拌机,正转搅拌,反转出料。由于搅拌叶片呈正、反向交叉布置，拌和料一方面被提升后靠自落进行搅拌；另一方面其又被迫沿轴向作左右窜动，搅拌作用强烈。

锥形反转出料搅拌机主要由上料装置、搅拌筒、传动机构、配水系统和电气控制系统等组成。图 6.1 为锥形反转出料搅拌机的搅拌筒，当混合料拌好以后，可通过按钮直接改变搅拌筒的旋转方向，拌和料即可经出料叶片排出。

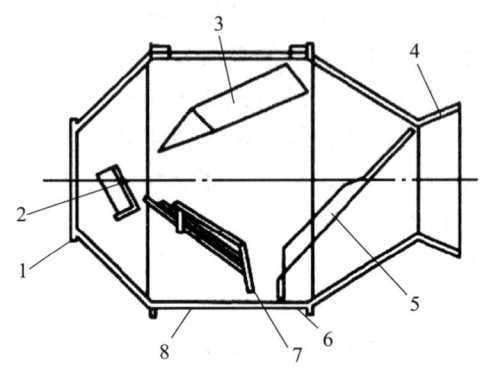

1—进料口；2—挡料叶片；3—主搅拌叶片；4—出料口；5—出料叶片；
6—滚道；7—副叶片；8—搅拌筒筒身。

图 6.1 锥形反转出料搅拌机的搅拌筒

b. 双锥形倾翻出料搅拌机

双锥形倾翻出料搅拌机进出料在同一口，出料时由气动倾翻装置使搅拌筒下旋 50°～60°，即可将物料卸出。双锥形倾翻出料搅拌机卸料迅速，拌筒容积利用系数高，拌和物的提升速度低，物料在拌筒内靠滚动自落而搅拌均匀，能耗低，磨损小，能搅拌大粒径骨料混凝土。主要用于大体积混凝土工程。

②强制式混凝土搅拌机

强制式混凝土搅拌机一般筒身固定，搅拌机片旋转，对物料施加剪切、挤压、翻滚、滑动、混合使混凝土各组分搅拌均匀。

a. 涡桨强制式搅拌机

涡桨强制式搅拌机是在圆盘搅拌筒中装一根回转轴，轴上装有拌和铲和刮板，随轴一同旋转。它用旋转着的叶片，将装在搅拌筒内的物料强行搅拌使之均匀。涡桨强制式搅拌机由动力传动系统、上料和卸料装置、搅拌系统、操纵机构和机架等组成。

b. 单卧轴强制式混凝土搅拌机

单卧轴强制式混凝土搅拌机的搅拌轴上装有两组叶片，两组推料方向相反，使物料做既有圆周方向运动，也有轴向运动，因而能形成强烈的物料对流，使混合料能在较短的时间内搅拌均匀。它由搅拌系统、进料系统、卸料系统和供水系统等组成。

c. 双卧轴强制式混凝土搅拌机

双卧轴强制式混凝土搅拌机有两根搅拌轴，轴上布置有不同角度的搅拌叶片，工作时两根轴按相反的方向同步相对旋转。由于两根轴上的搅拌铲布置位置不同，螺旋线方向相反，于是被搅拌的物料在筒内既有上下翻滚的动作，也有沿轴向往复运动，从而增强了混合料运动的剧烈程度，因此搅拌效果更好。双卧轴强制式混凝土搅拌机为固定式，其结构基本与单卧式相似。它由搅拌系统、进料系统、卸料系统和供水系统等组成。

（2）混凝土搅拌机的使用

①混凝土搅拌机的安装

a. 搅拌机的运输

搅拌机运输时，应将进料斗提升到上止点，并用保险铁链锁住。轮胎式搅拌机的搬运可用机动车拖行，但其拖行速度不得超过15km/h。如在不平的道路上行驶，速度还应降低。

b. 搅拌机的安装

按施工组织设计确定的搅拌机安放位置，根据施工季节情况搭设搅拌机工作棚，棚外应挖有排出清洗搅拌机废水的排水沟，以保持操作场地的整洁。

固定式搅拌机，应安装在牢固的台座上。当长期使用时，应埋置地脚螺栓；如短期使用，可在机座下铺设木枕并找平放稳。

轮胎式搅拌机，应安装在坚实平整的地面上，全机质量应由四个撑脚负担而使轮胎不受力，否则机架在长期荷载作用下会发生变形，造成连接件扭曲或传动件接触不良而缩短搅拌机使用寿命。当搅拌机长期使用时，为防止轮胎老化和腐蚀，应将轮胎卸下另行保管。机架应以枕木垫起支牢，进料口一端抬高3~5cm，以适应上料时短时间内所造成的偏重。轮轴端部用油布包好，以防止灰土泥水侵蚀。

某些类型的搅拌机须在上料斗的最低点挖上料地坑，上料轨道应伸入坑内，斗口与地面齐平，斗底与地面之间加一层缓冲垫木，料斗上升时靠滚轮在轨道中运行，并由斗底向搅拌筒中卸料。

按搅拌机产品说明书的要求进行安装调试，检查机械部分、电气部分、气动控制部分等是否能正常工作。

②搅拌机的使用

a. 搅拌机使用前的检查

搅拌机使用前应按照十字作业法（清洁、润滑、调整、紧固、防腐）的要求检查离合器、制动器、钢丝绳等各个系统和部位，是否机件齐全、机构灵活、运转正常（表6.3、表6.4），并按规定位置加注润滑油脂。检查电源电压，电压升降幅度不得超过搅拌电气设备规定的5%。随后进行空转检查，检查搅拌机旋转方向是否与机身箭头一致，空车运转是否达到要求值。供水系统的水压、水量满足要求。在确认以上情况正常后，搅拌筒内加清水搅拌3min然后将水放出，再可投料搅拌。

表6.3 搅拌机正常运转的技术条件

项目	技术条件
安装	撑脚应均匀受力，轮胎应架空。如预计使用时间较长时，可改用枕木或砌体支承。固定式的搅拌机，应安装在固定基础上，安装时按规定找平
供水	放水时间应小于搅拌时间全程的50%

续表

项目	技术条件
上料系统	(1) 料斗载重时，卷扬机能在任何位置上可靠制动 (2) 料斗及溜槽无材料滞留 (3) 料斗滚轮与上料轨道密合，行走顺畅 (4) 上止点有限位开关及挡车 (5) 钢丝绳无破损，表面有润滑脂
搅拌系统	(1) 传动系统运转灵活，无异常音响，轴承不发热 (2) 液压部件及减速箱不漏油 (3) 鼓筒、出浆门、搅拌轴轴端，不得有明显的漏浆 (4) 搅拌筒内、搅拌叶无浆渣堆积 (5) 经常检查配水系统
出浆系统	每拌出浆的残留量不大于出料容量的5%
紧固件	完整、齐全、不松动
电路	线头搭接紧密，有接地装置、漏电开关

表6.4 混凝土搅拌前对设备的检查

设备名称	检查项目
送料装置	(1) 散装水泥管道及气动吹送装置 (2) 送料拉铲、皮带、链斗、抓斗及其配件 (3) 上述设备间的相互配合
计量装置	(1) 水泥、砂、石子、水、外加剂等计量装置的灵活性和准确性 (2) 称量设备有无阻塞 (3) 盛料容器是否黏附残渣，卸料后有无滞留 (4) 下料时冲量的调整
搅拌机	(1) 进料系统和卸料系统的顺畅性 (2) 传动系统是否紧凑 (3) 筒体内有无积浆残渣，衬板是否完整 (4) 搅拌叶片的完整和牢靠程度

b. 开盘操作

在完成上述检查工作后，即可进行开盘搅拌，为不改变混凝土设计配合比，补偿黏附在筒壁、叶片上的砂浆，第一盘应减少石子约30%，或多加水泥、砂各15%。

c. 正常运转

(a) 投料顺序。普通混凝土一般采用一次投料法或二次投料法。一次投料法是按砂（石子）、水泥、石子（砂）的次序投料，并在搅拌的同时加入全部拌和水进行搅拌；二次投料法是先将石子投入拌和筒并加入部分拌和用水进行搅拌，清除前一盘拌和料黏附在筒壁上的残余，然后再将砂、水泥及剩余的拌和用水投入搅拌筒内继续拌和。

(b) 搅拌时间。混凝土搅拌质量直接和搅拌时间有关，搅拌时间应满足表6.5的要求。

表6.5 混凝土搅拌的最短时间　　　　　　　　　　　单位：s

混凝土坍落度/cm	搅拌机机型	搅拌机容量/L		
		<250	250～500	>500
≤3	强制式	60	90	120
	自落式	90	120	150
>3	强制式	60	60	90
	自落式	90	90	120

注：掺有外加剂时，搅拌时间应适当延长。

(c) 操作要点。搅拌机操作要点见表6.6。

表6.6 搅拌机操作要点

项目	操作要点
进料	(1) 应防止砂、石落入运转机构 (2) 进料容量不得超载 (3) 进料时避免水泥先进，避免水泥黏结机体
运行	(1) 注意声响，如有异常，应立即检查 (2) 运行中经常检查紧固件及搅拌叶，防止松动或变形
安全	(1) 上料斗升降区严禁任何人通过或停留。检修或清理该场地时，用链条或锁闩将上料斗扣牢 (2) 进料手柄在非工作时或工作人员暂时离开时，必须用保险环扣紧 (3) 出浆时操作人员应手不离开操作手柄，防止手柄自动回弹伤人（强制式机更要重视） (4) 出浆后，上料前，应将出浆手柄用安全钩扣牢，方可上料搅拌 (5) 停机下班，应将电源拉断，关好开关箱 (6) 冬季施工下班，应将水箱、管道内的存水排清
停电或机械故障	(1) 快硬、早强、高强混凝土，及时将机内拌和物掏清 (2) 普通混凝土，在停拌45min内将拌和物掏清 (3) 缓凝混凝土，根据缓凝时间，在初凝前将拌和物掏清 (4) 掏料时，应关闭电源，以确保人员安全

(d) 搅拌质量检查。混凝土拌和物的搅拌质量应经常检查，混凝土拌和物颜色均匀一致，无明显的砂粒、砂团及水泥团，石子完全被砂浆所包裹，说明其搅拌质量较好。

d. 停机

每班作业后应对搅拌机进行全面清洗，并在搅拌筒内放入清水及石子运转10～15min后放出，再用竹扫帚洗刷外壁。搅拌筒内不得有积水，以免筒壁及叶片生锈，如遇冰冻季节应放尽水箱及水泵中的存水，以防冻裂。

每天工作完毕，搅拌机料斗应放至最低位置，不准悬于半空。电源必须切断，锁好电闸箱，保证各机构处于空位。

(3) 混凝土拌和站（楼）

在混凝土施工工地，通常把骨料堆场、水泥仓库、配料装置、拌和机及运输设备等，比较集中地布置，组成混凝土拌和站，或采用成套的混凝土工厂（拌和楼）来制备混凝土。

6.1.3 混凝土运输

混凝土运输是整个混凝土施工中的一个重要环节,对工程质量和施工进度影响较大。混凝土料拌和后不能久存,而且在运输过程中对外界的影响敏感,运输方法不当或疏忽大意,都会降低混凝土质量,甚至造成废品。如供料不及时或混凝土品种错误,正在浇筑的施工部位将不能顺利进行。因此要解决好混凝土拌和、浇筑、水平运输和垂直运输之间的协调配合问题,还必须采取适当的措施,保证运输混凝土的质量。

1. 混凝土料在运输过程中应满足的基本要求

(1) 运输设备应不吸水、不漏浆,运输过程中不出现混凝土拌和物分离、严重泌水及过多降低坍落度的问题。

(2) 同时运输两种以上强度等级的混凝土时,应在运输设备上设置标志,以免混淆。

(3) 尽量缩短运输时间、减少转运次数。运输时间不得超过表6.7的规定。因故停歇过久,混凝土产生初凝时,应作废料处理。在任何情况下,严禁中途加水后运入仓内。

表6.7 混凝土允许运输时间

气温/℃	混凝土允许运输时间/min
20~30	30
10~20	45
5~10	60

注:本表数值未考虑外加剂、混合料及其他特殊施工措施的影响。

(4) 运输道路基本平坦,避免拌和物振动、离析、分层。

(5) 混凝土运输工具及浇筑地点,必要时应有遮盖或保温设施,以避免因日晒、雨淋、受冻而影响混凝土的质量。

(6) 混凝土拌和物自由下落高度以不大于2m为宜,超过此界限时应采用缓降措施。

2. 混凝土运输方式

混凝土运输包括两个运输过程:一是从拌和机前到浇筑仓前,主要是水平运输;二是从浇筑仓前到仓内,主要是垂直运输。

混凝土的水平运输又称为供料运输。常用的运输方式有人工、机动翻斗车、混凝土搅拌运输车、混凝土泵、自卸汽车、皮带机等,应根据工程规模、施工场地宽窄和设备供应情况选用。混凝土的垂直运输又称为入仓运输,主要由起重机械来完成,常见的起重机有履带式、门机、塔机等。

这里主要介绍人工、机动翻斗车、混凝土搅拌运输车等运输方式,其他的将在后文中介绍。

(1) 人工运输

人工运输混凝土常用手推车、架子车和斗车等。用手推车和架子车时,要求运输道路路面平整,随时清扫干净,防止混凝土在运输过程中受到强烈振动。道路的纵坡,一一般要求水平，局部不宜大于15%，一次爬高不宜超过2~3m，运输距离不宜超过200m。

用窄轨斗车运输混凝土时，窄轨（轨距610mm）车道的转弯半径以不小于10m为宜。轨道尽量为水平，局部纵坡不宜超过4%，尽可能铺设双线；使轻、重车道分开。如为单线要设避车叉道。容量为$0.60m^3$的斗车一般用人力推运，局部地段可用卷扬机牵引。

(2) 机动翻斗车

机动翻斗车是混凝土工程中使用较多的水平运输机械。它轻便灵活、转弯半径小、速度快且能自动卸料。车前装有容量为476L的翻斗，载重量约1t，最高时速20km/h。它适用于短途运输混凝土或砂石料。

(3) 混凝土搅拌运输车

混凝土搅拌运输车是运送混凝土的专用设备。它的特点是在运量大、运距远的情况下，能保证混凝土的质量均匀，一般用于混凝土制备点（商品混凝土站）与浇筑点距离较远时使用。它的运送方式有两种：一是在10km范围内作短距离运送时，只作运输工具使用，即将拌和好的混凝土接送至浇筑点，在运输途中为防止混凝土分离，让搅拌筒只作低速搅动，使混凝土拌和物不致分离、凝结；二是在运距较长时，搅拌运输两者兼用，即先在混凝土拌和站将干料-砂、石、水泥按配比装入搅拌鼓筒内，并将水注入筒配水箱，开始只作干料运送，然后在到达距使用点10~15min路程时，启动搅拌筒回转，并向搅拌筒注入定量的水，这样在运输途中边运输边搅拌成混凝土拌和物，送至浇筑点卸出。

3. 混凝土辅助运输设备

运输混凝土的辅助设备有溜槽、溜管和吊罐等。用于混凝土装料、卸料和转运入仓，对于保证混凝土质量和运输工作顺利进行起着相当大的作用。

(1) 溜槽与振动溜槽

溜槽为钢制槽子（钢模），可从皮带机、自卸汽车、斗车等受料，将混凝土传送入仓。其坡度可由试验确定，常采用45°左右。当卸料高度过大时，可采用振动溜槽。振动溜槽装有振动器，单节长4~6m，拼装总长可达30m，其输送坡度由于振动器的作用可放缓至15°~20°。采用溜槽时，应在溜槽末端加设1~2节溜管或挡板，以防止混凝土料在下滑过程中分离。利用溜槽转运入仓，是大型机械设备难以控制部位的有效入仓手段。

(2) 溜管与振动溜管

溜管（溜筒）由多节铁皮管串挂而成。每节长0.8~1.0m，上大下小，相邻管节铰挂在一起，可以拖动。采用溜管卸料可起到缓冲消能作用，以防止混凝土料分离和破碎。

溜管卸料时，其出口离浇筑面的高差应不大于1.5m。并利用拉索拖动均匀卸料，但应使溜管出口段约2m长与浇筑面保持垂直，以避免混凝土料分离。随着混凝土浇筑面的上升，可逐节拆卸溜管下端的管节。

溜管卸料多用于断面小、钢筋密的浇筑部位，其卸料半径为1.0~1.5m，卸料高度不大于10m。

振动溜管与普通溜管相似，但每隔 4~8m 的距离装有一个振动器，以防止混凝土料中途堵塞，其卸料高度可达 10~20m。

(3) 吊罐

吊罐有卧罐和立罐之分。卧罐通过自卸汽车受料，立罐置于平台列车直接在搅拌楼出料口受料。

6.1.4 混凝土浇筑

1. 铺料

开始浇筑前，要在岩面或老混凝土面上，先铺一层 2~3cm 厚的水泥砂浆（接缝砂浆）以保证新混凝土与基岩或老混凝土结合良好。砂浆的水灰比应较混凝土水灰比减少 0.03~0.05。混凝土的浇筑，应按一定厚度、次序、方向分层推进。

铺料厚度应根据拌和能力、运输距离、浇筑速度、气温及振捣器的性能等确定。一般情况下，浇筑层的允许最大厚度不应超过表 6.8 规定的数值，如采用低流态混凝土及大型强力振捣设备时，其浇筑层厚度应根据试验确定。

表 6.8 混凝土浇筑层的允许最大铺料厚度

振捣器类别或结构类型		浇筑层的允许最大铺料厚度
插入式	电动硬轴振捣器	振捣器工作长度的 0.8 倍
	软轴振捣器	振捣器工作长度的 1.25 倍
表面式	在无筋或单层钢筋结构中	250mm
	在双层钢筋结构中	120mm

混凝土入仓时，应尽量使混凝土按先低后高进行，并注意分料，不要过分集中。

(1) 混凝土入仓要求

①仓内有低塘或料面，应按先低后高进行卸料，以免泌水集中带走灰浆。

②由迎水面至背水面把泌水赶至背水面部分，然后处理集中的泌水。

③根据混凝土强度等级分区，先高强度后低强度进行下料，以防止减少高强度区的断面。

④要适应结构物特点。如浇筑块内有廊道、钢管或埋件的仓位，卸料必须两侧平起，廊道、钢管两侧的混凝土高差不得超过铺料的层厚（一般为 30~50cm）。

(2) 常用的铺料方法

①平层浇筑法

平层浇筑法是混凝土按水平层连续地逐层铺填，第一层浇完后再浇第二层，以此类推直至达到设计高度。

平层浇筑法，因浇筑层之间的接触面积大（等于整个仓面面积），应注意防止出现冷缝（铺填上层混凝土时，下层混凝土已经初凝）。为了避免产生冷缝，仓面面积 A 和浇筑层厚度 h 必须满足式 (6.1)。

$$Ah \leqslant KQ(t_2 - t_1) \tag{6.1}$$

式中，A 为浇筑仓面最大水平面积，m^2；h 为浇筑厚度，取决于振捣器的工作深度，一般为 0.3~0.5m；K 为时间延误系数，可取 0.8~0.85；Q 为混凝土浇筑的实际生产能力，m³/h；t_2 为混凝土初凝时间，h；t_1 为混凝土运输、浇筑所占时间，h。

平层铺料法实际应用较多，有以下特点。

a 铺料的接头明显，混凝土便于振捣，不易漏振。

b 平层铺料法能较好地保持老混凝土面的清洁，保证新老混凝土之间的结合质量。

c 适用于不同坍落度的混凝土。

d 适用于有廊道、竖井、钢管等结构的混凝土。

②斜层浇筑法

当浇筑仓面面积较大，而混凝土拌和、运输能力有限时，采用平层浇筑法容易产生冷缝时，可用斜层浇筑法和台阶浇筑法。

斜层浇筑法是在浇筑仓面，从一端向另一端推进，推进中及时覆盖，以免发生冷缝。斜层坡度不超过10°，否则在平仓振捣时易使砂浆流动，骨料分离，下层已捣实的混凝土也可能产生错动。浇筑块高度一般限制为1.5m左右。当浇筑块较薄，且对混凝土采取预冷措施时，斜层浇筑法是较常见的方法，因浇筑过程中混凝土冷量损失较小。

③台阶浇筑法

台阶浇筑法是从块体短边一端向另一端铺料，边前进、边加高，逐步向前推进并形成明显的台阶，直至把整个仓位浇到收仓高程。浇筑坝体迎水面仓位时，应顺坝轴线方向铺料。

施工要求如下。

a 浇筑块的台阶层数以3～5层为宜，层数过多，易使下层混凝土错动，并使浇筑仓内平仓振捣机械上下频率调动，容易造成漏振。

b 浇筑过程中，要求台阶层次分明。铺料厚度一般为0.3～0.5m，台阶宽度应大于1.0m，长度应大于3m，坡度不大于1：2。

c 水平施工缝只能逐步覆盖，必须注意保持老混凝土面的湿润和清洁。在老混凝土面上边摊铺接缝砂浆边浇混凝土。

d 平仓振捣时注意防止混凝土分离和漏振。

e 在浇筑中如因机械和停电等故障而中止工作时，要做好停仓准备，即必须在混凝土初凝前，把接头处混凝土振捣密实。

应该指出，不管采用上述何种铺筑方法，浇筑时相邻两层混凝土的间歇时间不允许超过混凝土铺料允许间隔时间。混凝土允许间隔时间是指自混凝土拌和机出料口到初凝前覆盖上层混凝土为止的这一段时间，它与气温、太阳辐射、风速、混凝土入仓温度、水泥品种、掺外加剂品种等条件有关（表6.9）。

表6.9 混凝土浇筑允许间隔时间　　　　　　　　　单位：min

混凝土浇筑时的气温/℃	允许间隔时间	
	普通硅酸盐水泥	矿渣硅酸盐水泥及火山灰质硅酸盐水泥
20～30	90	120
10～20	150	180
5～10	180	210

注：本表数值未考虑外加剂、混合料及其他特殊施工措施的影响。

2. 平仓

平仓是把卸入仓内成堆的混凝土摊平到要求的均匀厚度。平仓不好会造成离析，使骨料架空，严重影响混凝土质量。

（1）人工平仓

人工平仓应使用铁锹。平仓距离不超过3m。只适用以下场合。

①在靠近模板和钢筋较密的地方，用人工平仓，使石子分布均匀。

②水平止水、止浆片底部要用人工送料填满，严禁料罐直接下料，以免止水、止浆片卷曲和底部混凝土架空。

③门槽、机组预埋件等空间狭小的二期混凝土。

④各种预埋件、观测设备周围用人工平仓，防止位移和损坏。

（2）振捣器平仓

振捣器平仓时应将振捣器斜插入混凝土料堆下部，使混凝土向操作者位置移动，然后一次一次地插向料堆上部，直至混凝土摊平到规定的厚度。如将振捣器垂直插入料堆顶部，平仓工效固然较高，但易造成粗骨料沿锥体四周下滑，砂浆则集中在中间形成砂浆窝，影响混凝土匀质性。经过振动摊平的混凝土表面可能已经泛出砂浆，但内部并未完全捣实，切不可将平仓和振捣合二为一，影响浇筑质量。

3. 振捣

振捣是振动捣实的简称，它是保证混凝土浇筑质量的关键工序。振捣的目的是尽可能减小混凝土中的空隙，以清除混凝土内部的孔洞，并使混凝土与模板、钢筋及埋件紧密结合，从而保证混凝土的最大密实度，提高混凝土质量。

当结构钢筋较密，振捣器难以施工，或混凝土内有预埋件、观测设备，周围混凝土振捣力不宜过大时采用人工振捣。人工振捣要求混凝土拌和物坍落度大于5cm，铺料层厚度小于20cm。人工振捣工具有捣固锤、捣固杆和捣固铲。捣固锤主要用来捣固混凝土的表面；捣固铲用于插边，使砂浆与模板靠紧，防止表面出现麻面；捣固杆用于钢筋稠密的混凝土中，使钢筋被水泥砂浆包裹，增加混凝土与钢筋之间的握裹力。人工振捣工效低，混凝土质量不易保证。

混凝土振捣主要采用振捣器进行，振捣器产生小振幅、高频率的振动，使混凝土在其振动的作用下，内摩擦力和黏结力大大降低，使干稠的混凝土获得了流动性，在重力的作用下骨料互相滑动而紧密排列，空隙由砂浆所填满，空气被排出，从而使混凝土密实，并填满模板内部空间，且与钢筋紧密结合。

1）混凝土振捣器的种类

混凝土振捣器的分类如下：按振动频率分可分为低频振捣器（转速为2000~5000r/min）、中频振捣器（转速为5000~8000r/min）和高频振捣器（转速为8000~20000r/min）；按动力来源分可分为电动势振捣器、风动式振捣器和内燃机式振捣器；按传振方式分可分为插入式振捣器（又称内部振捣器）、外部振捣器和振动台。

混凝土振捣器的型号见表6.10。

表 6.10　混凝土振捣器的型号

类	组	型	特性	代号	代号含义
混凝土机械	混凝土振动器 Z（振）	内部振动式 N（内）	P（偏） D（电）	ZN ZPN ZDN	电动软轴行星插入式混凝土振动器； 电动软轴偏心插入式混凝土振动器； 电机内装插入式混凝土振动器
		外部振动式（外）	B（平） F（附） D（单） J（架）	ZB ZF ZFD ZJ	平板式混凝土振动器； 附着式混凝土振动器； 单向振动附着式混凝土振动器； 台架式混凝土振动器
	混凝土振动台			ZT	混凝土振动台

（1）插入式振捣器

根据使用的动力不同，插入式振捣器有电动式、风动式和内燃机式三类。内燃机式仅用于无电源的场合。风动式因其能耗较大、不经济，同时风压和负载变化时会使振动频率显著改变，因而影响混凝土振捣密实质量，逐渐被淘汰。因此一般工程均采用电动式振捣器。电动插入式振捣器又分为软轴振捣器、硬轴振捣器和串激式振捣器三种。

①插入式振捣器的工作原理

按振捣器的激振原理，插入式振捣器可分为偏心式和行星式两种。

偏心式的激振原理是利用装有偏心块的转轴（也有将偏心块与转轴做成一体的）高速旋转时所产生的离心力迫使振捣棒产生剧烈振动。偏心块每转动一周，振捣棒随之振动一次。一般单相或三相异步电动机的转速受电源转速限制只能达到 3000r/min，如插入式振捣器的振动频率要求达到 5000r/min 以上时，则当电机功率小于 500W 尚可采用串激式单相高速电机，而当功率为 1kW 甚至更大时，应由变频机组供电，即提供频率较大的电源。

行星式振捣器是一种高频振动器，振动频率在 10000r/min 以上。行星振动机构又分为外滚道式和内滚道式。它的壳体内装入由传动轴带动旋转的滚锥，滚锥沿固定的滚道滚动而产生振动。当电机通过传动轴带动滚锥轴转动时，滚锥除了本身自转，还绕着轨道"公转"。当滚道与滚锥的直径越接近，这"公转"的次数也就越高，即振动频率越高。公转是靠摩擦产生的，而滚锥与滚道之间会发生打滑，操作时启动振动器可能由于滚锥未接触滚道，所以不能产生公转，这时只需轻轻将振捣棒向坚硬物体上敲击一下，使两者接触，便可产生高速的公转。

②软轴插入式振捣器

a. 软轴偏心式振捣器

软轴偏心式振捣器由电机、增速器、软管、软轴和振捣棒等部件组成。软轴偏心式振捣器的电机定子、转子和增速器安装在铝合金机壳内，机壳装在回转底盘上，机体可随振动方向旋转。软轴偏心式振捣器一般配装一台两极交流异步电动机，转速只有 2860r/min。为了提高振动机构内偏心振动子的振动频率，一般在电动机转子轴端至弹簧软轴连接处安装一个增速机构。

b. 软轴行星式振捣器

软轴行星式振捣器由可更换的振动棒头、软轴、防逆装置（单向离合器）及电机等组成。电机安装在可 360°回转的回转支座上，机壳上部装有电机开关和把手，在浇筑现场可单人携带，并可搁置在浇筑部位附近手持软轴进行振捣操作。

振捣棒是振捣器的工作装置，其外壳由棒头和棒壳体通过螺纹合为一体。壳体上部有内螺纹，与软轴的套管接头密闭衔接。带有滚轴的转轴的上端支承在专用的轴向大游隙球轴承或球面调心轴承中，端头以螺纹与软轴连接，另一端悬空。圆锥形滚道与棒壳紧配，压装在与转轴滚锥相对的部位。

③硬轴插入式振捣器

硬轴插入式振捣器也称电动直联插入式振捣器，它将驱动电机与振捣棒联成一体，或将其直接装入振捣棒壳体内，使电机直接驱动振动子，振动子可以做成偏心式或行星式。硬轴插入式振捣器一般适用于大体积混凝土，因其骨料粒径较大，坍落度较小，需要的振动频率较低而振幅较大，所以一般多采用偏心式。

棒径 80mm 以上的硬轴振捣器，目前都采用变频机组供电，目的是把浇筑现场三相交流电源的频率由 50Hz，提高到 100Hz、125Hz、150Hz 甚至 200Hz，使振捣器内的三相异步电动机的转速相应地提高到 6000r/min、7500r/min、9000r/min 甚至 12000r/min；同时将电压降至 48V，如遇漏电不致引起触电事故。1 台变频机组可同时给 2～3 台振捣器供电。变频机组与振捣器之间用电缆连接。电缆长度可达 25m，浇筑时变频机组不需经常移动。以 Z2D-130 型硬轴振捣器为例，其振捣棒壳体由端塞、中间壳体和尾盖 3 部分通过螺纹连接成一体，棒壳上部内壁嵌装电动机定子，电动机转子轴的下端固定套装着偏心轴，偏心轴的两端用轴承支承在棒壳内壁上，棒壳尾盖上端接有连接管，管上部设有减振器，用来减弱手柄的振动。电机定子线圈的引出线通过接线盖与引出电缆连接，引出电缆则穿过连接管引出，并与变频机组连接。

变频机组是硬轴插入式振捣器的电源设备，其由安装在同一轴上的电动机和低压异步发电机组成。变频电源，一方面驱动电动机旋转；另一方面通过保险丝、电源线、碳刷及滑环接入发电机转子激磁，使发电机输出高频率的低压电源，供振捣器使用。

偏心式振捣器的偏心轴所产生的离心力，通过轴承传递给壳体。轴承所受荷载既大，转速又高，在振捣大粒径骨料混凝土时，还要承受大石子给予的很大的反向冲击力，因此轴承的使用寿命很短（以净运转时间计算，一般只有 50～100h），并成为振捣器的薄弱环节。而轴承一旦损坏，如未能及时发现并更换，还会引起电动机转子与定子内孔碰擦，线圈短路烧毁。因此硬轴振捣器应注意日常维护。

④串激式振捣器

串激式振捣器通常为串激式软轴振捣器，其是采用串激式电机为动力的高频偏心软轴插入式振捣器，其特点是交直流两用，体积小，质量轻，转速高，同时电机外形小巧并采用双重绝缘，使用安全可靠，无须单向离合器。它由电机、软轴软管组件、振捣棒等组成，电机通过短软轴直接与振捣棒的偏心式振动子相连。当电机旋转时，经软轴驱动偏心振动子高速旋转，使振捣棒产生高频振动。

（2）外部式振捣器

外部式振捣器包括附着式和平板（梁）式（平板式振捣器适用于混凝土表面及板面，梁式振捣器适用于混凝土路面）两种类型。

附着式振捣器和平板（梁）式振捣器的振捣作用都是由混凝土表面传入的，其区别仅在于附着式振捣器本身无振板,用螺栓或夹具固定在混凝土结构的模板上进行振捣,模板就是它的振板;而平板(梁)式振捣器则自带振板,可直接放置在混凝土表面进行振捣。

①附着式振捣器

附着式振捣器由电机、偏心块式振动子组合而成,外形如同一台电动机。机壳一般采用铸铝或铸铁制成,有的为便于散热,在机壳上铸有环状或条状凸肋形散热翼。附着式振捣器是在一个三相二极电动机转子轴的两个伸出端上各装有一个圆盘形偏心块,振捣器的两端用端盖封闭。端盖与轴承座机壳用 3 只长螺栓紧固,以便维修。外壳上有 4 个地脚螺钉孔,使用时用地脚螺栓将振捣器固定在模板或平板上进行作业。

附着式振捣器的偏心振动子安装在电机转子轴的两端,由轴承支承。电机转动带动偏心振动子运动,由于偏心力矩作用,振捣器在运转中产生振动力进行振捣密实作业。

②平板(梁)式振捣器

平板(梁)式振捣器有两种形式,一种是在上述附着式振捣器底座上用螺栓紧固一块木板或钢板(梁),通过附着式振捣器所产生的激振力传递给振板,迫使振板振动而振实混凝土;另一种是定型的平板(梁)式振捣器,振板为钢制槽形(梁形)振板,上有把手,便于边振捣、边拖行,更适用于大面积的振捣作业。

上述外部式振捣器空载振动频率为 2800~2850r/min,由于振捣频率低,混凝土拌和物中的气泡和水分不易逸出,振捣效果不佳。近年来已开始采用变频机组供电的附着式和平板式振捣器,振捣频率可达 9000~12000r/min,振捣效果较好。

(3) 振动台

混凝土振动台,又称台式振捣器,它是一种使混凝土拌和物振动成形的机械。其机架一般支承在弹簧上,机架下装有激振器,机架上安置成形制品的钢模板,模板内装有混凝土拌和物。在激振器的作用下,机架连同模板及混合料一起振动,使混凝土拌和物密实成形。

2) 振捣器的使用

(1) 插入式振捣器的使用

①振捣器使用前的检查

a. 电机接线是否正确,电压是否稳定,外壳接地是否完好,工作中应随时检查;b. 电缆外皮有无破损或漏电现象;c. 振捣棒连接是否牢固和有无破损,传动部分两端及电机壳上的螺栓是否拧紧,软轴接头是否接好;d. 检查电机的绝缘是否良好,电机定子绕组绝缘不小于 $0.5m\Omega$。如绝缘电阻低于 $0.5m\Omega$,应进行干燥处理。有条件时,可采用红外线干燥炉、喷灯等进行烘烤,但烘烤温度不宜高于 100℃;也可采用短路电流法,即将转子制动,在定子线圈内通入电压为额定值 10%~15% 的电源,使其线圈发热,慢慢干燥。

②接通电源,进行试运转

a. 电机的旋转方向应为顺时针方向(从风罩端看),并与机壳上的红色箭头标示方向一致;b. 当软轴传动与电机结合紧固后,电机启动时如发现软轴不转动或转动速度不稳定,单向离合器中发出"嗒嗒"的声音,则说明电机旋转方向反了,应立即切断电源,将三相进线中的任意两线交换位置;c. 电机运转正确时振捣棒应发出"鸣、鸣……"的声音，振动稳定而有力。如果振捣棒有"哗、哗……"声而不振动，这是由于启动振捣棒后滚锥未接触滚道，滚锥不能产生公转而振动，这时只需轻轻将振捣棒向坚硬物体敲动一下，使两者接触，即可正常振动。

③振捣器的操作

振捣在平仓之后立即进行，此时混凝土流动性好，振捣容易，捣实质量好。振捣器的选用，对于素混凝土或钢筋稀疏的部位，宜用大直径的振捣棒；坍落度小的干硬性混凝土，宜选用高频和振幅较大的振捣器。振捣作业路线保持一致，并顺序依次进行，以防漏振。振捣棒尽可能垂直地插入混凝土中。如振捣棒较长或把手位置较高，垂直插入感到操作不便时，也可略倾斜，但与水平面夹角不宜小于45°，且每次倾斜方向应保持一致，否则下部混凝土将会发生漏振。这时相邻两边振捣棒的作用轴线应平行，如不平行也会出现漏振点。

振捣棒应快插、慢拔。插入过慢，上部混凝土先捣实，就会阻止下部混凝土中的空气和多余的水分向上逸出；拔得过快，周围混凝土来不及填铺振捣棒留下的孔洞，将在每一层混凝土的上半部留下只有砂浆而无骨料的砂浆柱，影响混凝土的强度。为使上、下层混凝土振捣密实均匀，可将振捣棒上下抽动，抽动幅度为5～10cm。振捣棒的插入深度，在振捣第一层混凝土时，以振捣器头部不碰到基岩或老混凝土面，但相距不超过5cm为宜；振捣上层混凝土时，则应插入下层混凝土5cm左右，使上、下两层结合良好。在斜坡上浇筑混凝土时，振捣棒仍应垂直插入，并且应先振低处，再振高处，否则在振捣低处的混凝土时，已捣实的高处混凝土会自行向下流动，致使密实性受到破坏。软轴振捣棒插入深度为棒长的3/4，过深软轴和振捣棒结合处容易损坏。

振捣棒在每一孔位的振捣时间，以混凝土不再显著下沉、水分和气泡不再逸出并开始泛浆为准。振捣时间和混凝土坍落度、石子类型及最大粒径、振捣器的性能等因素有关，一般为20～30s。振捣时间过长，不但降低工效，且使砂浆上浮过多，石子集中下部，混凝土产生离析，严重时，整个浇筑层呈"千层饼"状态。

振捣器的插入间距控制在振捣器有效作用半径的1.5倍以内，实际操作时也可根据振捣后在混凝土表面留下的圆形泛浆区域能否在正方形排列（直线行列移动）的四个振捣孔径的中点［图6.2（a）］，或三角形排列（交错行列移动）的三个振捣孔位的中点［图6.2（b）］相互衔接来判断。在模板边、预埋件周围、布置有钢筋的部位及两罐（或两车）混凝土卸料的交界处，宜适当减少插入间距，以加强振捣，但不宜小于振捣棒有效作用半径的1/2，并注意不能触及钢筋、模板及预埋件。

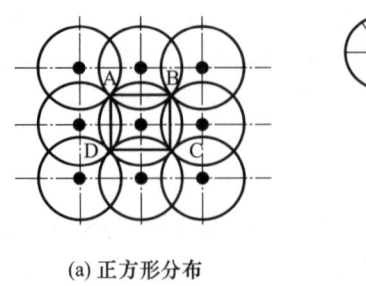

(a) 正方形分布　　　　　(b) 三角形分布

图6.2　振捣孔位布置

为提高工效，振捣棒插入孔位尽可能呈三角形分布。据计算，三角形分布较正方形分布工效可提高 30%，此外，应将几个振捣器排成一排，同时插入混凝土中进行振捣。这时两台振捣器之间的混凝土可同时接收这两台振捣器传来的振动，振捣时间可因此缩短，振动作用半径也加大。

振捣时出现砂浆窝时应将砂浆铲出，用脚或振捣棒从旁边将混凝土压送至该处填补，不可将别处石子移来（重新出现砂浆窝）。如出现石子窝，可按同样方法将松散石子铲出同样填补。振捣中发现泌水现象时，应经常保持仓面平整，使泌水自动流向集水地点，并用人工掏除。泌水未引走或掏除前，不得继续铺料、振捣。集水地点不能固定在一处，应逐层变换掏水位置，以防弱点集中在一处。也不得在模板上开洞引水自流或将泌水表层砂浆排出仓外。

振捣器的电缆线应注意保护，不要被混凝土压住。万一压住时，不要硬拉，可用振捣棒振动其附近的混凝土，使其液化，然后将电缆线慢慢拔出。

软轴式振捣器的软轴不应弯曲过大，弯曲半径一般不宜小于 50cm，也不能多于两弯，电动直联偏心式振捣器因内装电动机，较易发热，主要依靠棒壳周围混凝土进行冷却，不要让它在空气中连续空载运转。

工作时，一旦发现有软轴保护套管橡胶开裂、电缆线表皮损伤、振捣棒声响不正常或频率下降等现象时，应立即停机处理或送修拆检。

(2) 外部式振捣器的使用

①外部式振捣器使用前的准备工作

振捣器安装时，底板的安装螺孔位置应正确，否则底脚螺栓将扭斜，并使机壳受到不正常的应力，影响使用寿命。底脚螺栓的螺帽必须紧固，防止松动，且要求四只螺栓的紧固程度保持一致。如插入式振捣器一样检查电机、电源等内容。

在松软的平地上进行试运转，进一步检查电气部分和机械部分运转情况。

②外部式振捣器的操作

操作人员应穿绝缘胶鞋、戴绝缘手套，以防触电。平板式振捣器要保持拉绳干燥和绝缘，移动和转向时，应蹬踏平板两端，不得蹬踏电机。操作时可通过倒顺开关控制电机的旋转方向，使振捣器的电机旋转方向正转或反转，从而使振捣器自动地向前或向后移动。沿铺料路线逐行进行振捣，两行之间要搭接 5cm 左右，以防漏振。

振捣时间仍以混凝土拌和物停止下沉、表面平整，往上返浆且已达到均匀状态并充满模壳时，表明已振实，可转移作业面。时间一般为 30s 左右。在转移作业面时，要注意电缆线勿被模板、钢筋露头等挂住，防止拉断或造成触电事故。

振捣混凝土时，一般横向和竖向各振捣一遍即可。第一遍主要是密实，第二遍是使表面平整。其中第二遍是在已振捣密实的混凝土面上快速拖行。

附着式振捣器安装时应保证转轴水平或垂直。在一个模板上安装多台附着式振捣器同时进行作业时，各振捣器频率必须保持一致，相对安装的振捣器的位置应错开。振捣器所装置的构件模板要坚固牢靠，构件的面积应与振捣器的额定振动板面积相适应。

(3) 振动台的使用

①振动台的操作

振动台使用前需要试车，先开车空载 3~5min，停车拧紧全部紧固零件，反复 2~3

次,才能正式投入运转使用。振动台在生产使用中,混凝土试件的试模必须紧固在工作台上,试模的放置必须与台面的中心线相对称,使负载平衡。振动电机应有良好的可靠的地线。振动台在生产过程中如发现噪声不正常,应立即停止使用,拔去电源全面检查紧固零件是否松动,必要时要检查振动电机内偏心块是否松动或零件损坏,拧紧松动零件,调换损坏零件。使用完毕,关掉电源,将振动台面清洗干净。

②振动台的操作注意要点

混凝土振动台是一种强力振动成形机械装置,必须安装在牢固的基础上,地脚螺栓应有足够的强度并拧紧。在振捣作业中,必须安置牢固可靠的模板锁紧夹具,以保证模板和混凝土与台面一起振动。

6.1.5 混凝土养护

混凝土浇筑完毕后,在相当长的时间内,其应保持其适当的温度和足够的湿度,以造成混凝土良好的硬化条件,这就是混凝土的养护工作。混凝土表面水分不断蒸发,如不设法防止水分损失,水化作用未能充分进行,混凝土的强度将受到影响,还可能产生干缩裂缝。因此混凝土养护的目的,一是创造有利条件,使水泥充分水化,加速混凝土的硬化;二是防止混凝土成形后因暴晒、风吹、干燥等自然因素影响,出现不正常的收缩、裂缝等现象。

混凝土的养护方法分为自然养护和热养护两类(表6.11)。养护时间取决于当地气温、水泥品种和结构物的重要性(表6.12)。

表6.11 混凝土的养护

类别	名称	说明
自然养护	洒水(喷雾)养护	在混凝土面不断洒水(喷雾),保持其表面湿润
	覆盖浇水养护	在混凝土面覆盖湿麻袋、草袋、湿砂、锯末等,不断洒水保持其表面湿润
	围水养护	四周围成土埝,将水蓄在混凝土表面
	铺膜养护	在混凝土表面铺上薄膜,阻止水分蒸发
	喷膜养护	在混凝土表面喷上薄膜,阻止水分蒸发
热养护	蒸汽养护	利用热蒸汽对混凝土进行湿热养护
	热水(热油)养护	将水或油加热,将构件搁置在其上养护
	电热养护	对模板加热或微波加热养护
	太阳能养护	利用各种罩、窑、集热箱等封闭装置对构件进行养护

表6.12 混凝土养护时间 单位:d

水泥种类	养护时间
硅酸盐水泥、普通硅酸盐水泥	14
火山灰质硅酸盐水泥、矿渣硅酸盐水泥、粉煤灰硅酸盐水泥、硅酸盐大坝水泥	21

注:重要部位和利用后期强度的混凝土,养护时间不少于28d。夏季和冬季施工的混凝土,以及有温度控制要求混凝土养护时间按设计要求进行。

6.2 特殊混凝土施工工艺

6.2.1 泵送混凝土

泵送混凝土是将混凝土拌和物从搅拌机出口通过管道连续不断泵送到浇筑仓面的一种施工方法。

1. 混凝土泵

混凝土泵类型及泵送原理见表6.13。

表6.13 混凝土泵类型及泵送原理

类型		泵送原理
活塞式	机械式	动力装置带动曲柄使活塞往返动作，将混凝土送出
	液压式	液压装置推动活塞往返动作，将混凝土送出
挤压式		泵室内有橡胶管及滚轮架，滚轮架转动时将橡胶管内混凝土压出
隔膜式		利用水压力压缩泵体内橡胶隔膜，将混凝土压出
气罐式		利用压缩空气将贮料罐内的混凝土吹压输送出

工程上使用较多的是液压活塞式混凝土泵，它是通过液压缸的压力油推动活塞，再通过活塞杆推动混凝土缸中的工作活塞来进行压送混凝土。

混凝土泵分拖式（地泵）和泵车两种形式。以 HBT60 拖式混凝土泵为例，其主要由混凝土泵送系统、液压操作系统、混凝土搅拌系统、油脂润滑系统、冷却和水泵清洗系统，以及用来安装和支承上述系统的金属结构车架、车桥、支脚和导向轮等组成。

混凝土泵送系统由左主油缸、右主油缸、先导阀、洗涤室、止动销、混凝土活塞、输送缸、滑阀及滑阀缸、Y形管、料斗架组成。当压力油进入右主油缸无杆腔时，有杆腔的液压油通过闭合油路进入左主油缸，同时带动混凝土活塞缩回并产生自吸作用，这时在料斗搅拌叶片的助推作用下，料斗的混凝土通过滑阀吸入口，被吸入输送缸，直到右主轴油缸活塞行程到达终点，撞击先导阀实现自动换向后，左缸吸入的混凝土再通过滑阀输出口进入Y形管，完成一个吸、送行程（表6.14）。左、右主油缸是不断交叉完成各自的吸、送行程的，这样，料斗里的混凝土就源源不断地被输送到作业点，完成泵送作业。

表6.14 混凝土泵泵送循环

状态	活塞	滑阀	
吸入混凝土	缩回	吸入口放开	输出口关闭
输出混凝土	推进	吸入口关闭	输出口开放

将混凝土泵安装在汽车上称为臂架式混凝土泵车，它是将混凝土泵安装在汽车底盘上，并用液压折叠式臂架管道来运输混凝土，不需要在现场临时铺设管道。

2. 泵送混凝土可泵性的影响因素

泵送混凝土除满足普通混凝土有关要求外，还应具备可泵性。可泵性与胶凝材料类型、砂子砂率与级配、石子颗粒大小与级配、外加剂的品种、进泵混凝土拌和物的坍落度等有关。

(1) 原材料要求

①胶凝材料

a. 水泥。水泥品质符合国家标准。一般采用保水性好的硅酸盐水泥或普通硅酸盐水泥。泵送大体积混凝土时，应选用水化热低的水泥。

b. 粉煤灰。为节约水泥，保证混凝土拌和物具有必要的可泵性，在配制泵送混凝土时可掺入一定数量粉煤灰。粉煤灰质量应符合标准。

泵送混凝土胶凝材料用量最小值见表 6.15。

表 6.15 泵送混凝土胶凝材料用量最小值　　单位：kg/m³

泵送条件	胶凝材料用量	
输送管直径/mm	100	300
	125	290
	150	280
输送管水平折算距离/m	<60	280
	60~150	290
	>150	300

②骨料

a. 砂。砂和水泥构成砂浆使输送管道内壁形成砂浆润滑层，一般要求采用通过 0.315mm 筛孔的细颗粒不小于 15% 的颗粒级配良好的中砂，砂的质量要求与普通混凝土相同。

b. 石子。石子最大粒径应满足表 6.16 的要求，并不应有超径骨料进入混凝土泵。石子级配应连续。

表 6.16 泵送混凝土管径与粗骨料最大粒径关系

粗骨料种类	管径
碎石	粗骨料最大粒径的 4 倍
卵石	粗骨料最大粒径的 3.5 倍

c. 外加剂。为节约水泥及改善可泵性，常采用减水剂和泵送剂。

(2) 坍落度

规范要求进泵混凝土拌和物的坍落度一般宜为 8~14cm。若石子粒径适宜、级配良好、配合比适当，坍落度为 5~20cm 的混凝土也可泵送。当管道转弯较多时，压力损失大，应适当加大坍落度。向下泵送时，为防止混凝土因自重下滑而堵塞管道，坍落度应适当减小。向上泵送时，为避免过大的倒流压力，坍落度亦不能过大。

3. 泵送混凝土施工

(1) 施工准备，混凝土泵的安装

①混凝土泵安装应水平，场地应平坦坚实，尤其是支腿支承处。严禁左右倾斜和安装在斜坡上，如地基不平，应整平夯实。

②混凝土泵应尽量安装在靠近施工现场。若使用混凝土搅拌运输车供料，还应注意车道和进出方便。

③若长期使用，需在混凝土泵上方搭设工棚。

④混凝土泵安装应牢固：支腿升起后，插销必须插准并锁紧，以防止振动松脱；布管后应在混凝土泵出口转弯的弯管和锥管处，用钢钎固定，必要时还可用钢丝绳固定在地面上。

(2) 管道安装

泵送混凝土布管，应根据工程施工场地特点，最大骨料粒径、混凝土泵型号、输送距离及输送难易程度等进行选择与配置。布管时，应尽量缩短管线长度，少用弯管和软管；在同一条管线中，应采用相同管径的混凝土管；同时采用新、旧配管时，应将新管布置在泵送压力较大处，管线应固定牢靠，管接头应严密，不得漏浆；应使用无龟裂、无凸凹损伤和无弯折的配管。

①混凝土输送管的使用要求

a. 管径。输送管的管径取决于泵送混凝土粗骨料的最大粒径，泵送管道及配件见表6.17。

表6.17 泵送管道及配件

类别		单位	规格
直管	管径	mm	100、125、150、175、200
	长度	m	4、3、2、1
弯管	水平角	°	15、30、45、60、90
	曲率半径	m	0.5、1.0
锥形管	管径	mm	200→175、175→150、150→125、125→100
布料管	管径	mm	与主管相同
	长度	mm	约6000

b. 管壁厚度。管壁厚度应与泵送压力相适应。使用管壁太薄的配管，作业中会产生爆管，使用前应清理检查，太薄的管应装在前端出口处。

②布管

混凝土输送管线宜直，转弯宜缓，以减少压力损失；接头应严密，防止漏水漏浆；浇筑点应先远后近（管道只拆不接，方便工作）；前端软管应垂直放置，不宜水平布置使用。如需水平放置，切忌弯曲角过大，以防爆管。管道应合理固定，不影响交通运输，不弄乱已绑扎好的钢筋，不使模板振动；管道、弯头、零配件应有备品，可随时更换。垂直向上布管时，为减轻混凝土泵出口处压力，宜使地面水平管长度不小于垂直管长度的1/4，一般不宜短于15m。如条件限制可增加弯管或环形管满足要求。当垂直输送距离较大时，应在混凝土泵机Y形管出料口3~6m处的输送管根部设置销阀管（亦称插管），以防混凝土拌和物反流。

侧斜向下布管时，当高差大于20m时，应在斜管下端设置5倍高差长度的水平管；如条件限制，可增加弯管或环形管，以满足以上要求。

当坡度大于20°时，应在斜管上端设排气装置。泵送混凝土时，应先把排气阀打开，待输送管下段混凝土达到一定压力时，方可关闭排气阀。

（3）混凝土泵空转

混凝土泵压送作业前应空运转，方法是将排出量手轮旋至最大排量，给料斗加足水空转10min以上。

（4）管道润滑剂的压送

混凝土泵开始连续泵送前要对配管泵送润滑剂。润滑剂有砂浆和水泥浆两种，一般常采用砂浆。砂浆的压送方法如下。

①配好砂浆。

②将砂浆倒入料斗。并调整排出量手轮至20～30m³/h处，然后进行压送。当砂浆即将压送完毕时，即可倒入混凝土，直接转入正常压送。

③砂浆压送时出现堵塞时，可拆下最前面的一节配管，将其内部脱水块取出，接好配管，即可正常运转。

（5）混凝土的压送

①混凝土压送

开始压送混凝土时，应使混凝土泵低速运转，并注意观察混凝土泵的输送压力和各部位的工作情况，在确认混凝土泵各部位工作正常后，方可提高混凝土泵的运转速度，加大行程，转入正常压送。

如管路有向下倾斜下降段时，要将排气阀门打开，在倾斜段起点塞入一个用湿麻袋或泡沫塑料球做成的软塞，以防止混凝土拌和物自由下降或分离。塞子被压送的混凝土推送，直到输送管全部充满混凝土后，关闭排气阀门。

正常压送时，要保持连续压送，尽量避免压送中断。停歇时间越长，混凝土分离现象就会越严重。当中断后再继续压送时，输送管上部泌水就会被排出，最后剩下的下沉粗骨料易造成输送管的堵塞。

泵送时，受料斗内应经常有足够的混凝土，以防止吸入空气造成阻塞。

②压送中断措施

浇灌中断是允许的，但不得随意留施工缝。浇灌停歇压送中断期内，应采取一定的技术措施，防止输送管内混凝土离析或凝结而引起管路的堵塞。压送中断的时间，一般应限制在1h之内，夏季还应缩短。压送中断期内混凝土泵必须进行间隔推动，每隔4～5min一次，每次进行不少于4个行程的正、反转推动，以防止输送管的混凝土离析或凝结。若泵机停机时间超过45min，应将存留在导管内的混凝土排出，并加以清洗。

③压送管路堵塞及其预防与处理

a. 堵管原因

在混凝土压送过程中，输送管路由于混凝土拌和物品质不良、可泵性差，输送管路配管设计不合理，混凝土泵操作方法不当，混凝土泵本身存在问题等，常常造成管路堵塞。

混凝土拌和物质量。坍落度大，黏滞性不足，泌水多的混凝土拌和物容易发生离析，在泵压作用下，水泥浆体容易流失，而粗骨料下沉后推动困难，很容易造成输送管路的堵塞。压送过程中若对骨料的管理不当，使混凝土拌和物中混入了大粒径的石块、砖块及短钢筋等，也会引起管路的堵塞。

泵送管道。在输送管路中混凝土流动阻力增大的部位（如Y形管、锥形管及弯管等部位）也极易发生堵塞。向下倾斜配管时，当下倾配管下端阻压管长度不足，在使用大坍落度混凝土时，在下倾管处，混凝土会呈自由下流状态，在此状态下混凝土易发生离析而引起输送管路的堵塞。

操作方法。混凝土泵操作不当，也易造成管路堵塞。

混凝土泵。操作时还要注意观察混凝土泵在压送过程中的工作状态。压送困难、泵的输送压力异常及管路振动增大等现象都是堵塞的先兆。如果出现这种异常情况，仍然强制高速压送，就易造成堵管。

输送管路堵塞原因见表6.18。

表6.18 输送管路堵塞原因

项目	堵塞原因
混凝土拌和物质量	(1) 坍落度不稳定 (2) 砂子用量较少 (3) 石料粒径、级配超过规定 (4) 搅拌后停留时间超过规定 (5) 砂子、石子分布不匀
泵送管道	(1) 使用了弯曲半径太小的弯管 (2) 使用了锥度太大的锥形管 (3) 配管凹陷或接口未对齐 (4) 管子和管接头漏水
操作方法	(1) 混凝土排量过大 (2) 待料或停机时间过长
混凝土泵	(1) 滑阀磨损过大 (2) 活塞密封和输送缸磨损过大 (3) 液压系统调整不当，动作不协调

b. 堵管的预防

防止输送管路堵塞，除混凝土配合比设计要满足可泵性的要求，配管设计要合理外，在混凝土压送时，还应采取以下预防措施。

严格控制混凝土的质量。和易性和匀质性不符合要求的混凝土不得入泵；禁止使用已经离析或拌制后超过90min而未经任何处理的混凝土。

严格按操作规程的规定操作。在混凝土输送过程中，当出现压送困难、泵的输送压力升高、输送管路振动增大等现象时，混凝土泵的操作人员首先应放慢压送速度，进行正、反转往复推动，辅助人员用木槌敲击弯管、锥形管等易发生堵塞的部位；切不可强行提升输送压强。

c. 堵管的排除

堵管后，应迅速找出堵管部位，及时排除。先用木槌敲击管路，敲击时声音沉闷说明已堵管。待混凝土泵卸压后，即可拆卸堵塞管段，取出管内堵塞混凝土。拆管时操作者严禁站在管口的正前方，避免混凝土突然喷射。然后对剩余管段进行试压送，确认无堵管后，才可以重新接管。

重新接入管路的各管段接头扣件的螺栓先不要拧紧（安装时应加防漏垫片），应重新开始压送混凝土，把新接管段内的空气从管段的接头处排尽后，方可把各管段接头扣件的螺丝拧紧。

6.2.2 真空作业混凝土

为提高混凝土的密实性、抗冲耐磨性、抗冻性，以及增大强度，减少表面缩裂，可采用混凝土真空作业法。真空作业法借助于真空负压，将水从刚成形的混凝土拌和物中排出，减少水灰比，提高混凝土强度，同时使混凝土密实。

1. 真空作业系统

真空作业系统包括真空泵机组、真空罐、集水罐、连接器、气垫薄膜吸水装置等。

2. 真空吸水施工

（1）混凝土拌和物

采用真空吸水的混凝土拌和物，按设计配合比适当增大用水量，水灰比可为 0.48~0.55，其他材料维持原设计不变。

（2）作业面准备

按常规方法将混凝土振捣密实，抹平。因真空作业后混凝土面有沉降，此时混凝土应比设计高度高 5~10mm，具体数据由试验确定。然后在过滤布上涂上一层石灰浆或其他防止黏结的材料，以防过滤布与混凝土黏结。

（3）真空作业

混凝土振捣抹平后 15min，应开始真空作业。开机后真空度应逐渐增加，当达到要求的真空度（500~600mmHg，1mmHg＝133.3Pa），开始正常出水后，真空度保持均匀。结束吸水工作前，真空度应逐渐减弱，防止在混凝土内部留下出水通路，影响混凝土的密实度。

真空吸水时间（min）宜为作业厚度（cm）的 1.0~1.5 倍，并以剩余水灰比来检验真空吸水效果（表 6.19）。真空作业深度不宜超过 30cm。

表 6.19 真空作业所需时间参考

混凝土层厚/cm	吸真空所需时间/min
<5	3.75
6~10	4.75~8.50
11~15	10~16
16~20	18~26
21~25	28.5~38.5

注：1. 适用于普通硅酸盐水泥配制的混凝土；
　　2. 模板、吸盘真空腔真空度为 500mmHg 高度。

真空吸水作业完成后要进一步对混凝土表面进行抹压和抹光，保证表面的平整。

在气温低于 8℃ 的条件下进行真空作业时，应注意防止真空系统内水分冻结。真空系统各部位应采取防冻措施。每次真空作业完毕，模板、吸盘、真空系统和管道应清洗干净。

6.2.3 埋石混凝土施工

混凝土施工中，为节约水泥，降低混凝土的水化热，常埋设大量块石。埋设块石的混凝土称为"埋石混凝土"。

埋石混凝土对埋放块石的质量要求：石料无风化现象和裂隙，且完整、形状方正，并经冲洗干净风干。块石大小不宜小于300～400mm。

埋石混凝土的埋石方法采用单个埋设法，即先铺一层混凝土，然后将块石均匀地摆上，块石与块石之间必须有一定距离。

(1) 先埋后振法

铺填混凝土后，先将块石摆好，然后将振捣器插入混凝土内振捣。先埋后振法的块石间距不得小于混凝土粗骨料最大粒径的2倍。由于施工中有时块石供应赶不上混凝土的浇筑，特别是人工抬石入仓更难与混凝土铺设取得有节奏的配合，因此先埋后振法容易使混凝土放置时间过长，失去塑性，造成混凝土振捣不良，块石未能很好地沉放混凝土内等质量事故。

(2) 先振后埋法

铺好混凝土后即进行振捣，再摆块石。这样人工抬石比较省力，块石的间距可以大大缩短，彼此不相互接触、不紧挨即可。块石摆好后再进行第二次的混凝土的铺填和振捣。

从埋石混凝土施工质量来看，先埋后振比先振后埋法要好，因为块石是借振动作用挤压到混凝土内去的。为保证质量，应尽可能不采用先振后埋法。

埋石混凝土块石表面凸凹不平，振捣时低凹处水分难以排出，形成块石表面水分过多；水泥砂浆泌出的水分往往集中于块石底部；混凝土本身的分离，粗骨料下降，水分上升，形成上部松散层；埋石延长了混凝土的停置时间，使它失去塑性，难以捣实。这些原因会造成块石与混凝土的胶结强度难以完全得到保证，容易造成渗漏事故。因此迎水面附近1.5m内，应用普通防渗混凝土，不埋块石；基础附近1.0m内，廊道、大孔洞周围1.0m内，模板附近0.3m内，钢筋和止水片附近0.15m内，都要采用普通混凝土，不埋块石。

6.3 预制混凝土构件和预应力钢筋混凝土施工

6.3.1 预制混凝土构件施工

预制混凝土构件的成形工序主要有准备模板、安放钢筋及预埋件、浇筑混凝土、构件表面修饰、养护等。预制混凝土构件振捣工艺一般有振动法、挤压法、离心法、真空作业法等。

预制场地的布置要有利于吊装，又便于预制，易于管理，尽可能靠近安装地点。预制场地应平整结实，排水良好。

浇筑预制构件，应符合下列规定。

(1) 浇筑前，应检查钢筋、预埋件的数量和位置。

(2) 每个构件应一次浇筑完成，不得间断，并宜采用机械振捣。

(3) 构件的外露面应平整、光滑，不得有蜂窝麻面、掉角、扭曲或开裂等情况。

(4) 重叠法制作构件时，其下层构件混凝土的强度应达到5MPa后方可浇筑上层构件，并应有隔离措施。

（5）构件浇制完毕，应标注型号、混凝土强度等级、制作日期和上下面。无吊环的构件应标明吊点位置。

预制混凝土构件制作工艺如图6.3所示。

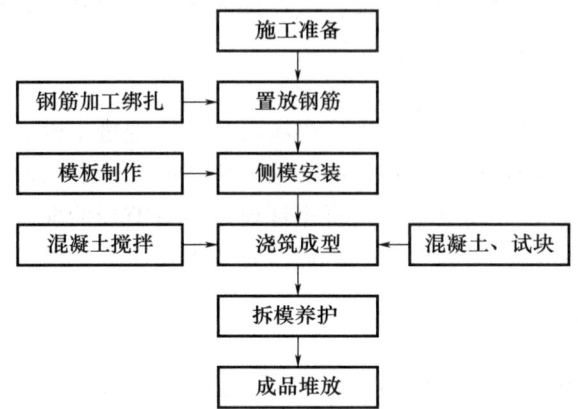

图6.3 预制混凝土构件制作工艺

1. 施工准备

预制现场应设有临时的排水沟，预防下雨时原地下沉。对立式地胎模，应表面平整、尺寸准确。优先选用型钢底模，也可采用混凝土或砖胎模，底模应抄平。采用地胎模时应处理地基，夯实平整，表面抄平粉光。地胎模要顺滑，便于脱模。

底模使用后应铲除混凝土残渣瘤疤，清扫表面灰尘，涂刷隔离剂。

2. 置放钢筋

钢筋骨架安装定位前应检查钢筋骨架中钢筋的种类、规格与数量、几何形状和尺寸是否符合设计要求，铁件规格、数量及焊接是否正确。亦可在隔离剂已干燥的地胎模上绑扎钢筋骨架，以避免预制钢筋骨架在搬动起吊时变形。

3. 侧模安装

宜优先选用钢制侧模。侧模安装应平整且结合牢固，拼缝紧密不漏浆，内壁要平整光滑，木模应尽可能刨光，转角处应顺滑无缝以便脱模，几何尺寸要准确，斜撑、螺栓要牢靠，预埋铁件预留孔洞位置尺寸应符合设计要求，侧模安装后应保持清洁无杂质残渣，以保证混凝土的浇筑质量。

4. 浇筑成形

浇捣混凝土前应检验钢筋、预埋件的规格、数量、钢筋保护层厚度及预留孔洞是否符合设计要求，浇捣时应润湿模板，人工反铲带浆下料，构件厚度不超过360mm时可一次浇筑全厚度，用平板振捣器或插入式振捣器振捣；构件厚度大于360mm时应按每层300~350mm厚分层浇筑，振捣器应插入下层混凝土5cm，以使上下层结合成整体。浇筑时应随振随抹，整平表面，原浆收光。

如构件截面较小、节点钢筋较密、预埋件较多时，容易出现蜂窝，应仔细地用套装刀片的振捣器振捣节点和端角钢筋密集处。振捣混凝土时应经常注意观察模板、支撑架、钢筋、预埋铁件和预留孔洞，发现有松动变形、钢筋移位、漏浆等现象应停止振捣，并应在混凝土初凝前修整完好，继续振捣，直至成形。浇筑顺序应从一端向另一端进行。浇到芯模部位时，注意两侧对称下料和振捣，以防芯模因单侧压力过大而产生偏移。浇到上部有预埋铁件的部位时，应注意捣实下面的混凝土，并保持预埋件位置正确。浇灌混凝土时不得直接站在模板或支撑上操作，不得乱踩钢筋。浇捣完毕后2h内应进行养护。

5. 拆模养护

当混凝土强度达到1.2MPa以上能保证构件不变形、棱角完整无裂缝时即可拆除侧模。预留孔洞芯模应在混凝土强度能保住孔洞表面不发生裂缝、不坍陷时方可拆除。注意芯模应在初凝前后转动，以免混凝土凝结后难以脱模。拆模时应精力集中，随拆随运，拆下的模板堆放在指定地点，按规格码垛整齐。

采用自然养护时，在浇筑完成12h内进行养护，保湿养护不少于14d。

6. 成品堆放

当混凝土强度达到设计强度后方可起吊。先用撬棍将构件轻轻撬松脱离底模，然后起吊归堆。构件的移运方法和支承位置，应符合构件的受力情况，防止损伤。

构件堆放应符合下列要求。

（1）堆放场地应平整夯实，并有排水措施。

（2）构件应按吊装顺序，以刚度较大的方向堆放稳定。

（3）重叠堆放的构件，标志应向外，堆垛高度应按构件强度、地面承载力、垫木强度及堆垛的稳定性确定，各层垫木的位置，应在同一垂直线上。

构件制作的允许偏差应符合设计规定，经检验合格的构件应有合格标志。

6.3.2 预应力钢筋混凝土施工

预应力钢筋混凝土施工分先张法和后张法两类。

1. 先张法

先张法是在浇筑混凝土之前张拉钢筋（钢丝）产生预应力。一般用于预制梁、板等构件。图6.4为预应力混凝土先张法工艺流程。

施工前将台面的垃圾、泥土等杂物清除干净，然后涂刷隔离剂，待干透后铺筋。钢丝对准两端台座孔眼，按顺序进行，不得交错。钢丝在固定端应用夹具固定在定位板上，张拉端用夹具夹紧，然后用张拉设备张拉，最后锚紧。模板固定即可浇筑混凝土，混凝土应为干硬性混凝土，混凝土下料时应均匀铺撒。振捣采用平板式振动器或用插入式振捣器。

浇捣时应注意台座内每条作业线上的构件，应一次连续将混凝土浇捣完毕，在振捣混凝土时，振捣器要尽可能避免碰撞预应力钢丝和吊环等，以免移动位置和撞断钢丝；混凝土必须振捣密实，在振捣过程中，模板边角处适当多振，以防止蜂窝、麻面等缺陷产生。

混凝土成形12h内应开始进行养护，当混凝土强度达到设计强度的75%以上，达到设计要求的松张程度时即可放张。

2. 后张法

后张法是在混凝土浇筑的过程中，预留孔道，待混凝土构件达到设计强度后，在孔道内穿主要受力钢筋，张拉锚固建立预应力，并在孔道内进行压力灌浆，用水泥浆包裹保护预应力钢筋。后张法主要用于制作大型吊车梁、屋架，以及用于提高闸墩的承载能力。后张法工艺流程如图 6.5 所示。

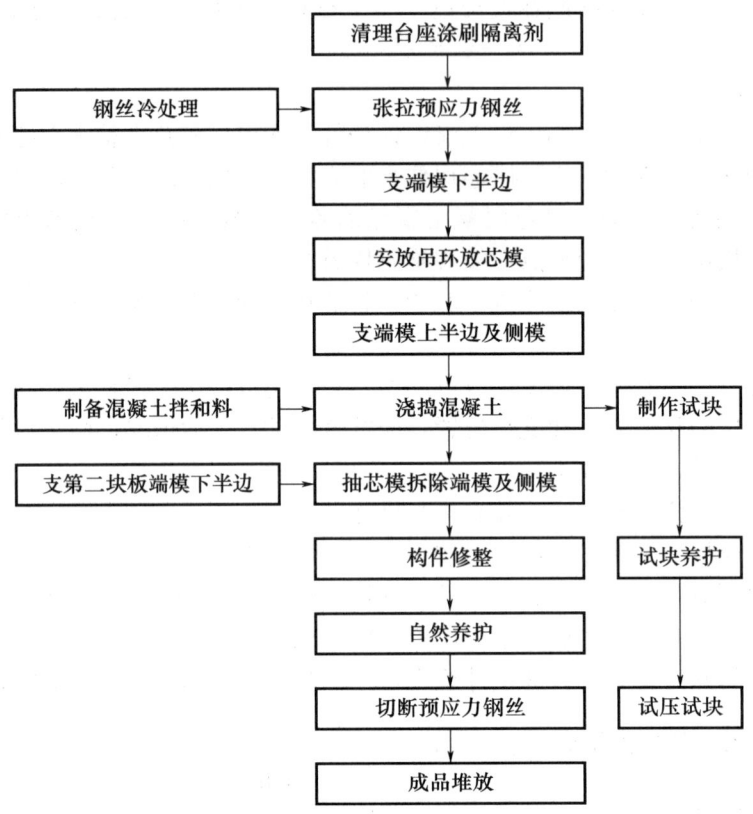

图 6.4 预应力混凝土先张法工艺流程

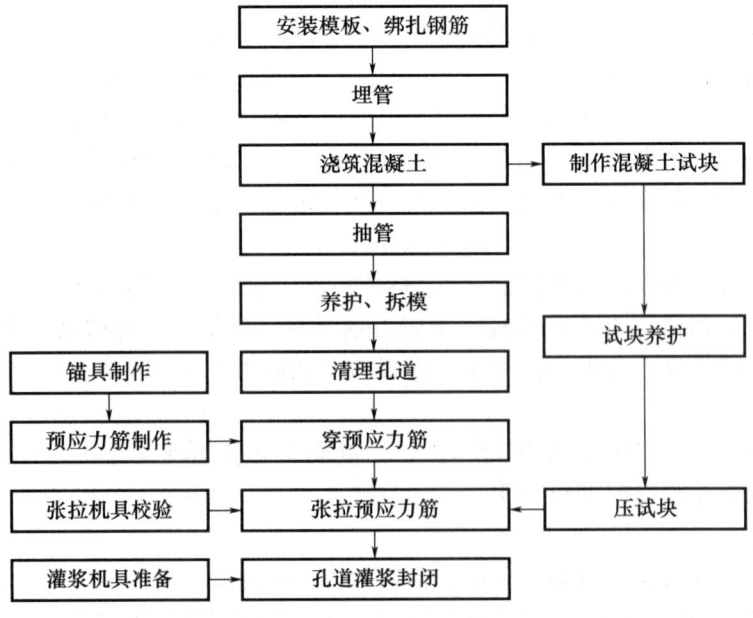

图 6.5 后张法工艺流程

如闸墩预应力施工，在张拉前要对钢丝下料编束，埋设钢管、金属波纹管或塑料拔管。然后浇筑混凝土，注意运载工具严禁碰撞预应力管道，振捣器离管道应有一定的距离，以免管道变形或损坏。浇筑时要防止砂浆进入孔道。当发现有变形、移位时，应立即停止浇筑，并在已浇筑的混凝土凝结前修整完好。混凝土应一次浇筑完毕，不允许留施工缝。对塑料拔管要求混凝土终凝后即要放气拔管。

当混凝土达到一定强度后即可穿钢丝（也可将预应力钢丝先穿入管道，后浇混凝土）。养护至混凝土达到设计标号的70%以上进行张拉，张拉先后顺序，应按设计进行。一般应对称张拉，以免结构承受过大的偏心压力，必要时可分批、分阶段进行。张拉时应注意安全，防止钢筋断裂伤人。预应力筋张、拉结束后，应立即进行灌浆封闭。

目前，正推广应用无黏结预应力混凝土。其做法是在预应力筋表面涂刷防锈涂料并包塑料布（管）后，如同普通钢筋一样先铺设在支好的模板内，待混凝土达到可张拉强度后进行张拉锚固。这样无须留孔与灌浆，施工简单，预应力筋易弯成所需要的曲线形状。

6.4 混凝土建筑物施工

6.4.1 混凝土坝施工

1. 坝基开挖

混凝土坝坝基有土基和岩基两种情况，由于篇幅关系，下文仅介绍岩基的开挖。

进行岩基开挖，首先要根据地质条件、设计要求和施工方案，确定开挖范围和开挖深度。建筑物设计平面轮廓是岩基底部开挖的最小轮廓线，施工时根据施工排水、立模支撑、施工机械运行和道路等因素适当放宽。

（1）开挖要求

开挖应自上而下进行，某些部位如需要上、下同时开挖，应采取有效的安全措施。设计边坡轮廓面的开挖，应采用预裂爆破或光面爆破方法，高度较大的永久或半永久边坡，应分台阶开挖。基础岩石的开挖，应采取分层的梯段爆破方法。紧邻水平建基面，应采用预留岩体保护层并对其进行分层爆破的开挖方法。设计边坡开挖前，必须做好开挖边线外的危石清理、削坡、加固和排水工作。处于不良地质地段的设计边坡，当其对边坡稳定有不利影响时，应采取措施解决。已开挖的设计边坡，必须在及时检查处理与验收，并按设计要求加固后，才可进行相邻部位的开挖。

基础面的开挖偏差，应符合以下规定。

①对节理裂隙不发育、较发育、发育和坚硬、中等坚硬的岩体：a. 水平建基面高程的开挖偏差，不应大于±20cm；b. 设计边坡轮廓面的开挖偏差，在一次钻孔至全深条件下开挖时，不应大于其开挖高度的±2%，在分台阶开挖时，其最下部一个台阶坡脚位置的偏差，以及整体边坡的平均坡度均应符合设计要求。

②对节理裂隙极发育和软弱的岩体，不良地质地段的岩体，其开挖偏差均应符合设计要求。

（2）紧邻水平建基面的爆破开挖

紧邻水平建基面的爆破开挖不应使基岩产生大量的爆破裂隙，不使节理裂隙面、层面等弱面明显恶化,并损害岩体的完整性。

紧邻水平建基面的岩体保护层厚度,应由爆破试验确定。

对岩体保护层进行分层爆破,必须遵守以下规定。

①第一层。炮孔不得穿入距水平建基面 1.5m 的范围,炮孔装药直径不应大于 40mm,应采用梯段爆破方法。

②第二层。对节理裂隙不发育、较发育、发育和坚硬、中等坚硬的岩体,炮孔不得深入至距水平建基面下方 0.5m 的岩体区域;对节理裂隙极发育和软弱的岩体,炮孔不得深入至距水平建基面下方 0.7m 的岩体区域。炮孔与水平建基面的夹角不应大于 60°,炮孔装药直径不应大于 32mm,应采用单孔起爆方法。

③第三层。对节理裂隙不发育、较发育、发育和坚硬、中等坚硬的岩体,炮孔不得穿过水平建基面;对节理裂隙极发育和软弱的岩体,炮孔不得深入至距水平建基面下方 0.2m 的岩体区域,剩余 0.2m 厚的岩体应进行撬挖。炮孔角度、炮孔装药和起爆方法,均同第二层的规定。

2. 混凝土施工

1) 混凝土坝的分缝与分块

(1) 分缝分块原则

①根据结构特点、形状及应力情况进行分层分块,避免在应力集中、结构薄弱部位分缝。

②采用错缝分块时,必须采取措施防止竖直施工缝张开后向上、向下继续延伸。

③分层厚度应根据结构特点和温度控制要求确定。基础约束区一般为 1~2m,约束区以上可适当加厚;墩墙侧面可散热,分层厚度也可略大。

④应根据混凝土的浇筑能力和温度控制要求确定分块面积的大小。块体的长宽比不宜过大,一般以小于 2.5:1 为宜。

⑤分层分块均应考虑施工方便。

(2) 混凝土坝的分缝分块方式

混凝土坝的浇筑块是用垂直于坝轴线的横缝和平行于坝轴线的纵缝,以及水平缝划分而成的。分缝方式有垂直纵缝法、斜缝法、通仓浇筑法等。

①垂直纵缝法。用垂直纵缝把坝段分成独立的柱状体,因此又叫柱状分块。它的优点是容易控制温度,混凝土浇筑工艺较简单,各柱状块可分别上升,彼此干扰小,施工安排灵活,但为保证坝体的整体性,必须进行接缝灌浆;模板工作量大,施工复杂。纵缝间距一般为 20~40m,以便降温后接缝有一定的张开度,便于接缝灌浆。为了传递剪应力的需要,在纵缝面上设置键槽,并需要在坝体到达稳定温度后进行接缝灌浆,以增加其传递剪应力的能力,提高坝体的整体性和刚度。

②斜缝法。一般只在中低坝采用,斜缝一般沿平行于坝体第二主应力方向设置,缝面剪应力很小,只要设置缝面键槽不必进行接缝灌浆,斜缝法往往是为了便于坝内埋管的安装,或利用斜缝形成临时挡洪面采用的。但斜缝法施工干扰大,斜缝顶并缝处容易产生应力集中,斜缝前后浇筑块的高差和温差需严格控制,否则会产生很大的温度应力。

③通仓浇筑法。通仓浇筑法即通缝法,它不设纵缝,混凝土浇筑按整个坝段分层进

行；一般不需要埋设冷却水管。同时浇筑仓面大，便于大规模机械化施工，简化了施工程序，特别是大量减少模板作业工作量，施工速度快，但因其浇筑块长度大，容易产生温度裂缝，所以温度控制要求比较严格。

2）混凝土的拌和

由于混凝土工程量较大，混凝土坝施工一般采用混凝土拌和料生产混凝土。

混凝土拌和料将进料、储料、配料、拌和、出料等工序的设备集中布置，按其布置形式有双阶式和单阶式两种。

3）混凝土的运输

由于混凝土运输方量和运输强度非常大，需采用大型运输设备。

（1）混凝土运输浇筑方案的选择

混凝土运输浇筑方案的选择通常应考虑如下原则。

①运输效率高，成本低，转运次数少，不易分离，质量容易保证。

②起重设备能够控制整个建筑物的浇注部位。

③主要设备型号单一，性能良好，配套设备能使主要设备的生产能力得到充分发挥。

④在保证工程质量的前提下能满足高峰浇筑强度的要求。

⑤除满足混凝土浇筑要求外，同时能最大限度地承担模板、钢筋、金属结构及仓面小型机具的吊运工作。

⑥在工作范围内能连续工作，设备利用率高，不压浇筑块，或不因压块而延误浇筑工期。

（2）水平运输

①自卸汽车运输

a. 自卸汽车-栈桥-溜筒。用组合钢筋柱或预制混凝土柱作立柱，用钢轨梁和面板作桥面构成栈桥，下挂溜筒，自卸汽车通过溜筒入仓。它要求坝体能比较均匀地上升，浇筑块之间高差不大。这种方式可从拌和楼一直运至栈桥卸料，生产率较高。

b. 自卸汽车-履带式起重机。自卸汽车自拌和楼受料后运至基坑后转至混凝土卧罐，再用履带式起重机吊运入仓。

c. 自卸汽车-溜槽（溜筒）。自卸汽车转溜槽（溜筒）入仓适用于狭窄、深塘混凝土回填。斜溜槽的坡度一般在 1∶1 左右，混凝土的坍落度一般为 6cm 左右。每道溜槽控制的浇筑宽度 5～6m。

d. 自卸汽车直接入仓。

（a）端进法。端进法是在刚捣实的混凝土面上铺厚 6～8mm 的钢垫板，自卸汽车在其上驶入仓内卸料浇筑。浇筑层厚度不超过 1.5m。端进法要求混凝土坍落度小于 4cm，最好是干硬性混凝土。

（b）端退法。自卸汽车在仓内已有一定强度的老混凝土面上行驶。汽车铺料与平仓振捣互不干扰，且因汽车卸料定点准确，平仓工作量也较小。老混凝土的龄期应根据施工条件通过试验确定。

用汽车运输混凝土时，应遵守下列技术规定：装载混凝土的厚度不应小于 40cm，车箱应严密平滑，砂浆损失应控制在 1% 以内；每次卸料，都应将所载混凝土卸净，并应及时清洗车箱，以免混凝土黏附；以汽车运输混凝土直接入仓时，应有确保混凝土质量的措施。

②铁路运输

大型工程多采用铁路平台列车运输混凝土，以保证相当大的运输强度。铁路运输常用机车拖挂数节平台列车，上置混凝土立式吊罐 2～4 个，直接到拌和楼装料。列车上预留一个罐的空位，以备转运时放置起重机吊回的空罐。这种运输方法，有利于提高机车和起重机的效率，缩短混凝土运输时间。

③皮带机运输

皮带机运送混凝土有固定式和移动式两种。

a. 固定式皮带机是用钢筋柱（或预制混凝土排架）支撑皮带机通过仓面，每台皮带机控制浇筑宽度 5～6m。这种布置方式每次浇筑高度约 10m。为使混凝土比较均匀地分料入仓，每台皮带机上每间隔 6m 装置一个固定式或移动式刮板，混凝土经溜槽或溜筒入仓。

b. 移动式皮带机用布料机与仓面上的一条固定皮带机正交布置，混凝土通过布料机接溜筒入仓。

此外，在三峡等大型工程还有将皮带机和塔机结合的塔带机，它从拌和楼受料用皮带送至仓面附近再通过布料杆将混凝土直接送至浇筑仓面。

（3）垂直运输

①履带式起重机

履带式起重机多由开挖石方的挖掘机改装而成，直接在地面开行，无须轨道。它的提升高度不大，控制范围比门机小。但起重量大、转移灵活、适应工地狭窄的地形，在开工初期能及早投入使用，生产率高。该机适用于浇筑高程较低的部位。

②门式起重机

门式起重机（简称门机）是一种大型移动式起重设备。它的下部为一钢结构门架，门架底部装有车轮，可沿轨道移动。门架下有足够的净空，能并列通行两列运输混凝土的平台列车。门架上面的机身包括起重臂、回转工作台、滑轮组（或臂架连杆）、支架及平衡重等。整个机身可通过转盘的齿轮作用，水平回转 360°。该机运行灵活、移动方便，起重臂能在负荷下水平转动，但不能在负荷下变幅。变幅是在非工作时，利用钢索滑轮组使起重臂改变倾角来完成。

③塔式起重机

塔式起重机（简称塔机）是在门架上装置高达数 10m 的钢架塔身，用以增加起吊高度。其起重臂多是水平的，起重小车钩可沿起重臂水平移动，用以改变起重幅度。

为增加门、塔机的控制范围和增大浇筑高度，为起重凝土运输提供开行线路，使之与浇筑工作面分开，常需要布置栈桥。大坝施工栈桥的布置方式如图 6.6 所示。

栈桥桥墩结构有混凝土墩、钢结构墩、预制混凝土墩块（用后拆除）等。

为节约材料，常把起重机安放在已浇筑的坝身混凝土上，即"蹲块"来代替栈桥。随着坝体上升，分次倒换位置或预先浇好混凝土墩作为栈桥墩。

④缆式起重机

缆式起重机（简称缆机）由一套凌空架设的缆索系统、起重小车、主塔架、副塔架等组成。主塔内设有机房和操纵室，并用对讲机和工业电视与现场联系，以保证缆机的运行。

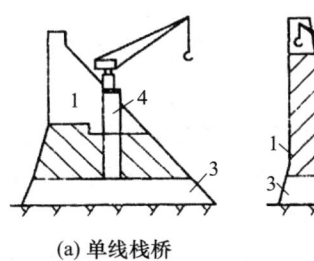 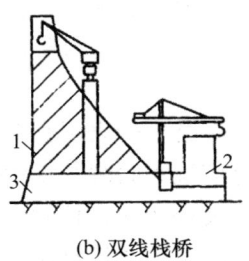 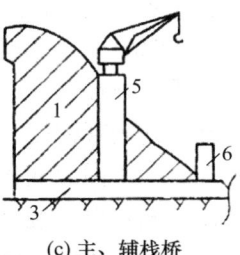

(a) 单线栈桥　　　　(b) 双线栈桥　　　　(c) 主、辅栈桥

1—坝体；2—厂房；3—由辅助浇筑方案完成的部位；
4—分两次升高的栈桥；5—主栈桥；6—辅助栈桥。

图 6.6　大坝施工栈桥的布置方式

缆索系统为缆机的主要组成部分，它包括承重索、起重索、牵引索和各种辅助索。承重索两端系在主塔和副塔的顶部，承受很大的拉力，通常用高强钢丝束制成，是缆索系统中的主起重索，垂直方向设置升降起重钩，牵引起重小车沿承重索移动。塔架为三角形空间结构，分别布置在两岸缆机平台上。

缆机的类型，一般按主、副塔的移动情况划分，有固定式、平移式和辐射式三种。

缆机适用于狭窄河床的混凝土坝浇筑，它不仅具有控制范围大、起重量大、生产率高的特点，而且能提前安装和使用，使用期长，不受河流水文条件和坝体升高的影响，对加快主体工程施工具有明显的作用。

混凝土坝施工中混凝土的平仓振捣除采用常规的施工方法外，一些大型工程在无筋混凝土仓面常采用平仓振捣机作业，采用类似于推土机的装置进行平仓，采用成组的硬轴振捣器进行振捣，用以提高作业效率。

3. 碾压混凝土坝施工

碾压混凝土采用干硬性混凝土，施工方法接近碾压式土石坝的填筑方法，采用通仓薄层浇筑、振动碾压实。碾压混凝土筑坝可减少水泥用量、充分利用施工机械、提高作业效率和缩短工期。

1) 碾压混凝土的材料及性质

(1) 碾压混凝土的材料

①水泥。碾压混凝土一般掺混合材料，水泥应优先采用硅酸盐水泥和普通水泥。

②混合材料。混合材料一般采用粉煤灰，它可改善碾压混凝土的和易性和降低水化热温升。粉煤灰的作用一是填充骨料的空隙；二是与水泥水化反应的生成物进行二次水化反应，其二次水化反应进程较慢，所以一般碾压混凝土设计龄期常为 90d、180d，以利于后期强度。

③骨料。碾压混凝土所用骨料同普通混凝土，其中粗骨料最大粒径的选择应考虑骨料级配、碾压机械、铺料厚度和混凝土拌和物分离等因素，一般不超过 80mm。

④外加剂和拌和水。碾压混凝土采用的外加剂和拌和水同普通混凝土。

(2) 碾压混凝土拌和物的性质

①碾压混凝土的稠度。碾压混凝土为干硬性混凝土，在一定的振动条件下，碾压混凝土达到一个临界时间后混凝土迅速液化，这个临界时间称为稠度（VC 值，单位：s）。稠度是碾压混凝土拌和物的一个重要特性，对不同振动特性的振动碾和不同的碾压层厚

度应有与之相适应的混凝土稠度，方能保证混凝土的质量。碾压混凝土坝多采用 VC 值为 10~30s 的干硬混凝土。影响 VC 值因素有用水量、粗骨料用量及特性、砂率及砂子性质、粉煤灰品质、外加剂。

②碾压混凝土的表观密度。碾压混凝土的表观密度一般指振实后的表观密度。它随着用水量和振动时间不同而变化，对应最大表观密度的用水量为最优用水量。施工现场一般用核子密度仪测定碾压混凝土的表观密度来控制碾压质量。

③碾压混凝土的离析性。碾压混凝土的离析有两种形式：一是粗骨料从拌和物中分离，一般称为骨料分离；二是水泥浆或拌和水从拌和物中分离，一般称为泌水。

a. 骨料分离。由于碾压混凝土拌和物干硬、松散、灰浆黏附作用较小，极易发生骨料分离。分离的混凝土均匀性与密实性较差，层间结合薄弱，水平碾压缝易漏水。

碾压混凝土施工时改善骨料分离的技术措施：优选抗分离性好的混凝土混合比；多次薄层铺料一次碾压；减少卸料、装车时的跌落和堆料高度；采用防止或减少分离的铺料和平仓方法；各机构出口设置缓冲设施。

b. 泌水。泌水主要是在碾压完成后，水泥及粉煤灰颗粒在骨料之间的空隙中下沉，水被排挤上升，从混凝土表面析出。泌水使混凝土上层水分增加，水胶比增大，强度降低，而下层正好相反，这样同一层混凝土上弱下强，均匀性较差；减弱上下层之间的层间结合；为渗水提供通道，降低了结构的抗渗性。

为减少泌水，从配合比设计时予以控制，拌和时严格按要求配料，运输和下料时采取措施以防泌水。

2) 碾压混凝土坝施工

碾压混凝土坝的施工一般不设与坝轴线平行的纵缝，而与坝轴线垂直的横缝是在混凝土浇筑碾压后尚未充分凝固时用切割混凝土的方法设置，或者在混凝土摊铺后用切缝机压入锌钢片形成横缝。碾压混凝土坝一般在上游面设置常态混凝土防渗层，防止内部碾压混凝土的层间渗透；有防冻要求的坝，下游面亦用常态混凝土；为提高溢流面的抗冲耐磨性能，一般也采用强度等级较高的抗冲耐磨常态混凝土，形成"金包银"的结构形式，为了增大施工仓面面积，避免施工干扰，增加碾压混凝土在整个混凝土坝体方量中的比重，应尽量减少坝内孔洞数量，少设廊道。

碾压混凝土坝的施工工艺程序：初浇层铺砂浆，汽车运输入仓，平仓机平仓，振动压实机压实，振动切缝机切缝，切完缝再沿缝无振碾压两遍。

(1) 混凝土拌和

碾压混凝土的拌和采用双锥形倾翻出料搅拌机或强制式搅拌机。拌和时间较普通混凝土要延长。

(2) 混凝土运输

碾压混凝土的运输常用以下几种方式。

①自卸汽车直接运料至坝面撒料。

②缆机吊运立罐或卧罐入仓。

③皮带机运至坝面，用摊铺机或推土机铺料。

(3) 铺料

碾压混凝土的浇筑面要除去表面浮皮、浮石和清除其他杂物，用高压水冲洗干净。

在准备好的浇筑面上铺上砂浆或小石混凝土,然后摊铺混凝土。砂浆或小石混凝土的摊铺范围,以1~2h内能浇筑完混凝土的区域为准。砂浆摊铺厚度在水平浇筑面为1.5cm,基岩面为2.0cm,小石混凝土厚3~5cm。摊铺方法可采用人工或装载机。

混凝土入仓后再用推土机按规定厚度推铺。

（4）浇筑

碾压混凝土坝采用通仓薄层浇筑法,可增加散热效果,取消冷却水管,减少模板工程量,简化仓面作业,有利于加快施工进度。通仓浇筑要求尽量减少坝内孔洞数量,不设纵缝,坝段间的横缝用切缝机切割,以尽量增大仓面面积,减少仓面作业的干扰。

（5）碾压

混凝土的碾压采用振动碾,在振动碾碾压不到之处用平板振动器振动。碾压厚度和碾压遍数综合考虑配合比、硬化速度、压实程度、作业能力、温度控制等,均需通过试验确定。

碾压时以碾具不下沉、混凝土表面水泥浆上浮等现象来判定。当用表面型核子密度仪测得的表观密度达到规定指标时,即可停碾。

（6）养护

碾压混凝土因为存在二次水化反应,养护时间比普通混凝土更长,养护时间应符合设计或规范规定的时间。

6.4.2 水电站厂房施工

水电站厂房通常以发电机层为界,分为下部结构和上部结构。下部结构一般为大体积混凝土,包括尾水管、锥管、蜗壳等大的孔洞结构;上部结构一般由钢筋混凝土柱、梁、板等结构组成。

1. 水电站厂房下部结构施工

（1）水电站厂房下部结构的分缝分块

水电站厂房下部结构尺寸大、孔洞多、受力较多,必须分层分块进行浇筑。合理的分层分块是削减温度应力、防止或减少混凝土裂缝、保证混凝土施工质量和结构的整体性的重要措施。

厂房下部结构分层分块可采用通仓、错缝、预留宽槽、封闭块和灌浆缝等形式。

①通仓浇筑法

通仓浇筑法施工可加快进度,有利于结构的整体性。当厂房尺寸小,又可安排在低温季节浇筑时,采用分层通仓浇筑最为有利。对于中型厂房,其顺水流方向的尺寸在25m以下,低温季节虽不能浇筑完毕,但有一定的温控手段时,也可采用这种形式。

②错缝浇筑法

大型水电站厂房下部结构尺寸较大,多采用错缝浇筑法。错缝搭接范围内的水平施工缝允许有一定的变形,以解除或减少两端的约束而减少块体的温度应力。在温度和收缩应力作用下,竖直施工缝往往脱开。错缝分块的施工程序对进度有一定影响。

采用错缝分块时,相邻块要均匀上升,以免垂直收缩的不均匀在搭接处引起竖向裂缝。当采用台阶缝施工时,相邻块高差（各台阶总高度）一般不超过5m。

③预留宽槽浇筑法

对大型厂房,为加快施工进度,减少施工干扰,可在某些部位设置宽槽。槽的宽度一般为1m左右。由于设置宽槽,可减少约束区高度,同时增加散热面,从而减少温度应力。

对预留宽槽,回填应在低温季节施工,届时其周边老混凝土要求冷却到设计要求温度。回填混凝土应选用收缩性较小的材料。

④设置封闭块

水电站大型厂房中的框架结构由于顶板跨度大或墩体刚度大,施工期出现显著温度变化时对结构产生较大的温度应力。当采用一般大体积混凝土温度控制措施仍然不能妥善解决时,还需增加"封闭块"的措施,即在框架顶板上预留"封闭块"。

⑤设置灌浆缝

对厂房的个别部位可设置灌浆缝。例如,葛洲坝大江电站厂房为了降低进口段与主机段之间的宽槽深度,在排沙孔底板以下设置灌浆缝,灌浆缝以上设置宽槽。

(2) 水电站厂房下部结构的施工

①满堂脚手架方案

满堂脚手架是在基坑中满布脚手架,用自卸汽车(机动翻斗车、斗车)和溜筒、溜槽入仓。

②活动桥方案

当厂房宽度较小、机组较多时,可采用活动桥浇筑混凝土。

③门塔机方案

大型厂房一般采用门塔机浇筑混凝土。

2. 水电站厂房上部结构施工

1) 混凝土结构的浇筑

厂房混凝土结构施工有现场直接浇筑、预制装配及部分现浇、部分预制等形式。浇筑时先浇筑竖向结构,后浇梁、板。

(1) 混凝土柱的浇筑

①混凝土的灌注

a. 混凝土柱灌注前,柱底基面应先铺 5~10cm 厚与混凝土内砂浆成分相同的水泥砂浆,后再分段分层灌注混凝土。

b. 凡截面在 40cm×40cm 以内或有交叉箍筋的混凝土柱,应在柱模侧面开口装上斜溜槽来灌注,每段高度不得大于2m。如箍筋妨碍溜槽安装时,可将箍筋一端解开提起,待混凝土浇至窗口的下口时,卸掉斜溜槽,将箍筋重新绑扎好,用模板封口,柱箍箍紧,继续浇上段混凝土。采用斜溜槽下料时,可将其轻轻晃动,加快下料速度。采用溜筒下料时,柱混凝土的灌注高度可不受限制。

c. 当柱高不超过 3.5m、截面大于 40cm×40cm 且无交叉钢筋时,混凝土可由柱模顶直接倒入。当柱高超过 3.5m 时,必须分段灌注混凝土,每段高度不得超过 3.5m。

②混凝土的振捣

a. 混凝土的振捣一般需要4人协同操作,其中2人负责下料,1人负责振捣,另1人负责开关振捣器。

b. 混凝土的振捣尽量使用插入式振捣器。当振捣器的软轴比柱长 0.5~1.0m 时，待下料至分层厚度后，将振捣器从柱顶伸入混凝土内进行振捣。当用振捣器振捣比较高的柱子时，则应从柱模侧预留的洞口插入，待振捣器找到振捣位置时，再合闸振捣。

c. 振捣时以混凝土不再塌陷，混凝土表面泛浆，柱模外侧模板拼缝均匀微露砂浆为好。也可用木槌轻击柱侧模判定，如声音沉实，则表示混凝土已振实。

（2）混凝土墙的浇筑

①混凝土的灌筑

a. 浇筑顺序应先边角后中部，先外墙后隔墙，以保证外部墙体的垂直度。

b. 高度在 3m 以内的外墙和隔墙，混凝土可以从墙顶向模板内卸料，卸料时须在墙顶安装料斗缓冲，以防混凝土发生离析。高度大于 3m 的任何截面墙体，均应每隔 2m 开洞口，装斜溜槽进料。

c. 墙体上有门窗洞口时，应从两侧同时对称进料，以防将门窗洞口模板挤偏。

d. 墙体混凝土浇筑前，应先铺 5~10cm 与混凝土内成分相同的水泥砂浆。

②混凝土的振捣

a. 截面尺寸较大的墙体，可用插入式振捣器振捣，其方法同柱的振捣。较窄或钢筋密集的混凝土墙，宜采用在模板外侧悬挂附着式振捣器振捣，其振捣深度约为 25cm。

b. 遇有门窗洞口时应在两边同时对称振捣，不得用振捣棒棒头敲击预留孔洞模板、预埋件等。

c. 当顶板与墙体整体现浇时，楼顶板端头部分的混凝土应单独浇筑，保证墙体的整体性。

（3）梁、板混凝土的浇筑

①混凝土的灌筑

a. 肋形楼板混凝土的浇筑应顺次梁方向，主次梁同时浇筑。在保证主梁浇筑的前提下，将施工缝留在次梁跨中 1/3 的范围内。

b. 梁、板混凝土宜同时浇筑。当梁高大于 1m 时，可先浇筑主次梁，后浇筑板。其水平施工缝应布置在板底以下 2~3cm 处。凡截面高大于 0.4m，小于 1m 的梁，应先分层浇筑梁混凝土，待混凝土楼板底面齐平后，梁、板混凝土同时浇筑。操作时先将梁的混凝土分层浇筑成阶梯形，并向前赶。当起始点的混凝土到达板底位置时，与板的混凝土一起浇筑。随着阶梯的不断延长，板的浇筑也不断向前推移。

c. 采用小车或料罐运料时，宜将混凝土料先卸在拌盘上，再用铁锹往梁中浇灌混凝土。在梁的同一位置上，模板两边下料应均衡。浇筑楼板时，可将混凝土料直接卸在楼板上，但应注意不可集中卸在楼板边角或上层钢筋处。楼板混凝土的虚铺高度可高于楼板设计厚度的 2~3cm。楼板厚度的控制工具有木橛头、角钢平尺等。

②混凝土的振捣

a. 混凝土梁应采用插入式振捣器振捣，从梁的一端开始，先在起头的一小段内浇一层与混凝土成分相同的水泥砂浆，再分层浇筑混凝土。浇筑时两人配合，一人在前面用插入式振捣器振捣混凝土，使砂浆先流到前面和底部，让砂浆包裹石子；另一人在后面用捣钎靠着侧板及底部往回钩石子，以免石子阻碍砂浆往前流。待浇筑至一定距离后，再回头浇第二层，直至浇捣至梁的另一端。

b. 浇筑梁柱或主次梁结合部位时，梁上部的钢筋较密集，普通振捣器无法直接插入振捣，此时可用振捣棒从钢筋空档插入振捣，或将振动棒从弯起钢筋斜段间隙中斜向插入振捣。

c. 楼板混凝土的捣固宜采用平板振捣器振捣。当混凝土虚铺有一定的工作面后，用平板振捣器来振捣。振捣方向应与浇筑方向垂直。楼板的厚度一般在10cm以下，振捣一遍即可密实。但通常为使混凝土板面更平整，可将平板振捣器再快速拖拉一遍，拖拉方向与第一遍的振捣方向相垂直。

（4）施工中应注意的问题

混凝土结构因尺寸较小，施工中应注意以下问题。

①振捣不实

a. 柱、墙底部未铺接缝砂浆，卸料时底部混凝土发生离析，石子集中于柱、墙底部而无法振捣出浆，造成底部"烂根"。

b. 混凝土灌注高度超过规定要求，易使混凝土发生离析，柱、墙底石子集中而缺少砂浆呈蜂窝状。

c. 振捣时间过长，使混凝土内石子下沉集中。

d. 分层浇筑时一次投料过多，振捣器不能伸入底部，造成漏振。

e. 楼地面不平整，柱墙模板安装时与楼地面裂隙过大，造成混凝土严重漏浆。

②柱边角严重蜂窝

a. 模板边角拼装缝隙过大，严重跑角造成边角蜂窝。因此，模板配制时，边角处宜采用阶梯缝搭缝。如果用直缝，模板缝隙应填塞。

b. 局部漏浆造成边角处蜂窝。

③柱、墙、梁、板结合部梁底出现裂缝

混凝土柱浇筑完毕后未经沉实而继续浇筑混凝土梁，在柱、墙、梁、板结合部梁底易出现裂缝。一般浇筑与柱和墙连成整体的梁和板时，应在柱（墙）浇筑完毕后停歇1.0~1.5h，使其获得初步沉实，再继续浇筑。

④拆模后楼板底出现露筋

a. 保护层垫块位置或垫块铺垫间距过大，甚至漏垫，钢筋紧贴模板，造成露筋。

b. 浇筑过程中，操作人员踩踏钢筋，使钢筋变形，拆模后出现露筋。

c. 模板缝隙过大、漏浆严重或下料时部分混凝土石多浆少造成露筋。因此下料时混凝土料应搭配均匀，避免局部石多浆少，模板的缝隙应填塞，防止漏浆。

2）厂房防水施工

屋面防水分为柔性防水（如卷材防水、涂膜防水）和刚性防水两类。

（1）柔性防水

屋面防水保温结构布置如图6.7所示。

下文对屋面防水保温各层结构施工进行介绍。

①保护层施工。防水材料如直接外露极易老化，一般需要设保护层。保护层根据防水材料的不同，有很多类型，如绿豆砂、水泥砂浆、小石混凝土或块料保护层等，其施工方法应根据设计要求选择。

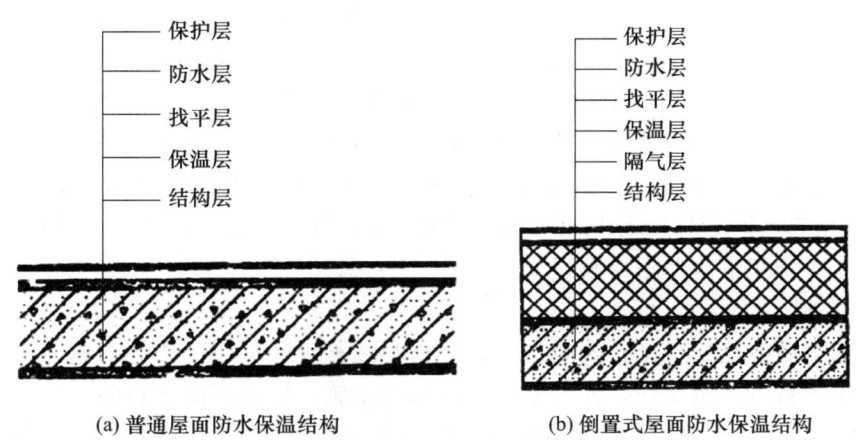

图 6.7 屋面防水保温结构布置

②防水层施工。

a. 防水卷材施工。铺设屋面防水层前,基层必须干净、干燥。当屋面保温层和找平层干燥困难时,宜设置排气屋面。卷材铺设方向应遵守：屋面坡度小于 3% 时,卷材应平行屋脊铺贴；屋面坡度为 3%～15% 时,卷材可平行或垂直屋脊铺贴；屋面坡度大于 15% 时,沥青防水卷材应平行屋脊铺贴,高聚物改性沥青防水卷材或合成高分子防水卷材可平行或垂直屋脊铺贴。沥青防水卷材施工工序为浇油,即在基层浇上或涂刷沥青玛琋脂,粘贴卷材,收边滚压。高聚物改性沥青防水卷材可采用冷黏法、热熔法、自黏法等方法粘贴。

b. 涂膜防水层施工。涂膜防水屋面是通过涂刷一定厚度无定形液态改性沥青或高分子合成材料,经过常温交联固化形成具有一定弹性的防水薄膜。涂膜防水层施工应分层涂刷,待先涂刷的涂层干燥成膜后,方可涂刷上一层。需铺胎体增强材料（玻璃纤维布、合成纤维薄毡、玻璃丝布、聚酯纤维无纺布等）时,屋面坡度小于 15% 时,可平行屋脊铺贴；屋面坡度大于 15% 时,应垂直于屋脊铺贴,并由屋面最低处向上铺贴。涂膜材料为多组分时,配料应准确,并搅拌均匀。涂膜应由两层以上涂层组成,每遍涂刷的推进方向宜与前一遍垂直,其总厚度应满足设计要求,涂层应厚薄均匀,表面平整。涂层中间夹铺胎体增强材料时,宜边涂刷边铺胎体,胎体应刮平并排除气泡,胎体与涂料应黏结良好,在胎体上涂刷时,应使涂料浸透胎体,覆盖完全。

③找平层施工。找平层为保温层与防水层的中间过渡层。找平层可用水泥砂浆、小石混凝土。找平层应留设分格缝,缝宽宜为 20mm,并嵌填密封材料。找平层表面应压实平整,排水坡度符合设计要求。

④保温层施工。保温材料有松散材料和板状材料两类。

松散保温材料一般采用膨胀珍珠岩,施工应分层铺设,并适当压实,每层需要铺厚度宜大于 150mm,压实程度与铺料厚度经试验确定。压实后不得直接在保温层上行车或堆放重物,施工人员应穿软底鞋。保温层施工完成后,应及时进行下道工序,尽快完成上部防水层的施工。在雨季施工应采取防雨措施。此外膨胀珍珠岩也可用水泥或沥青拌和现浇为整体。

板状保温材料有泡沫塑料板、微孔混凝土板、纤维板等,干铺的板状保温材料应紧靠在需要保温的基层表面，并应铺平垫稳。分层铺设的板块上下层接缝应相互错开，板间缝应用同类材料嵌填密实。泡沫塑料板可在基层上直接平铺。

⑤隔气层施工。隔气层铺设前，基层必须保持干燥、干净，隔气层应整体连续施工。隔气层材料可采用防水卷材或涂膜材料。倒置式屋面无隔气层。

⑥结构层施工。屋面结构要求表面清理干净。平屋面的排水坡度：结构找坡宜为3%、材料找坡宜为2%。天沟、檐沟纵向坡度不应小于1%，天沟内排水口周围应做成圆弧低洼坑，沟底水落差不得超过200mm。

(2) 刚性防水

刚性防水屋面是指用小石混凝土、块体材料或补偿收缩混凝土等材料做防水层，主要依靠混凝土自身的密实性，并采取一定的构造措施，以达到防水目的。

刚性防水屋面的结构层宜为整体现浇的钢筋混凝土，屋面坡度宜为2%~3%，并应采用结构找坡。

在结构层与防水层之间设置隔离层，一般采用低强度水泥砂浆、纸筋灰、麻筋灰、干铺卷材、塑料薄膜等，其作用是使结构层与防水层的变形互不制约，以减少防水层产生拉应力，导致刚性防水层产生裂缝。

刚性防水层应设分隔缝，缝内嵌填密封材料。小石混凝土防水层中的钢筋网应设置在混凝土内的上部，混凝土材料中应掺减水剂或防水剂，每个分格板块内混凝土必须一次浇筑完成；抹压时严禁表面洒水、加水泥浆或撒干水泥粉。混凝土收浆后应进行二次压光。

块体刚性防水层施工时，应用1:3水泥砂浆铺砌，块体之间的缝宽应为12~15mm，坐浆厚度不应小于25mm，面层用1:2的水泥砂浆，厚度不小于12mm，水泥砂浆中应掺防水剂。面层施工时，块料之间的缝隙应用水泥砂浆填满灌实，面层水泥砂浆应二次压光，做到抹平压实。

7 水利水电工程项目进度管理

7.1 工程项目进度管理概述

7.1.1 进度管理的概念与目的、意义与特点

水利水电工程项目进度管理，是指对水利水电工程项目各建设阶段的工作顺序和持续时间进行规划、实施、检查、协调及信息反馈等一系列活动的总称。

进度管理的最终目的是确保项目动用时间目标的实现。水利水电工程项目进度管理的总目标是项目建设工期。

水利水电工程进度管理的意义可归纳为四个方面：保证水利水电工程建设项目按预定的时间交付使用，及时发挥投资效益；维持经济秩序的良性循环；给承包商带来良好的经济效益；监理单位实行进度管理，可以加强进度管理的效果。

水利水电工程项目与其他工程项目不同，它有着许多不同的特点。因为它是在广阔的背景下，在复杂的自然环境中，在较长的施工周期内及在需要大量的资金投入的情况下进行的。它的困难程度远比其他周期短，范围小的项目要大得多。其中最重要的是时间因素。时间一长，许多因素就会起变化，例如：社会背景会起变化，地区与地区之间，上游与下游，左岸与右岸，由于经济文化发展的不平衡，在地方效益分配和征地移民工作等方面，随着时间的推移，都会出现新的矛盾，甚至提出更高的要求，从而影响工程的建设。其次，建设周期过长，自然环境也会变化，其中最主要的是气象、水文、地质和上下游梯级建设期的搭接等因素。时间越长，不利自然条件出现的概率就越高。

按施工计划抢时间，按季节完成计划的工程项目和工程量，要求大坝填筑到规定的设计高程，否则拖延进度，使工程竣工至少推迟一年或冲毁已成建筑物，损毁施工机械设备及造成人员伤亡。因此，在水利水电工程中控制施工季节抢时间是进度管理的关键。另外一个具有普遍性的因素，就是市场经济的物价上涨因素。时间越长，投资增长的时间效应越明显。物价上涨因素直接影响水利水电工程项目的投资效果。

综上所述，针对水利水电工程项目特点，进度管理除了立足实现建设工期总目标，其关键性环节诸如施工导流，围堰截流，基础处理，施工度汛，坝体拦洪，水库蓄水和机组发电等单项工程项目开工时间及季节性停工时间的控制，就显得至关重要，它们是实现水利水电工程项目进度总目标的基础。

7.1.2 影响工程进度的主要因素

工程建设进度管理是一个动态过程，影响因素多，风险大，要达到有效控制进度，必须对影响进度的因素进行认真的分析预测，事先采取措施，适应变化，尽量缩小计划

进度与实际进度的偏差，实现对建设项目的主动控制。

首先，进度管理的影响因素首先来自建设单位，包括建设单位提出的项目时间动用目标，资金、材料、设备的供应进度，各项准备工作的进度，以及建设单位管理的绩效等。

其次，进度管理的影响因素来自勘测设计单位，包括勘测设计目标的确定，可投入的勘测设计力量及其工作效率，各设计专业的配合状况，工程设计的难度，审查文件的进展速度，以及建设单位与设计单位的协作状况等。

再次，进度管理的影响因素来自施工单位，包括施工进度目标的确定，施工组织设计（施工规划）的编制，施工企业的生产能力和管理素质，投入的人力和装备规模，以及分包施工单位的进度保证能力等。

还有环境因素和风险因素的影响，包括上级领导部门的指令和指导意见，承包市场和物资供应市场的状况，国家财政状况，政治影响，气候影响，使用要求及建设目标变更的可能性，改革的影响，偶发性不可抗力因素等。

最后，影响进度的因素很多，可以归纳为人为因素、技术因素、材料和设备因素、机具因素、地基因素、资金因素、气候因素、环境因素等。其中人的因素是主要的干扰因素。上述干扰因素在工程建设的实施过程中往往是以以下形式表现出来的。

以上诸多的影响因素既是客观存在的，许多又是人为的，可以预测和控制的。建设监理单位参与进度管理，既构成了影响进度的重要因素，又可以通过签订合同，接受建设单位的委托，采用有效的方法和手段，对各种进度管理的影响因素实施干预，以确保进度管理目标的实现。

7.2 工程项目进度优化

网络计划的优化是指在既定约束条件下，按某一目标通过不断改善网络计划的最初方案，得到相对最佳的网络计划。优化内容包括工期优化、费用优化、资源优化等。网络计划的优化需要进行大量烦琐的计算，因此必须借助计算机来完成。

7.2.1 工期优化

工期优化是指在一定约束条件下，按合同工期目标，通过延长或缩短计算工期以达到合同工期的目标。

(1) 工期优化仅有两种情况。

①计算工期小于合同工期时，延长关键线路上关键工序作业时间，使其达到合同工期。

②计算工期大于合同工期时，缩短关键线路上关键工序作业时间，使其达到合同工期。在压缩过程中要特别注意，当缩短关键线路时，会使一些时差小的非关键线路变为关键线路。这时要反复进行。继续缩短新关键线路上关键工序的作业时间，逐次逼近，直到满足要求的合同工期。

(2) 选择哪条关键工序来压缩，需要考虑以下几个方面的因素。

①备用资源充足。

②压缩作业时间对质量和安全的影响较小。

③压缩作业时间所需增加的费用最少。
④重复以上步骤,直至满足工期要求为止。
⑤当所有关键工作的持续时间都已达到其能缩短的极限,而工期仍不能满足要求时,应对计划的原技术方案、组织方案进行调整或对要求工期进行重新审定。

7.2.2 费用优化

费用优化是通过不同工期及其相应工程费用的比较,寻求与最低工程费用相对应的最优工期。

(1) 工程费用包括直接费用和间接费用两部分。

直接费用是指直接用于建筑工程上的人工费、材料费、建筑机械使用费等,它主要由建筑工程的各工序的直接费用构成。间接费用主要指组织和管理建筑工程施工的各项经营管理费,如机关工作人员工资、行政办公费、职工福利与教育经费、银行贷款利息等。

(2) 工程费用与工期有密切关系。

在一定范围内,直接费用随着时间的延长而减少,而间接费用则随着时间的延长而增加,工程费用与工期的关系如图7.1所示。

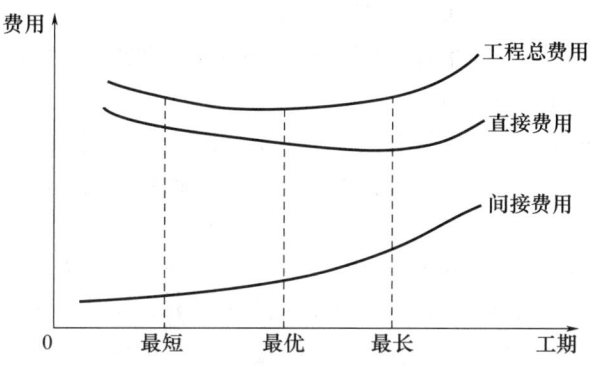

图7.1 工程费用与工期的关系

直接费用在一定范围内和时间成反比。因为施工时要缩短时间,需要采取加班加点多班制作业,增加许多非熟练工人,并且增加机械设备和材料,以及照明费用等,所以直接费用也随之增加,然而工期缩短存在一个极限,也就是无论增加多少直接费用,都不能再缩短工期。此极限称为临界点,此时的时间为最短工期,此时的费用称为最短时间直接费用;反之,若延长时间,则可减少直接费用,然而时间延长至某一极限,则无论将工期延至多长,也不能再减少直接费用。此极限称为正常点。此时的工期称为正常工期,此时的费用称为最低费用或正常费用。

(3) 工期-费用优化的计算。

①按工作正常持续时间找出关键工作及关键线路。

②式(7.1)计算各项工作的费用率,即

$$\Delta C_{i-j} = \frac{CC_{i-j} - CN_{i-j}}{DN_{i-j} - DC_{i-j}} \tag{7.1}$$

式中,ΔC_{i-j}为工作的费用率;CC_{i-j}为将工作持续时间缩短为最短持续时间后,完成该工作所需的直接费用；CN_{i-j}为在正常条件下完成工作$i-j$所需的直接费用；DN_{i-j}为工作i的正常持续时间；DC_{i-j}为工作j的最短持续时间。

③在网络计划中找出费用率最低的一项关键工作或一组关键工作，作为缩短持续时间的对象。

④缩短找出的关键工作或一组关键工作的持续时间，其缩短值必须符合不能压缩成非关键工作和缩短后持续时间不小于最短持续时间的原则。

⑤计算相应增加的直接费用。

⑥考虑工期变化带来的间接费用及其他损益，在此基础上计算总费用。

⑦重复③至⑥步骤，一直计算到总费用最低。

7.2.3 资源优化

资源是完成一项任务所投入的人力、材料、机械设备、资金等的统称。完成一项工作所需要的资源基本上是不变的，所以资源优化是通过改变工作的开始时间和完成时间使资源均衡。一般情况下，网络计划的资源优化分为两种，即"资源有限-工期最短"和"工期固定-资源均衡"。资源优化的前提：①不改变网络计划中各工作之间的逻辑关系；②不改变各工作的持续时间；③一般不允许中断工作，除规定可中断的工作外。

1. "资源有限-工期最短"的优化

"资源有限-工期最短"是在满足资源限制条件下，调整计划安排，使工期延长最少的优化。一般可按下列步骤进行。

（1）绘制时标网络计划，并计算每个单位时间的资源需求量R_t。

单位时间资源需求量R_t等于平行的各个工作资源强度之和（各工作的单位时间资源需求量）。

（2）从计划开始之日起（从网络起始节点开始到网络终点节点），逐个检查每个时间段的资源需求量R_t是否超过所能供应的资源限量R_a，如果出现资源需求量R_t超过资源限量R_a的情况，则要对资源冲突的诸工作按新的顺序安排，采用的方法是将一项工作安排在另一项工作之后开始，选择的标准是使工期延长最短。一般调整的次序：先调整时差大的、资源小的（在同一时间段中调整工作的资源之和小的）工作。

2. "工期固定-资源均衡"的优化

"工期固定-资源均衡"的优化是指在保持工期不变的情况下，调整工程施工进度计划，使资源需求量尽可能均衡，每个单位时间资源的需求量尽量不出现过多的高峰和低谷。这样有利于工程建设的组织与管理，降低工程施工费用。

（1）"工期固定-资源均衡"优化的主要指标。

①资源不均衡系数K

其计算见式（7.2）。

$$K = \frac{R_{\max}}{R_{\mathrm{m}}} \tag{7.2}$$

式中，$R_{\max}$为资源需求量的最大值，其计算见式（7.3）；R_{m}为资源需求量的平均值，其计算见式（7.4）。

$$R_{\max} = \max\{R_t\} \qquad t = 1, 2, 3, \cdots, T \tag{7.3}$$

式中，t 为具体的时间单位；T 为考察的总时间长度；其余符号意义同前。

$$R_m = \frac{1}{T}\sum_i^T R_t \qquad (7.4)$$

式中，符号意义同前。

②极差值 ΔR

其计算见式（7.5）。

$$\Delta R = \max[|R_t - R_m|] \quad t=1,2,3,\cdots,T \qquad (7.5)$$

式中，符号意义同前。

极差值 ΔR 是单位时间计划资源需求量与资源需求量平均值之差的最大值，极差值 ΔR 越大，说明工程过程中资源需求越不均衡，极差值 ΔR 越小，说明工程过程中资源需求越均衡，因此极差值 ΔR 越小越好。

③均衡方差值 σ^2

其计算见式（7.6）。

$$\sigma^2 = \frac{1}{T}\sum_i^T (R_t - R_m)^2 \qquad (7.6)$$

式中，符号意义同前。

均方差是单位时间资源需求量与资源需求量平均值之差平方和的平均值，该值越小越好。如果调整某工作向右移一天，如果使 σ^2 最小，经过计算要使式（7.7）成立。

$$R_t + r_{ij} - R_n \leqslant 0 \qquad (7.7)$$

式中，R_t 为工作调整前该工作结束后第一天的资源量；r_{ij} 为调整工作的资源量；R_n 为工作调整前该工作开始第一天的资源量。

（2）"工期固定-资源均衡"优化的步骤。

①绘制时标网络计划并计算每天资源需求量。

②确定削峰目标，削峰值等于单位时间需求量的最大值减去一个需求单位。

③从网络终点节点开始向网络始点节点优化，逐一调整非关键工作（调整关键工作会影响工期），调整的次序为先迟后早，相同时调整时差大的工作，如再相同时调整后资源接近于平均资源的工作。

④按式（7.7）确定工作是否调整。

⑤绘制调整后的网络计划图，并计算单位时间资源需求量。

⑥重复②至⑤步骤，直至峰值不能再调整。

7.3 工程项目进度控制

7.3.1 进度控制的系统过程

建设工程实施过程中，监理工程师应定期对进度计划的进行情况进行跟踪检查，发现问题后，及时采取措施加以解决。建设工程进度监测系统过程如图 7.2 所示。

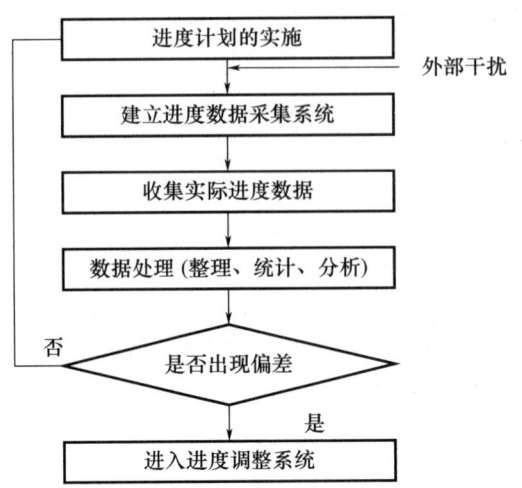

图 7.2　建设工程进度监测系统过程

（1）进度计划执行中的跟踪检查

对进度计划中的执行情况进行跟踪检查是计划执行信息的主要来源，是进度分析和调整的依据，也是进度控制的关键步骤。跟踪检查的主要工作是定期收集反映工程实际进度的有关数据，收集的数据应当全面、真实、可靠，应认真做好以下三方面的工作。

①定期收集进度报表资料。进度报表是反映工程实际进度的主要方法之一。进度执行单位应按进度监理制度规定的时间和报表内容，定期填写进度报表。监理工程通过收集进度报表资料掌握实际进度情况。

②现场实地检查工程进展情况。派监理人员常驻现场，随时检查进度计划的实际情况，这样可以加强进度监测工作，掌握工程实际进度的第一手资料，使获取的数据更加及时、准确。

③定期召开现场会议。定期召开现场会议，监理工程师通过与进度计划执行单位的有关人员面对面地交谈，既可以了解工程实际进度状况，也可以协调有关方面的进度关系。

一般来说，进度控制的效果与收集数据资料的时间间隔有关。多长时间进行一次进度检查是监理工程师应当确定的问题。如果不定期收集实际进度数据，就难以有效地控制实际进度。进度检查的时间间隔与工程项目的类型、规模、监理对象及有关条件等多方面因素相关，可视工程的具体情况，每月、每半月或每周进行一次检查。特殊情况下，可每日进行进度检查。

（2）实际进度数据的加工处理

为了进行实际进度与计划进度的比较，必须对收集的实际进度数据进行加工处理，形成与进度计划具有可比性的数据。例如，对检查时段实际完成工作量的进度数据进行整理、统计分析，确定本期累计完成的工作量、本期已完成的工作量占计划总工作量的百分比等。

（3）实际进度数据处理

将实际进度数据与计划进度数据进行比较，可以确定建设工程实际执行情况与计划目标之间的差距。为了直观反映实际进度偏差,通常采用表格或图形进行实际进度与计划进度的对比分析,从而得出实际进度比计划超前、滞后还是一致的结论。

(4) 进度调整的系统过程

在建设工程实施进度监测过程中,一旦发现实际出现进度偏差偏离计划进度,即出现进度偏差时,必须认真分析产生偏差的原因及其对后续工作和总工期的影响,必要时采取合理、有效的进度计划调整措施,确保进度总目标的实现。建设工程进度调整系统过程如图 7.3 所示。

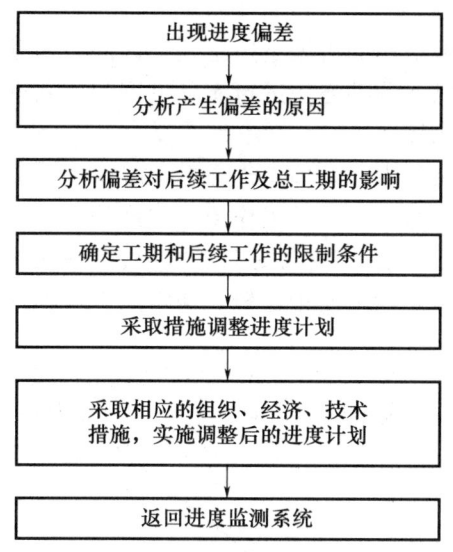

图 7.3 建设工程进度调整系统过程

①分析进度偏差产生的原因。通过实际进度与计划进度的比较,可发现进度产生偏差时,为了采取有效措施调整进度计划,必须深入现场进行调查,分析产生进度偏差的原因。

②分析进度偏差对后续工作和总工期的影响。当查明进度偏差产生的原因之后,要分析进度偏差对后续工作和总工期的影响程度,以确定是否应采取措施调整进度计划。

③确定后续工作和总工期的限制条件。当出现的进度偏差影响到后续工作或总工期而需要采取进度调整措施时,应当首先确定可调整进度的范围,主要指关键节点、后续工作的限制条件以及总工期允许变化的范围。这些限制条件往往与合同条件有关,需要认真分析后确定。

④采取措施调整进度计划。采取进度调整措施,应以后续工作和总工期的限制条件为依据,确保要求的进度目标得到实现。

⑤实施调整后的进度计划。进度计划调整之后,应采取相应的组织、经济、技术措施执行,并继续监测其执行情况。

7.3.2 施工进度动态控制方法

在工程项目的实施过程中,应定期地对进度计划的执行情况进行跟踪检查,以便发现问题后能及时采取措施加以解决。其中,实际进度与计划进度的比较是其主要环节。

常用的方法有横道图比较法、S 曲线比较法、香蕉曲线比较法、前锋线比较法及赢得值分析法。

1. 横道图比较法

横道图比较法是指将项目实施过程中检查实际进度收集的数据，经加工整理后直接用横道线平行绘于原计划的横道线处，进行实际进度与计划进度的比较方法。采用横道图比较法，可以形象、直观地反映实际进度与计划进度的比较情况。

根据各项工作的进度偏差，进度控制者可以采取相应的纠偏措施对进度计划进行调整，以确保该工程按期完成。

然而，工程项目中各项工作的进展不一定是匀速的。根据工程项目中各项工作的进展是否匀速，可分别采用以下两种方法进行实际进度与计划进度的比较。

（1）匀速进展横道图比较法

匀速进展是指在工程项目中，每项工作在单位时间内完成的任务量都是相等的，即工作的进展速度是均匀的。此时，每项工作累计完成的任务量与时间呈线性关系，工作匀速进展时任务量与时间的关系曲线如图 7.4 所示。完成的任务量可以用实物工程量、劳动消耗量或费用支出表示。为了便于比较，通常用上述物理量的百分比表示。

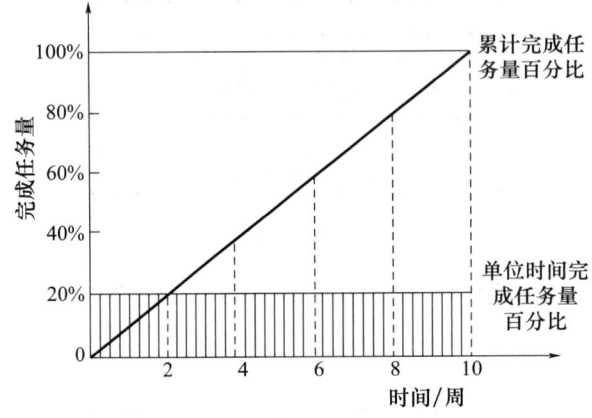

图 7.4　工作匀速进展时任务量与时间的关系曲线

采用匀速进展横道图比较法时，其步骤如下。

①编制横道图进度计划。

②在进度计划上标出检查日期。

③将检查收集到的实际进度数据经加工整理后按比例用涂黑的粗线标于计划进度的下方，匀速进展横道图比较法如图 7.5 所示。

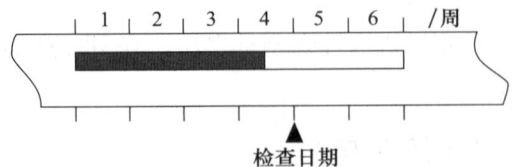

图 7.5　匀速进展横道图比较法

④对比分析实际进度与计划进度。如果涂黑的粗线右端落在检查日期左侧，表明实际进度拖后；如果涂黑的粗线右端落在检查日期右侧，表明实际进度超前；如果涂黑的粗线右端与检查日期重合，表明实际进度与计划进度一致。

必须指出，该方法仅适用于工作从开始到结束的整个过程中，其进展速度均为固定不变的情况。如果工作的进展速度是变化的，则不能采用这种方法进行实际进度与计划进度的比较；否则，会得出错误的结论。

（2）非匀速进展横道图比较法

当工作在不同单位时间里的进展速度不相等时，累计完成的任务量与时间的关系就不可能是线性关系。此时，应采用非匀速进展横道图比较法进行工作实际进度与计划进度的比较。非匀速进展横道图比较法在用涂黑粗线表示工作实际进度的同时，还要标出其对应时刻完成任务量的累计百分比，并将该百分比与其同时刻计划完成任务量的累计百分比相比较，判断工作实际进度与计划进度之间的关系。

采用非匀速进展横道图比较法时，其步骤如下。

①编制横道图进度计划。

②在横道线上方标出各主要时间工作的计划完成任务量累计百分比。

③在横道线下方标出相应时间工作的实际完成任务量累计百分比。

④用涂黑粗线标出工作的实际进度，从开始之日标起，同时反映该工作在实施过程中的连续与间断情况。

⑤通过比较同一时刻实际完成任务量累计百分比和计划完成任务量累计百分比，判断工作实际进度与计划进度之间的关系。如果同一时刻横道线上方累计百分比大于横道线下方累计百分比，表明实际进度拖后，拖欠的任务量为二者之差；如果同一时刻横道线上方累计百分比小于横道线下方累计百分比，表明实际进度超前，超前的任务量为二者之差；如果同一时刻横道线上下方两个累计百分比相等，表明实际进度与计划进度一致。

可以看出，工作进展速度是变化的，因此，在图中的横道线，无论是计划的还是实际的，只能表示工作的开始时间、完成时间和持续时间，并不表示计划完成的任务量和实际完成的任务量。此外，采用非匀速进展横道图比较法，不仅可以进行某一时刻（如检查日期）实际进度与计划进度的比较，而且还能进行某一时间段实际进度与计划进度的比较。当然，这需要实施部门按规定的时间记录当时的任务完成情况。

横道图比较法虽具有记录和比较简单、形象直观、易于掌握、使用方便等优点，但其以横道计划为基础，因而带有不可克服的局限性。在横道计划中，各项工作之间的逻辑关系表达不明确，关键工作和关键线路无法确定。一旦某些工作实际进度出现偏差时，难以预测其对后续工作和工程总工期的影响，也就难以确定相应的进度计划调整方法。因此，横道图比较法主要用于工程项目中某些工作实际进度与计划进度的局部比较。

2. S 曲线比较法

S 曲线比较法是以横坐标表示时间，纵坐标表示累计完成任务量，绘制一条按计划时间累计完成任务量的 S 曲线。然后将工程项目实施过程中各检查时间实际累计完成任务量的 S 曲线也绘制在同一坐标系中，进行实际进度与计划进度比较的一种方法。从整个工程项目实际进展全过程看,单位时间投入的资源量一般是开始和结束时较少,中间阶段较多。与其相对应,单位时间完成的任务量也呈同样的变化规律。而随工程进展累计完成的任务量则应呈 S 形变化,由于其形似英文字母 S,S 曲线因此而得名。

(1) S 曲线的绘制步骤

① 确定单位时间计划完成任务量;

② 计算不同时间累计完成任务量;

③ 根据累计完成任务量绘制 S 曲线。

(2) 实际进度与计划进度的比较

同横道图比较法一样,S 曲线比较法也是在图上进行工程项目实际进度与计划进度的直观比较。在工程项目实施过程中,按照规定时间将检查收集到的实际累计完成任务量绘制在原计划 S 曲线图上,即可得到实际进度 S 曲线,S 曲线比较法如图 7.6 所示。通过比较实际进度 S 曲线和计划进度 S 曲线,可以获得以下信息。

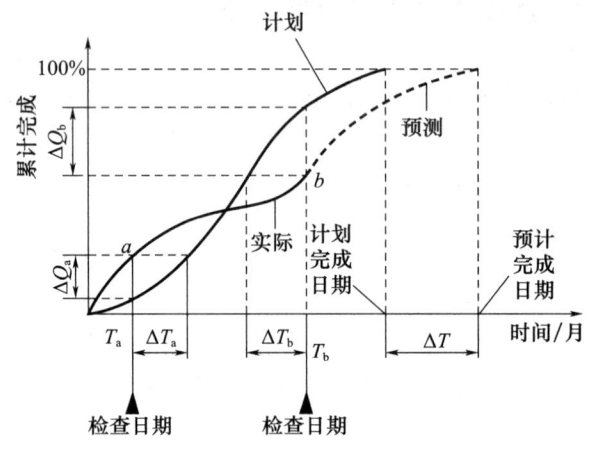

图 7.6　S 曲线比较法

① 工程项目实际进展状况。如果工程实际进展点落在计划 S 曲线左侧,表明此时实际进度比计划进度超前,如图 7.6 中的 a 点;如果工程实际进展点落在 S 计划曲线右侧,表明此时实际进度拖后,如图 7.6 中的 b 点;如果工程实际进展点正好落在计划 S 曲线上,则表示此时实际进度与计划进度一致。

② 工程项目实际进度超前或拖后的时间在 S 曲线比较图中可以直接读出实际进度比计划进度超前或拖后的时间。如图 7.6 所示,ΔT_a 表示 T_a 时刻实际进度超前的时间;ΔT_b 表示 T_b 时刻实际进度拖后的时间。

③ 工程项目实际超额或拖欠的任务量在 S 曲线比较图中也可直接读出实际进度比计划进度超额或拖欠的任务量。如图 7.6 所示,ΔQ_a 表示 T_a 时刻超额完成的任务量,ΔQ_b 表示 T_b 时刻拖欠的任务量。

④ 后期工程进度预测。如果后期工程按原计划速度进行,则可做出后期工程计划 S 曲线如图 7.6 中虚线所示,从而可以确定工期拖延预测值 ΔT。

3. 香蕉曲线比较法

在网络计划中,除了关键活动,其他活动都有最早可能开始时间和最迟必须开始时间，分别用 T_{ES} 和 T_{LS} 表示，对于关键活动有 $T_{ES}=T_{LS}$。如果分别按最早可能开始时间和最迟必须开始时间安排进度来绘制 S 曲线，就可以得到两条 S 曲线，即 ES 曲线和 LS 曲线。这两条曲线具有相同的开始时间和相同的结束时间，它们合在一起组成一个闭合曲线，形状像一只"香蕉"，因此被称为"香蕉"曲线，"香蕉"曲线比较法如图 7.7 所示。

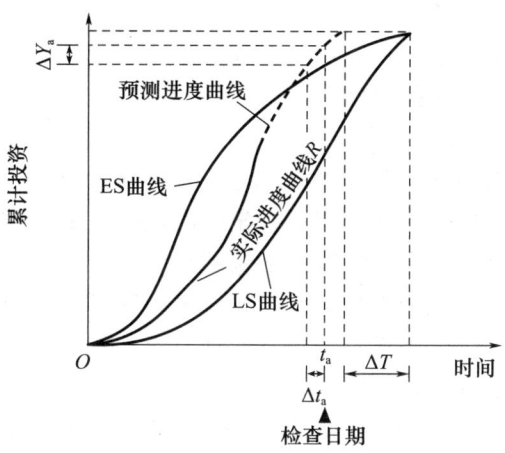

图 7.7 "香蕉"曲线比较法

利用"香蕉"曲线进行项目施工进度动态控制，主要可以从以下几个方面进行。

(1) 工程实际进度状态分析

首先绘出工程的"香蕉"曲线，然后根据实际施工情况，绘制工程的实际进度曲线 R。将"香蕉"曲线与 R 曲线进行比较，如果 R 曲线位于"香蕉"曲线范围之内，表示进度正常，处于理想状态；如果 R 曲线位于 ES 曲线上方，则表示实际进度超前；如果 R 曲线位于 LS 曲线的下方，则表示实际进度拖后。

(2) 总工期预测

根据 R 曲线提供的进度信息，可以预测将来实际进度的发展趋势，如图 7.7 中 R 曲线的虚线所示。利用"香蕉"曲线的终点与预测曲线 R 终点的横坐标的相差值，可以估计实际进度未来完成状态，当预测曲线 R 终点的横坐标大于"香蕉"曲线的终点横坐标时，表明总工期拖后；反之说明工期提前。图 7.7 中 ΔT 即为施工工期偏差（提前）。

(3) 进度偏差分析

"香蕉"曲线可以直观地反映进度的偏差值，为进度控制提供决策信息。如图 7.7 中 Δt_a 表示在检查日期进度提前完成的时间；ΔY_a 表示在检查日期进度提前完成工程量的百分比。

(4) 选择不同的进度控制日期点 t_a

可以跟踪判断进度不同执行状态是提前还是延后，从而实现对工程项目进度进行动态跟踪控制。

4. 前锋线比较法

前锋线比较法是通过绘制某检查时刻工程实际进度前锋线，进行工程实际进度与计划进度比较的方法，它主要适用于时标网络计划。前锋线是指在原时标网络计划上，从检查时刻的时标点出发，用点画线依次将各项工作实际进展位置点连接而成的折线。

前锋线比较法就是通过实际进度前锋线与原进度计划中各工作箭线交点的位置来判断工作实际进度与计划进度的偏差，进而判定该偏差对后续工作及总工期影响程度的一种方法。

采用前锋线比较法进行实际进度与计划进度的比较，其步骤如下。

(1) 绘制时标网络计划图

工程项目实际进度前锋线是在时标网络计划图上表示，为清楚起见，可在时标网络计划图的上方和下方各设一时间坐标。

(2) 绘制实际进度前锋线

一般从时标网络计划图上方时间坐标的检查日期开始绘制，依次连接相邻工作的实际进展位置点，最后与时标网络计划图下方坐标的检查日期相连接。

工作实际进展位置点的标定方法有以下两种。

①按该工作已完任务量比例进行标定。假设工程项目中各项工作均为匀速进展，根据实际进度检查时刻该工作已完任务量占其计划完成总任务量的比例，在工作箭线上从左至右按相同的比例标定其实际进展位置点。

②按尚需作业时间进行标定。当某些工作的持续时间难以按实物工程量来计算而只能凭经验估算时，可以先估算检查时刻到该工作全部完成尚需作业的时间，然后在该工作箭线上从右向左逆向标定其实际进展位置点。

(3) 进行实际进度与计划进度的比较

前锋线可以直观地反映出检查日期有关工作实际进度与计划进度之间的关系。对某项工作来说，其实际进度与计划进度之间的关系可能存在以下三种情况。

①工作实际进展位置点落在检查日期的左侧，表明该工作实际进度拖后，拖后的时间为二者之差。

②工作实际进展位置点与检查日期重合，表明该工作实际进度与计划进度一致。

③工作实际进展位置点落在检查日期的右侧，表明该工作实际进度超前，超前的时间为二者之差。

(4) 预测进度偏差对后续工作及总工期的影响

通过实际进度与计划进度的比较确定进度偏差后，还可根据工作的自由时差和总时差预测该进度偏差对后续工作及项目总工期的影响。由此可见，前锋线比较法既适用于工作实际进度与计划进度之间的局部比较，又可用来分析和预测工程项目整体进度状况。

值得注意的是，以上比较是针对匀速进展的工作。对于非匀速进展的工作，比较方法较复杂，因篇幅关系，不再赘述。

5. 赢得值分析法

赢得值（Earned Value，也称挣值或盈余值）分析法是一种能全面衡量工程进度、费用状况的整体方法，其基本要素是用货币量代替工程量来测量工程的进度，它不以投入资金的多少来反映工程的进展，而是以资金已经转化为工程成果的量来衡量，是一种完整和有效的工程项目动态控制方法。

赢得值分析实际上是一种分析目标实施与目标期望之间差异的方法，故又常称为偏差分析法。赢得值分析通过测量已完成工作的预算费用、已完成工作的实际费用和计划工作的预算费用来得到有关计划实施的进度和费用偏差，从而达到判断项目预算和进度计划执行情况的目的。其独特之处在于以预算和费用来衡量工程的进度。

赢得值分析法一般用三个基本值来表示项目的实施状态,并以此预测项目可能的完工时间和完工时的可能费用,三个基本值如下。

(1) 计划工作预算费用（Budgeted Cost of Work Scheduled，BCWS）

某一时点应当完成的工作所需费用的累计值,即根据批准认可的进度计划和预算到某一时点应当完成的工作所需投入的资金,它等于计划工程量与预算单价的乘积的累加之和。该值是衡量工程进度和工程费用的标尺或基准。

(2) 已完工作预算费用（Budgeted Cost of Work Performed，BCWP）

即根据批准认可的预算,某一时点已经完成的工作所需要费用的累计值。它等于已完工程量与预算单价的乘积累积之和。它反映了满足质量标准的工程实际进度和工作绩效,体现了投资到工程成果的转化。

(3) 已完工作实际费用（Actual Cost of Work Performed，ACWP）

某一时点已完成的工作所实际花费费用的总金额。它等于已完工程量与实际支付单价（合同价）的乘积累积之和。三个基本值之间的关系如图 7.8 所示。

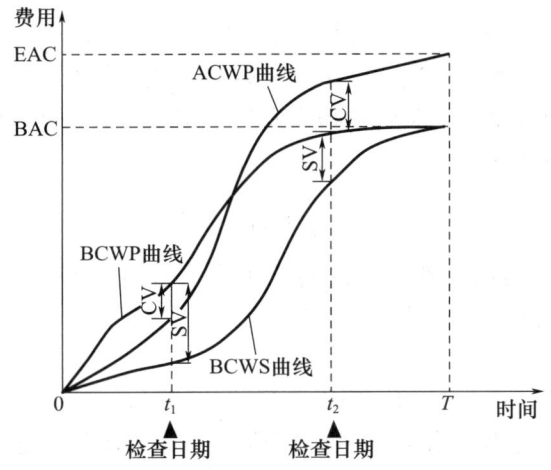

EAC—Estimate At Completion(完工估算费用); BAC—Budget At Completion(完工预算费用);
SV—Schedule Variance(进度偏差); CV—Cost Variance(费用偏差)。

图 7.8　三个基本值之间的关系

运用赢得值分析法进行项目施工进度动态控制,主要可以从以下几个方面进行分析。

①偏差分析

已完工作预算费用（BCWP）和计划工作预算费用（BCWS）建立在相同预算的基础上。若在同一时间里进行比较,BCWS 表示按进度计划应完成的工作的预算费用,BCWP 表示实际完成工作的预算费用。此时,BCWP 和 BCWS 二者之差额称为进度偏差（Schedule Variance，SV），即式（7.8）。

$$SV = BCWP - BCWS \tag{7.8}$$

显然,SV>0 表示已完成预算值超过计划预算值,进度提前;SV=0 表示已完成预算值等于计划预算值,实际进度等于计划进度;SV<0 表示已完成预算值小于计划预

算值，进度拖后。

然而，ACWP 反映已完工作的实耗费用，BCWP 反映已完工作的计划费用。因此两者之间的关系表示在某检测日期内完成相同工作时，实际资源消耗与计划资源值之间的关系，两者之差称为费用偏差（Cost Variance，CV），即式（7.9）。

$$CV = BCWP - ACWP \tag{7.9}$$

显然，CV>0 表示已完成工作的实际资源消耗低于计划值，工作效率高；CV=0 表示已完成工作的实际资源消耗等于计划值，工作效率正常；CV<0 表示已完成工作的实际资源消耗高于计划值，工作效率低。

②偏差率分析

将前两个指标 SV 和 CV 进一步拓展，可以得到两个新的指标进度偏差率（Schedule Variance Percentage，SVP）和费用偏差率（Cost Variance Percentage，CVP）。

进度偏差率反映在项目实施过程中发生的进度偏差发展趋势，体现进度偏差在未来是恒定、递增还是递减，计算公式为式（7.10）。

$$SVP = \frac{SV}{BCWS} \times 100\% \tag{7.10}$$

若 SVP 的发展趋势是由小到大，说明该工程进度一直处于向前赶工状态；若 SVP 是由大到小变化的，则说明工程进度处于越来越慢的拖后状态。

费用偏差率反映的是项目在实施过程中发生费用偏差的发展趋势，体现项目累计成本超支（节约）的发展状况，计算公式为式（7.11）。

$$CVP = \frac{CV}{BCWP} \times 100\% \tag{7.11}$$

若 CVP 的发展趋势是由小到大，说明该工程累计成本超支（节约）呈减少趋势；若 CVP 是由大到小变化的，则说明工程累计成本超支（节约）增加。

③绩效指数分析

进度绩效指数（Schedule Performance Index，SPI）和费用绩效指数（Cost Performance Index，CPI）这两个参数能够说明项目的健康状况，也能够说明项目是否按时进行，是否被控制在预算范围内，或者是出现了其他情况。

进度绩效指数表明实际进度与计划进度之间的偏离程度，计算公式为式（7.12）。

$$SPI = \frac{BCWP}{BCWS} \tag{7.12}$$

当 SPI>1 时，表示实际进度超前；当 SPI=1 时，表示实际进度与计划相符；当 SPI<1 时，表示实际进度落后。

费用绩效指数表明了实际费用和预算费用之间的偏离程度，计算公式为式（7.13）。

$$CPI = \frac{BCWP}{ACWP} \tag{7.13}$$

CPI>1 时，表示实际费用低于预算费用；当 CPI=1 时，表示实际费用与预算费用相等；当 CPI<1 时，表示实际费用超出预算费用。

④SPI-CPI 曲线图分析

将计算得到的 CPI、SPI 指标值在坐标图上以时间为横坐标绘制，就可以得到 SPI-CPI 曲线，SPI-CPI 如图 7.9 所示。

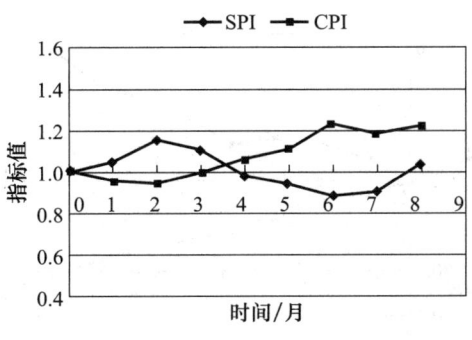

图7.9 SPI-CPI曲线

图7.9可以直观地反映费用和进度的状况。如果SPI-CPI曲线均在横轴上方,就是一种较理想的状态,且曲线离横轴越远越好;如果SPI-CPI曲线均在横轴下方,则是一种不良的状态,且曲线离横轴越远越差。由于费用与进度的增长不一定同步,所以SPI-CPI曲线会呈现出多种形态,主要有以下几种。

a. 状态1:费用比预算节约,进度比计划提前,这是最理想的状况,说明用了较少的投入收到了比预想还要好的效果,状态1的SPI-CPI曲线如图7.10所示。

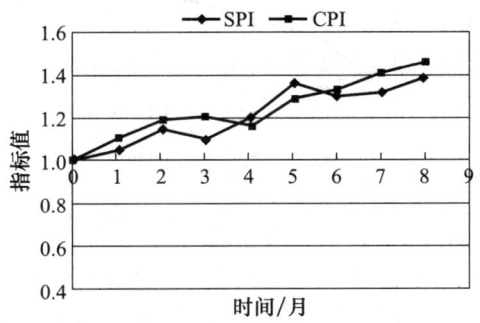

图7.10 状态1的SPI-CPI曲线

b. 状态2:费用超预算,进度拖后,这是最糟糕的状况,说明投入更多却没有得到应有的进度,状态2的SPI-CPI曲线如图7.11所示。

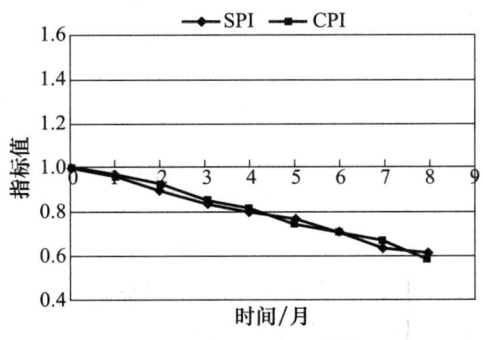

图7.11 状态2的SPI-CPI曲线

c. 状态3:费用比预算节约,但进度比计划落后,说明虽然费用控制得比较好,但没有取得应有的进度,状态3的SPI-CPI曲线如图7.12所示。

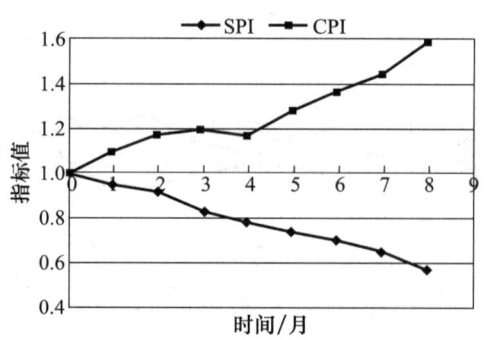

图 7.12　状态 3 的 SPI-CPI 曲线

d. 状态 4：进度提前了，但费用超支，说明进度的超前是用额外的费用付出换来的，状态 4 的 SPI-CPI 曲线如图 7.13 所示。

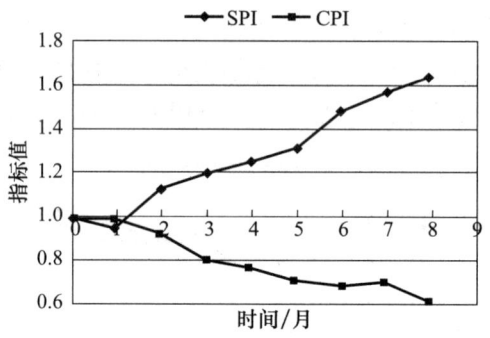

图 7.13　状态 4 的 SPI-CPI 曲线

由分析可知，管理人员应及时对 CPI-SPI 曲线进行观察和分析，以掌握项目费用和进度的最新情况，采取相应的措施使成本和进度得到有效的控制，实现对工程施工进度的动态控制。

8 水利水电工程项目质量管理

8.1 质量管理与质量控制

质量管理包括质量控制,质量控制是质量管理的一部分而不是全部,对质量相关的环节因素进行合理分析并进行适宜的控制,以确保在成本一定的前提下质量的稳定和提升。

质量管理与质量控制的区别在于概念不同、职能范围不同和作用不同。质量管理是指确立质量方针及实施质量方针的全部职能及工作内容,并对其工作效果进行评价和改进的一系列工作;质量控制是在明确的质量目标和具体的条件下,通过行动方案和资源配置的计划、实施、检查和监督,进行质量目标的事前预控、事中控制和事后纠偏控制,实现预期质量目标的系统过程。质量管理是宏观的管理,而质量控制是微观具体的管理手段。

8.1.1 质量管理

1. 质量管理的基本概念

我国标准《质量管理体系 基础和术语》(GB/T 19000—2016)关于质量管理的定义:在质量方面指挥和控制组织的协调的活动。与质量有关的活动,通常包括质量方针和质量目标的建立、质量策划、质量控制、质量保证和质量改进等项目。所以,质量管理就是确定和建立质量方针、质量目标及职责,并在质量管理体系中通过质量策划、质量控制、质量保证和质量改进等手段来实施和实现全部质量管理职能的所有活动。

工程项目质量管理是指在质量方面指导和控制组织的协调活动。质量管理方面的指导和控制活动通常包括制定质量方针和质量目标,以及质量策划、质量控制、质量保证和质量改进。这些活动构成质量管理的"闭环"。工程项目质量管理包括承包方和发包方的质量管理。发包方质量管理的主要任务是确定工程项目的质量标准、编制质量计划、进行质量监督和验收等;承包方的质量管理与一般产品生产法的质量管理类似,主要活动包括建立质量方针和目标、进行质量策划和质量控制,以及质量保证和质量的持续改进。

施工质量管理是指在工程项目施工安装和竣工验收阶段,指挥和控制施工组织关于质量的相互协调的活动,是工程项目施工围绕着使施工产品满足质量要求,而开展的策划、组织、计划、实施、检查、监督和审核等所有管理活动的总和。它是工程项目施工各级职能部门领导的共同职责,而工程项目施工的最高领导(施工项目经理)应负全责。施工项目经理必须调动与施工质量有关的所有人员的积极性,共同做好本职工作,才能完成施工质量管理的任务。

2. 全面质量管理

全面质量管理（Total Quality Management，TQM）是指一个组织以质量为中心，以全员参与为基础，其目的在于通过顾客满意和本组织所有成员及社会受益而达到长期成功的管理途径。具体说，它就是根据提高产品（工程）质量的要求，充分发动全体职工，综合运用现代科学和管理技术的成果，把积极改善组织管理、研究改进专业技术和应用数理统计等科学方法结合起来，实现对生产（施工）全过程各因素的控制，多快好省地研制和生产（施工）出用户满意的优质产品（工程）的一套科学管理方法。全面质量管理代表了质量管理发展的最新阶段。20 世纪 80 年代后期以来，全面质量管理得到了进一步的扩展和深化，逐渐由早期的全面质量控制（Total Quality Control，TQC）演化为 TQM，其含义远远超出了一般意义上的质量管理的领域，而成为一种综合的、全面的经营管理方式和理念。我国从 1978 年推行全面质量管理以来，在理论和实践上都有一定的发展，并取得了成效，这为在我国贯彻实施 ISO 9000 族国际标准奠定了基础；反之 ISO 9000 族国际标准的贯彻和实施又为全面质量管理的深入发展创造了条件。应该在推行全面质量管理和贯彻实施 ISO 9000 族国际标准的实践中，进一步探索、总结和提高，为形成有中国特色的全面质量管理而努力。

2000 版的 ISO 9000 族标准中对全面质量管理的定义：一个组织以质量为中心，以全员参与为基础，目的在于通过让顾客满意和本组织所有成员及社会受益而达到长期成功的管理途径。这一定义反映了全面质量管理概念的最新发展，也得到了质量管理界的广泛共识。全面质量管理的基本思想，是通过一定的组织措施和科学手段，来保证企业经营管理全过程的工作质量，以工作质量来保证产品（工程）质量，提高企业的经济效益和社会效益。我国专家总结实践中的经验，提出了"三全一多样"的观点，即推行全面质量管理，必须满足"三全一多样"的基本要求。

"三全"管理，即全面的质量管理、全过程的质量管理和全员参加的质量管理。"一多样"管理，即多方法的质量管理。

（1）全面的质量管理

全面质量管理中的"质量"是一个广义的质量概念。它不仅包括一般的质量特性，而且包括了成本质量和服务质量。它就是工程的好坏，是保证产品质量的能力，而产品质量则是工程质量的综合反映。工程质量是原因，产品质量是结果。因为影响产品质量的五大因素（人、机、料、法、环）都需要人去做，而工程质量又取决于人的工作质量。所以全面质量管理就是对产品质量、工程质量和工作质量的管理。要保证产品质量，就必须保证工程质量。要保证工程质量，则必须保证工作质量。

（2）全过程的质量管理

全过程主要是指产品的设计过程、生产过程、辅助过程和使用过程。全过程的质量管理，就是指对上述各个过程的有关质量进行管理。设计过程中的质量管理，包括从市场调查开始，经过形制（或选型）、设计、试制，一直到正式投入生产时为止。这一段时间内有关质量的所有管理工作。这一过程对于产品质量带有方针性的、决定性的和先天性的重要意义。

生产过程中的质量管理，包括从原材料进厂，一直到成品出厂以前的整个生产过程中的质量把关和质量控制，工人要用最经济的方法达到设计所规定的质量要求。其中主要工作内容有：建立合理检查审核制度，严格工艺纪律，保证各工序有足够的工序能力，加强对不合格品的管理，对工序实行质量控制，做好质量信息的反馈，建立现场的质量保证体系等。

辅助过程的质量管理，包括保质、保量和按期提供生产所需要的原材料、设备、工具工装（如模具、夹具等）和技术文件，保证足够的动力供应，保证良好的运输和存储条件，保证足够的动力供应，保证良好的运输和存储条件，保证良好的环境和各项有关的组织工作。

使用过程的质量管理，一方面要做好使用过程中的技术服务工作；另一方面要了解使用过程中的问题，收集用户的意见，做好信息反馈工作，以利于及时改进设计和改进制造方法。

质量管理全过程中的各个环节，一环扣一环，一个循环结束，再开始新的循环……这样就形成了一个螺旋上升的过程。

（3）全员参加的质量管理

产品和服务质量是企业各方面、各部门、各环节工作质量的综合反映。企业中任何一个环节，任何一个人的工作质量都会不同程度地直接或间接影响着产品质量或服务质量。因此，提倡产品质量人人有责，人人关心产品质量和服务质量，人人做好本职工作，全体参加质量管理，确保生产出顾客满意的产品。要实现全员的质量管理，应当做好三个方面的工作。

①必须抓好全员的质量教育和培训。教育和培训的目的有两个方面：一方面是加强职工的质量意识，牢固树立"质量第一"的思想；另一方面是提高员工的技术能力和管理能力，增强参与意识。在教育和培训过程中，要分析不同层次员工的需求，有针对性地开展教育和培训。

②要制订各部门、各级各类人员的质量责任制，明确任务和职权，各司其职，密切配合，以形成一个高效、协调、严密的质量管理工作的系统。这就要求企业的管理者要勇于授权、敢于放权。授权是现代质量管理的基本要求之一。原因在于：第一，顾客和其他相关方能否满意，企业能否对市场变化做出迅速反应决定了企业能否生存，而提高反应速度的有效方式就是授权；第二，企业的职工有强烈的参与意识，同时有很高的聪明才智，赋予他们权力和相应的责任，也能够激发他们的积极性和创造性。在明确职权和职责的同时，还应该要求各部门和相关人员对于质量做出相应的承诺。当然，为了激发他们的积极性和责任心，企业应该将质量责任同奖惩机制挂钩。只有这样，才能够确保责、权、利三者的统一。

③要开展多种形式的群众性质量管理活动，充分发挥广大职工的聪明才智。群众性质量管理活动的重要形式之一是品质控制（Quality Control，QC）小组。除了QC小组，还有很多群众性质量管理活动，如合理化建议制度与质量相关的劳动竞赛等。总之，企业应该发挥创造性，采取多种形式激发全员参与的积极性。

（4）多方法的质量管理

影响产品质量和服务质量的因素也越来越复杂：既有物质的因素，又有人的因素；既有技术的因素，又有管理的因素；既有企业内部的因素，又有随着现代科学技术的发展，对产品质量和服务质量提出了越来越高要求的企业外部的因素。我们要把这一系列的因素系统地控制起来，全面管好，就必须根据不同情况，区别不同的影响因素，广泛、灵活地运用多种多样的现代管理办法来解决当代质量问题。

3. 质量管理的 PDCA 循环

质量管理工作的运转方式是 PDCA 循环，即质量管理工作体系按计划（Plan）、实施（Do）、检查（Check）、处理（Action）四个阶段，开展企业管理工作。PDCA 循环是美国质量管理专家戴明根据质量管理工作经验总结出来的一种科学的质量管理工作方法和工作程序，因此 PDCA 循环也称戴明环，质量管理工作运行方式示意如图 8.1 所示。

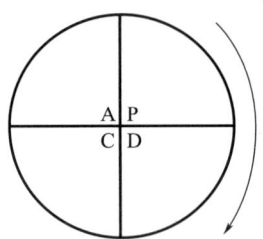

图 8.1　质量管理工作运行方式示意

PDCA 循环的内容包括四个阶段、八个步骤。分述如下。

（1）计划阶段

明确提出质量管理方针目标，制订改进措施计划。计划阶段包括以下四个步骤。

第一步：调查分析质量现状，找出存在的质量问题。

第二步：分析产生质量问题的各种原因或影响因素。

第三步：找出影响质量的主要原因或影响因素。

第四步：针对主要原因或影响因素制订改进措施计划。

（2）实施阶段

按制订的改进措施计划组织贯彻执行。

（3）检查阶段

通过计划要求和实施结果的对比，检查计划是否得以实现。

（4）处理阶段

对检查结果好的，给予肯定；对检查结果差的，找出原因，准备改进。处理阶段有两个步骤。

第七步：总结成功经验，制定标准。

第八步：将遗留问题转入下一个 PDCA 循环。

作为质量管理工作体系运转方式的 PDCA 循环，有以下四个特点。

①完整性。四个阶段八个步骤做完才算完成了一件工作，缺少任何一部分内容都不是 PDCA 循环。

②程序性。四个阶段八个步骤必须按次序进行，既不能颠倒着做，也不能跳跃着做。

③连续性与渐进性。计划、实施、检查、处理不间断地循环进行。这就是 PDCA 循环的连续性。每经过一个 PDCA 循环，都会使质量有所提高，即下一个 PDCA 循环

是在上一个 PDCA 循环已经提高了的质量水平之上进行的。这样，PDCA 循环的连续运转，就使质量水平得到提高，这就是 PDCA 循环的渐进性［图 8.2 (a)］。

④系统性。PDCA 循环作为一种科学工作程序，可应用于企业各方面的管理工作。企业有 PDCA 循环，项目经理部有 PDCA 循环，施工队、班组及个人都有 PDCA 循环，并且下面的 PDCA 循环服从上面的 PDCA 循环，上面的 PDCA 循环指导约束下面的 PDCA 循环。企业上下形成一个大环套小环，小环保大环的 PDCA 循环系统［图 8.2 (b)］。

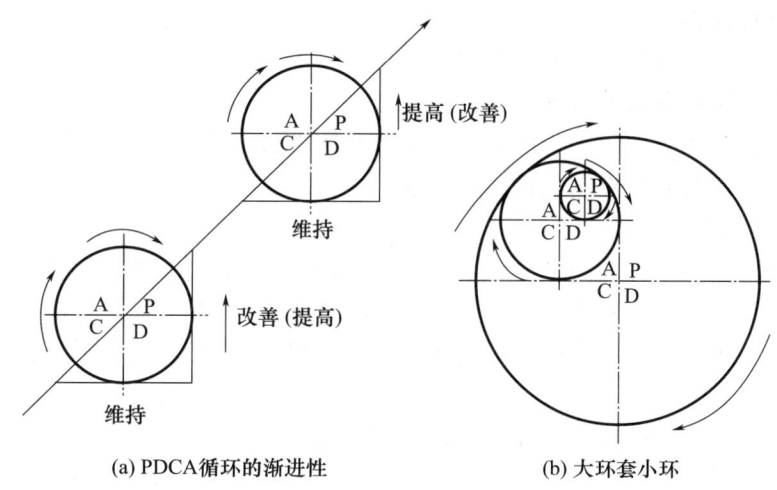

图 8.2　PDCA 循环示意

8.1.2　质量控制

1. 质量控制的基本概念

根据《质量管理体系 基础和术语》（GB/T 19000—2016）关于质量术语的定义：质量控制是质量管理的一部分，致力于满足质量要求的一系列相关活动。

质量控制包括采取的作业技术和管理活动。作业技术是直接产生产品或服务质量的条件，但并不是只要具备相关作业技术能力都能产生合格的质量，在社会化大生产的条件下，还必须通过科学的管理来组织和协调作业技术活动的过程，以充分发挥其质量形成能力，实现预期的质量目标。

质量控制的目标就是确保产品的质量能满足顾客、法律法规等方面所提出的质量要求。质量控制的范围涉及产品质量形成全过程的各个环节。任何一个环节的工作没做好，都会使产品质量受到损害，从而不能满足质量的要求。因此，质量控制是通过采取一系列的作业技术和活动对各个过程实施控制的。

（1）质量控制可从以下几个方面进行理解。

①质量控制的对象是过程，结果是能使被控制对象达到规定的质量要求。

②作业技术是指专业技术和管理技术结合，作为控制手段和方法的总称。

③质量控制应贯穿于质量形成的全过程（质量环的所有环节）。

④质量控制的目的在于以预防为主，采取预防措施来排除质量环各个阶段产生的问题，以获得期望的经济效益。

⑤质量控制的具体实施主要是影响产品质量的各环节、各因素，制订相应的计划和

程序，对发现的问题和不合格情况进行及时处理，并采取有效的纠正措施。

(2) 质量控制的工作内容包括作业技术和活动，主要包括以下几个方面。

①确定控制对象，如一道工序、设计过程、制造过程等。

②规定控制标准，即详细说明控制对象应达到的质量要求。

③制订具体的控制方法，如工艺规程。

④明确所采用的检验方法，包括检验手段。

⑤实际进行检验。

⑥说明实际与标准之间有差异的原因。

⑦为解决差异而采取的行动。

质量控制具有动态性，因为质量要求随着时间的进展而在不断变化，为了满足不断更新的质量要求，对质量控制进行持续改进。

2. 质量控制体系

工程项目施工质量控制过程既有施工承包方的质量控制职能，也有业主方、设计方、监理方、供应方及政府的工程质量监督部门的控制职能，其具有各自不同的地位、责任和作用。施工承包方和供应方在施工阶段是质量自控主体，其不能因为监控主体的存在和监控责任的实施而减轻或免除其质量责任。业主、监理、设计方及政府的工程质量监督部门，在施工阶段依据法律和合同对自控主体的质量行为和效果实施监督控制。自控主体和监控主体在施工全过程相互依存、各司其职，共同推动着施工质量控制过程的发展和最终工程质量目标的实现。

工程项目质量控制体系一般包括控制的组织体系、对象体系和过程体系。

(1) 工程项目质量控制组织体系

就工程项目的进度、费用控制而言，工程项目质量控制是一项既复杂又具体的重要工作。在合同环境下，其组织体系包括承包商的质量保证体系和业主/监理工程师的质量控制体系两个方面。

承包商的质量保证体系和监理工程师的质量控制体系相辅相成，构成了施工质量控制的组织体系，正是这一组织体系的正常运转，才得以保证工程项目质量目标的实现。

(2) 工程项目质量控制对象体系

工程项目的施工阶段，其质量控制对象包括两个方面：一是对影响因素的控制；二是对施工结果的质量控制，即对工程产品质量的控制。

影响工程质量的因素概括为操作人员、建筑材料、施工机械、施工方法或工艺和施工环境等。这五个方面是首先要进行控制的对象。

(3) 工程项目施工质量控制过程体系

施工是形成工程实体的动态过程，施工质量控制是一个由选择施工人员和施工方案、投入材料的质量控制开始，直到完成工程检查验收为止的全过程的控制体系。这个过程大致可分成施工前质量控制、施工中质量控制及施工后期质量控制三个阶段。

3. 施工质量控制的系统过程

施工阶段的质量控制是一个经由对投入的资源和条件的质量控制（事前控制），进而对生产过程及各环节质量进行控制（事中控制），直到对所完成的工程产出品的质量检验与控制（事后控制）为止的全过程的系统控制过程。这个过程可以根据在施工阶段工程实体质量形成的时间阶段不同来划分；也可以根据施工阶段工程实体形成过程中物质形态的转化来划分。

（1）根据时间阶段进行划分

根据施工阶段工程实体质量形成过程的时间阶段，质量控制划分为事前控制、事中控制、事后控制三个阶段。在这三个阶段中，工作的重点是工程质量的事前控制和事中控制。

①事前控制。施工前的准备阶段进行的质量控制。它是指在各工程对象，各项准备工作及影响质量的各因素和有关方面进行的质量控制。

②事中控制。施工过程中进行的所有与施工过程有关各方面的质量控制，中间产品（工序产品或分部分项工程产品）的质量控制。

③事后控制。它是指对于通过施工过程所完成的具有独立的功能和使用价值的最终产品（单位工程或整个工程项目）及其有关方面（如质量文档）的质量进行控制。

工程实体质量形成过程的时间划分如图8.3所示。

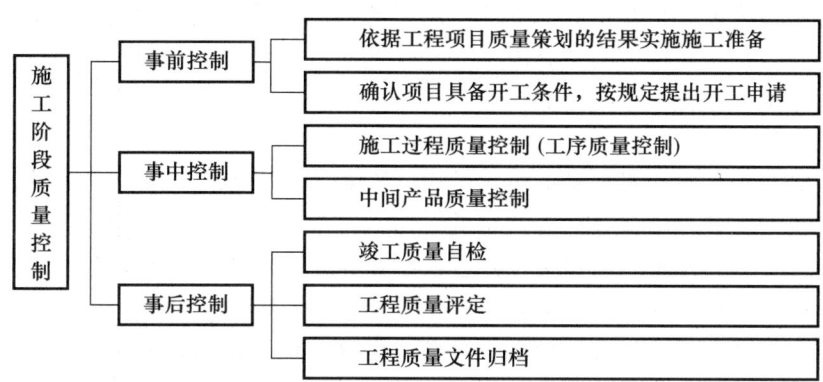

图 8.3　工程实体质量形成过程的时间划分

（2）按物质形态转化划分

由于工程对象的施工是一种物质生产活动，所以施工阶段的质量控制的系统过程也是一个系统控制过程，按工程实体形成的物质转化形态进行划分，可以分为以下三个阶段（图 8.4）。

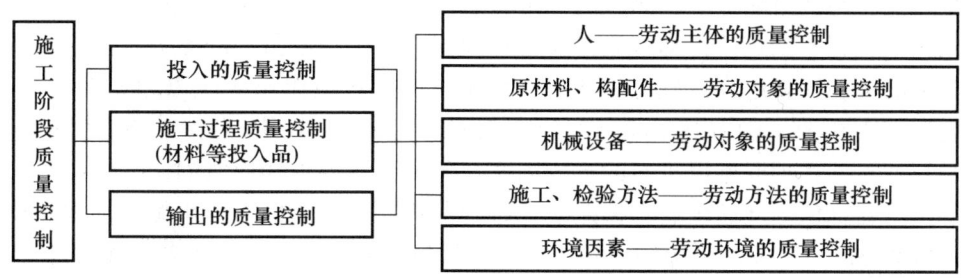

图 8.4　工程实体形成过程中物质形态转化的三个阶段

①对投入的物质资源质量的控制。施工企业资源的投入对质量控制效果至关重要，资源投入的多少、投入的质量对工程质量有着直接影响。施工企业不能为了节约成本，

盲目减少资源投入。

②施工及安装生产过程质量控制。即在使投入的物质资源转化为工程产品的过程中，对影响产品质量的各因素、各环节及中间产品的质量进行控制。

③对完成的工程产出品质量的控制与验收。

4. 实体形成过程各阶段的质量控制的内容

(1) 事前控制

事前质量控制内容是指正式开工前所进行的质量控制工作。作为施工企业在事前控制时要求预先进行周密的质量计划。具体在施工阶段，制订质量计划或编制施工组织设计或施工项目管理实施规划（目前通常三种方式并用），制定的质量计划或编制施工组织设计或施工项目管理实施规划必须切实可行，能有效实现预期质量目标，将其作为行动方案进行施工部署。

目前，很多施工企业，往往把项目经理责任制曲解成"以包代管"的模式，或直接外包给个人（包括技术管理），忽略了技术质量管理的系统控制，失去企业整体技术或管理经验对项目施工计划的指导和支撑作用，这将造成质量预控的先天性缺陷。

事前控制，其内涵包括两层意思：一是强调质量目标的计划预控；二是按质量计划进行质量活动前的准备工作状态的控制。

(2) 事中控制

事中控制首先是对质量活动的行为约束，即对质量产生过程中各项技术作业活动操作在相关制度的管理下的自我行为约束的同时，充分发挥其技术能力，去完成预定质量目标的作业任务；其次是对质量活动过程和结果，来自他人的监督控制，包括来自企业内部管理者的检查检验和来自企业外部的工程监理和政府质量监督部门等的监控。

事中控制虽然包括自控和监控两个环节，但其关键还是增强质量意识，发挥操作者自我约束、自我控制等作用，即坚持质量标准是根本，监控或他人控制是必要的补充，没有前者或用后者取代前者都是不正确的，施工企业不应将质量控制的主要任务转嫁给监理或其他监督部门。因此，在施工企业组织的质量活动中，通过监督机制和激励机制相结合的管理方法，发挥操作者更好的自我控制能力，以达到质量控制的效果，是非常必要的。施工企业只有通过建立和实施质量体系来达到事中控制的目的。

(3) 事后控制

事后控制包括对质量活动结果的评价认定和对质量偏差的纠正。从理论上分析，如果计划预控过程所制定的行动方案考虑得越周密，事中约束监控的能力越强，实现质量预期目标的可能性就越大，理想的状况就是希望做到各项作业活动"一次成功""一次交验合格率100%"，但客观上相当部分的工程不可能达到，因为在实施过程中不可避免地会存在一些计划时难以预料的影响因素，包括系统因素和偶然因素。因此当出现质量实际值与目标值之间超出允许偏差时，必须分析原因采取措施纠正偏差，保持质量处于受控状态。

事前控制、事中控制及事后控制，不是孤立的，它们之间构成有机的系统过程，实质上也就是PDCA循环具体化，并在每一次滚动循环中不断提高，达到质量管理或质量控制的持续改进。

8.2 水利水电工程项目质量通病

8.2.1 混凝土工程

1. 导墙变形

（1）通病描述

导墙出现不均匀下沉、裂缝、倾斜、断裂、倒塌等情况。导墙变形示意如图8.5所示。

图8.5 导墙变形示意

（2）原因分析

成槽机柔性悬吊装置偏心，抓斗未安置水平。

成槽中遇坚硬土层。

在有倾斜度的软硬地层处成槽。

入槽时抓斗摆动，偏离方向。

未按仪表显示纠偏。

成槽掘削顺序不当，压力过大。

（3）预防措施

按规范和设计要求施工导墙，导墙内钢筋应按要求搭接或焊接。

适当提高导墙顶高程或增加导墙深度。

加固导墙下的软弱地基。

施工平台周围设置排水沟或降水井、坑。

导墙内侧加设支撑。

增加分散施工和机械荷载的设施数量，使导墙受力均匀。

（4）处理措施

在导墙之间增设钢管支撑。

更换轻型成槽机械，减轻导墙承受的施工荷载。

变形严重时需挖除回填重新修建导墙。

2. 槽孔偏斜

（1）通病描述

槽孔斜率过大，相邻槽孔搭接不上，混凝土防渗墙墙体不连续。

(2) 原因分析

悬吊钻头或抓斗斗体的位置偏心，钻头或抓斗斗体本身偏重。

造孔机械安装不稳固，造孔时发生位置移动。

造孔时遇到孤石、探头石或有一定倾斜度的软硬换层界面。

变断面、扩孔或因地层松散坍塌部位，钻头或斗体因摆动而偏离原方向。

成槽掘削顺序不当，钻头或抓斗斗体两侧受力不均，导致其偏向较软一侧。

(3) 预防措施

开钻前，调整悬吊装置与位置，使钻头或抓斗斗体和孔轴心在同一条直线上，并保持造孔机械安设平稳、底座水平。

遇大孤石、探头石或坚硬地层，尽量采用冲击钻进，辅以定向或聚能爆破措施处理。

在软硬换层界面或扩孔、塌孔严重部位，应控制造孔速度并加密测量孔斜的频次。

尽可能采用两序成墙顺序，间隔造孔，合理安排掘削顺序，使造孔机具造孔时两侧受力均匀。

造孔期间应按规定测量孔斜，一旦发现超偏，采取上下往复扫孔或用卵砾石、小块石及低强度等级混凝土充填超偏部位并进行二次造孔等处理措施。

(4) 处理措施

轻微偏斜时调整并固定成槽机械进行扫孔。

严重偏斜时，回填黏土后二次成槽。

若遇孤石导致槽孔偏斜，更换冲孔式机械成槽。

3. 防渗层断层、夹层

(1) 通病描述

浇筑槽孔过程中导管埋深未按要求控制，局部出现导管脱离混凝土面的情况，导致产生防渗墙有断层、夹层。防渗层断层、夹层示意如图 8.6 所示。

图 8.6　防渗层断层、夹层示意

(2) 原因分析

浇筑管摊铺面积不够，部分角落浇筑不到，被泥渣填充。

浇筑管埋置深度不够，泥渣从底口进入混凝土内。

导管接头不严密，泥浆渗入导管内。

浇筑混凝土量不足，未能将泥浆与混凝土隔开。

混凝土未连续浇筑，造成间断或浇筑时间过长，首批混凝土初凝失去流动性，而继续浇筑的混凝土顶破顶层而上升，与泥渣混合，导致在混凝土中夹有泥渣，形成夹层。

导管提升过猛，或测探错误，导管底口超出原混凝土面底口，涌入泥浆。

混凝土浇筑时局部塌孔。

（3）预防措施

按规范要求控制水下混凝土的浇筑。

使用合格的导管，认真试配并选用混凝土配合比，按要求进行清孔换浆。

在易坍塌地层中，应加快浇筑速度；浇筑时遇塌孔，可将混凝土上部的泥土吸出，继续浇筑。

（4）处理措施

增加灌浆，做压水实验确认透水率满足设计要求。

8.2.2 隧洞工程

1. 光爆效果差，超欠挖严重

（1）通病描述

光爆效果差，开挖表面高低不一、不规则，未按照要求开挖线形成开挖面，超欠挖严重。光爆效果差，超欠挖严重示意如图 8.7 所示。

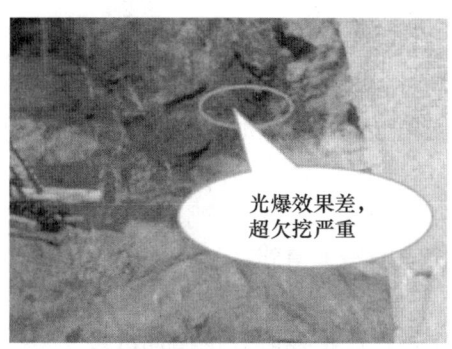

图 8.7 光爆效果差，超欠挖严重示意

（2）原因分析

未根据围岩情况的变化及时调整爆破参数。

周边孔位不准确，外差角偏大或不一致。

爆破时未按照钻爆设计的装药结构、装药量和导爆管的段数进行装药。

技术人员测量放线不够准确。

（3）预防措施

根据不同的围岩制定相应的爆破方案，现场应根据爆破的实际效果及时对爆破方案进行适当的调整优化，增强光爆效果。

根据测量情况画出开挖轮廓线，并对开挖断面进行复测。

将有经验或司钻控制较好的开挖人员安排钻周边眼，周边眼影响开挖轮廓线，决定光爆效果。

对易出现超欠挖部位分析原因，及时调整钻孔方向、部位及装药量。

（4）处理措施

若欠挖，可采用小型机械配合人工进行挖除。

若超挖，可采用混凝土回填。

2. 软弱围岩段开挖局部坍塌

（1）通病描述

软弱围岩段开挖出现临近掌子面初衬裂缝错台松动、局部掉块或坍塌现象。软弱围岩段开挖局部坍塌示意如图8.8所示。

图 8.8　软弱围岩段开挖局部坍塌示意

（2）原因分析

未进行超前地质预报，对软弱围岩段未做预处理。

未根据围岩变化调整支护形式，并及时完成支护。

开挖循环进尺过长。

（3）预防措施

加强超前探测，制定相应的施工措施；特殊地段应采用多种探测相结合的方式进行相互验证探测。

进行超前支护、初期支护，严格控制开挖循环进尺。

做好监测工作，及时发现围岩变化，采取相应的措施防止塌方。

（4）处理措施

对坍塌部位及其周边增加支护措施。

灌注混凝土回填塌腔。

3. 初衬喷射混凝土不符合规范要求

（1）通病描述

初衬混凝土脱层、隆起、平整度差，喷射回弹量大。初衬喷射混凝土不符合规范要求示意如图8.9所示。

（2）原因分析

水泥、砂、石和外加剂等原材料不合格，拌和站未严格按照施工配合比拌料。

喷混凝土前，未对欠挖断面按要求进行处理。

未按要求清理待喷射面，如清除异物或引流渗水等。

图 8.9 初衬喷射混凝土不符合规范要求示意

(3) 预防措施

混凝土施工中严格控制水泥、砂、石和外加剂等原材料配合比。

喷混凝土前清除松动岩石，清除受喷面浮渣杂物，对开挖断面进行检查，有欠挖及时处理到位。

对滴水、淋水，集中出水点的受喷面采用凿槽、埋管等措施进行引导疏干处理。

喷射前进行试喷，调节好风压与喷射距离之间关系，严格控制水灰比，喷上岩面的混凝土终凝后应呈湿润光泽，黏塑性好，无干斑或滑移流淌现象。

当喷射混凝土较厚时，应分层喷射，分层厚度按设计而定，并满足规范要求。

(4) 处理措施

凿除不合格混凝土，清理后重新喷射。

4. 拱架安装不符合设计要求

(1) 通病描述

拱架连接板焊接不牢或变形，架立间距较大。拱架安装不符合设计要求示意如图 8.10 所示。

图 8.10 拱架安装不符合设计要求示意

(2) 原因分析

弧形钢拱架的弯曲设备对两端的弧度控制有偏差。

拱架加工好未进行拼装检查。

焊接不满足规范要求，焊缝不饱满，表面夹渣。

拱架安装时偏离中心线。

安装上部拱架时未控制好拱架角度、方向。

（3）预防措施

拱架加工采用焊接加长后再弯曲施工，可有效避免设备影响。

第一榀拱架加工好后，在加工厂拼装检查拱架尺寸是否达到要求，防止大量加工后尺寸不符，影响现场安装。

焊接后应对焊缝进行检查，保证焊缝饱满，不能有虚渣。

拱架安装时应保证拱架垂直于隧道中心线。

安装上部拱架时应控制好拱架角度、方向。

（4）处理措施

替换拱架，且应从大里程往小里程方向，一榀一榀地由下向上采用风镐开槽、剔除侵限拱架，支立新拱架后再用风镐凿出拱架之间侵限喷射混凝土。

严禁采用大面积爆破作业、一次处理多榀拱架、每次开槽处理两榀格栅拱架。

处理过程中加强围岩监测，若围岩收敛、拱顶下沉出现突变应立即停止替换拱架施工，分析原因并立即采取处理措施。

5. 二衬回填灌浆不密实

（1）通病描述

采用凿孔检验或地质雷达法等方法检测，衬砌背后存在空洞和不密实区。二衬回填灌浆不密实示意如图 8.11 所示。

图 8.11 二衬回填灌浆不密实示意

（2）原因分析

对超挖未按规范进行施工回填。

拱顶灌注混凝土振捣不密实、不饱满。

泵送混凝土在输送管远端由于压力损失、坡度等造成空洞。

混凝土收缩产生缝隙。

（3）预防措施

土工布铺设时应紧贴初支面，松紧度适合。

台车在拱顶部位前后各设一个泵送混凝土预留孔，当台车较长时可在中部再增加预留孔，防止隧道纵坡较大时浇筑混凝土不到位，衬砌施工后进行回填注浆。

台车在边墙、拱腰部位安装附着式振捣器，同时在混凝土浇筑时台车两侧各配插入式振捣器，从预留窗口进行分层振捣。

(4) 处理措施

小范围内因超挖等造成的空洞，采用衬砌混凝土回填；对于因塌方造成的深陷坑，在二衬施工前采用坍方处理措施回填平顺。

一般衬砌模板台车在拱顶部位前后各设一个泵送混凝土预留孔，如果模板台车较长，可在中部再增加预留孔，防止隧洞纵坡较大时浇筑混凝土不到位，衬砌施工后进行回填注浆。

新式衬砌模板台车在边墙、拱腰部位均安装有附着式振捣器，同时在混凝土浇筑时台车两侧各配两台插入式振捣器，从台车预留窗口进行分层振捣，这些可有效解决振捣问题。

8.2.3 土石方工程

1. 压实度不符合设计要求

(1) 通病描述

经检测，回填土压实度小于设计要求。压实度不符合设计要求示意如图 8.12 所示。

图 8.12 压实度不符合设计要求示意

(2) 原因分析

若土料含水量不符合要求，回填时土料含水量未控制在最优含水量±2%以内。

若摊铺作业不规范，未按照碾压试验方案确定的分层厚度进行摊铺，分层铺料过厚。

若碾压作业不规范，未按照碾压试验确定的工艺参数采用相应的碾压设备、碾压遍数。

若土料发生变化未及时调整碾压工艺。土料发生变化，未重新进行碾压试验确定相关工艺及参数。

狭长地带、边角等部位漏压或压实不够。狭长地带、边角等部位，未按碾压试验方案采用针对性的设备、措施进行处理。

(3) 预防措施

试验确定施工控制指标，对料场土料进行物理学性能试验，并进行击实试验和现场碾压试验，确定土料的设计压实干密度作为施工的控制指标。

控制土料指标，控制黏性土料的黏粒含量、含水率、土块直径；控制粒质黏土的粗粒含量、粗粒最大粒径。

规范进行铺料、碾压作业，严格按碾压试验确定的施工参数进行铺料、碾压作业。

调整碾压遍数和施工工艺,如土料、工艺或周边环境发生变化时,应重新进行碾压试验确定相应参数、工艺。

加强对狭长地带、边角等部位的针对性处理,根据碾压试验方案选择针对性机具,加强对狭长地带、边角等部位夯实处理。

(4) 处理措施

对不合格部位进行挖除,重新按碾压试验方案回填碾压。

2. 土料不符合设计及规范要求

(1) 通病描述

施工过程中使用的土料与设计要求不符。土料不符合设计及规范要求示意如图 8.13 所示。

图 8.13　土料不符合设计及规范要求示意

(2) 原因分析

土料加工不符合规范和施工方案要求,造成级配、含水率等指标不符合设计要求。

回填前未按要求对土料进行检查检测。

料区开采未将草皮、覆盖层等清除干净。

(3) 预防措施

土料的开采和加工,土料开采和加工需满足规范及施工方案要求。

回填前检查检测土料质量,回填前应先对土料进行检测,符合设计要求方可投入使用。

回填过程严格控制土料质量,杜绝施工过程中使用的土料与设计、经检测合格的土料不一致的现象,禁止人为更换或掺入其他回填料。

(4) 处理措施

严控土料质量,不符合设计要求的土料不得用于回填施工。已经回填的,必须全部挖除处理并采用合格土料重新回填。

8.2.4　金属结构工程

1. 闸门外观质量不满足质量要求

(1) 通病描述

板材表面有裂纹、凹坑等。

铸件表面出现砂孔、蜂窝、裂纹等。

板材有夹层。

(2) 原因分析

质检人员未按规定对购进的材料进行严格检查、检测。质量控制措施不到位，未落实质量体系相关质量行为。

(3) 预防措施

加强质检人员的质量意识，加强质量检测工作；认真做好金属材料和外购件的验收和检测。

(4) 处理措施

产品材料质量本身问题，直接退回供应厂家，更换合格产品进场。

2. 水工金属结构焊接质量不符合规范要求

(1) 通病描述

焊缝出现咬边、裂纹、夹渣及气孔等超标缺陷。水工金属结构焊接质量不符合规范要求示意如图 8.14 所示。

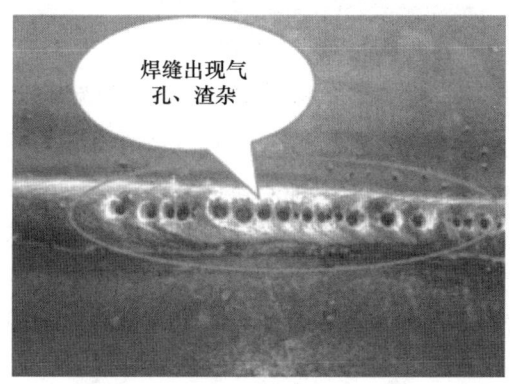

图 8.14　水工金属结构焊接质量不符合规范要求示意

工地焊缝质量问题多于工厂焊缝。

(2) 原因分析

焊接作业准备不够；焊接时，电流过大或过小。

焊条存储不当，焊条受潮继续使用。

焊接前母材焊接区域存在水分，未清理干净。

焊缝较宽时违规填塞钢筋、钢条等杂物。

(3) 预防措施

规范焊接工艺流程，制定严格、有效的焊接工艺。

调节好设备运行状态，焊接台车及焊机在使用前必须调试到良好状态。

必备的使用材料，使用达到工艺要求的合格焊条、焊丝。

焊工人员持证上岗，严格把关焊工人员持证情况，不持证不上岗。

加强设备监造工作。

(4) 处理措施

采用砂轮打磨或碳弧气刨，清除裂缝及两端各 50mm 长的完好焊缝或母材，清洁待修复区域表面，重新进行补焊。

3. 水工金属结构防腐质量不符合规范要求

（1）通病描述

表面预处理不合格，防腐厚度不足，出现防腐涂层脱落、生锈等质量不合格现象。

表面出现气泡、回黏、流挂、局部脱落、黏结力不足。

现场焊接部位防腐不符合设计要求。

水工金属结构防腐质量不符合规范要求示意如图 8.15 所示。

图 8.15　水工金属结构防腐质量不符合规范要求示意

（2）原因分析

原材料不合格，除锈设备和防腐材料不满足设计要求。

施工人员操作不符合工艺要求，防腐涂层厚度、涂刷次数不满足设计要求，未按工艺要求进行防腐作业。

施工环境不满足规定要求，金属结构件表面未进行清除干净，施工周边环境不满足要求。

实施完毕后成品保护不到位。防腐涂层实施后，保护不到位，导致涂层破坏。

（3）预防措施

制定达到防腐工艺水平的具体措施，通过实验确定工艺参数，并向操作人员进行技术交底，及时检测防腐材料和黏结力并记录。

严格规范施工人员的施工工艺，加强施工人员的质量意识教育，严格执行操作工艺。

控制好施工环境，改善施工环境条件，在环境达标的条件下进行施工。

加大检测力度，加强对防腐质量的检测。

（4）处理措施

采用喷砂将缺陷部位及其周边位置的防腐涂层打磨掉，再用清洗液把灰尘擦干净，重新进行防腐涂层施工。

4. 闸门、拦污栅等埋件安装精度不符合要求

（1）通病描述

闸门、拦污栅埋件安装精度不符合要求，埋件偏位。

混凝土回填不密实，造成结构发生变形、位移、裂纹。

闸门、拦污栅等埋件安装精度不符合要求示意如图 8.16 所示。

图 8.16 闸门、拦污栅等埋件安装精度不符合要求示意

（2）原因分析

安装工艺不符合要求，施工人员安装工艺达不到设计要求，安装完成后未进行精度测量。

加固不牢靠，未按规定工艺或环境要求施焊，加固不牢靠，埋件安装结构发生变形。

混凝土浇筑不规范，二期混凝土浇筑，未按设计要求进行施工或检测。

（3）预防措施

按设计图纸要求预埋，预埋件需要严格执行工艺要求和环境要求，合理施焊。

控制混凝土强度等级，预埋件安装按设计工艺浇筑二期混凝土，且强度达到设计要求。

加强复检，加强测量、检查，进行二期混凝土浇筑后的埋件位置与尺寸复测。

（4）处理措施

简单调整，若变形、位移程度小，可采用机械敲打调整进行复位处理。

重新埋设，若变形、位移程度大，则需拆除原有埋件，在设计位置打孔植筋重新安装埋件。

重新灌注混凝土，混凝土回填不密实处，凿出表面混凝土露出钢筋，用高强度砂浆补强定位。

8.3 工程项目质量影响因素的控制

工程项目施工是一种物质生产活动，这个活动最终的产品是看得见摸得着的工程实体，因此，影响项目质量的因素主要可以归纳为以下五个方面，即人（Man）、材料（Material）、设备（Machine）、方法（Method）和环境（Environment），简称"4M1E"。这五个方面因素构成的施工生产要素是施工质量形成的物质基础，其质量的含义：①劳动主体——人员素质，即作为劳动主体的作业者、直接参与施工的管理者的素质及其组织效果；②劳动对象——建筑材料、半成品、工程用品、设备等的质量；③劳动手段——工具、模具、施工机械、设备等的性能；④劳动方法——采取的施工工艺及技术措施的水平；⑤施工环境——现场水文、地质、气象等自然环境，通风、照明、安全等作业环境，以及协调配合的管理环境。有效控制这五个方面因素的质量是确保工程施工阶段质量的关键。

8.3.1 人员素质控制

工程质量取决于工序质量和工作质量，工序质量又取决于工作质量，而工作质量直接取决于参与工程建设各方所有人员的技术水平、文化修养、心理行为、职业道德、质量意识、身体条件等因素。人是质量活动的主体，对建设工程项目而言，人是泛指与工程有关的单位、组织和个人，包括以下内容。

(1) 建设单位。
(2) 勘察设计单位。
(3) 施工承包单位。
(4) 监理及咨询服务单位。
(5) 政府主管及工程质量监督、检测单位。
(6) 策划者、设计者、作业者、管理者等。

施工企业必须坚持执业资格注册制度和作业人员持证上岗制度。对所选派的施工项目领导者、组织者进行教育和培训，使其质量意识和组织管理能力能满足施工质量控制的要求。对所属施工队伍进行全员培训，加强质量意识的教育和技术训练，提高每个作业者的质量活动能力和自控能力。对分包单位进行严格的资质考核和施工人员的资格考核，其资质、资格必须符合相关法规的规定，与其分包的工程相适应。

8.3.2 原材料、半成品、设备控制

原材料、半成品、设备是构成实体的基础，其质量是工程项目实体质量的组成部分。因此加强原材料、半成品、设备的质量控制，不仅是提高工程质量的必要条件，也是实现工程项目投资目标和进度目标的前提。施工企业应根据施工需要建立并实施建筑材料、构配件和设备管理制度。

1. 原材料质量控制

(1) 原材料、半成品、设备的质量控制的主要内容

原材料、半成品、设备的质量控制的主要内容：控制材料设备性能、标准与设计文件的相符性；控制材料设备各项技术性能指标、检验测试指标与标准要求的相符性；控制材料设备进场验收程序及质量文件资料的齐全程度等。

施工企业应在施工过程中贯彻执行企业质量程序文件中明确材料设备在封样、采购、进场检验、抽样检测及质保资料提交等一系列明确规定的控制标准。

(2) 材料、构配件质量控制的特点

水利水电工程材料、构配件质量控制的特点如下。

①工程建设所需要的建筑材料、构件、配件等数量大、品种规格多，且分别来自众多的生产加工部门，故施工过程中，材料、构配件的质量控制工作量大。施工企业项目经理部应建立材料台账，分批次做好材料质量控制工作。

②水利水电工程施工周期长，短则几年，长则十几年。施工过程中各工种穿插、配合繁多，如土建与设备安装的交叉施工，质量控制具有复杂性，施工企业项目经理部应配备专门的材料员、质检员，材料员把好材料采购关，质检员把好材料进场关。

③工程施工受外界条件的影响较大，有的材料甚至是露天堆放，影响材料质量的因素多，且各种因素在不同环境条件下影响工程质量的程度也不尽相同。因此，材料必须严格按规范要求堆存（如水泥堆存在拌和地，水泥、外加剂等材料应分别存放；存放地面必须经硬化处理；不同品种及不同厂家的材料应分开存放，且应留出运输通道，并以

相同的方式称量送进拌和机)。

(3) 材料、构配件质量控制程序

施工企业应根据施工需要确定和配备项目所需要的建筑材料、构配件和设备，并应按照管理制度的规定审批各类采购计划，计划未经批准不得用于采购。采购应明确所采购产品的分类、规格、型号、数量、交付期、质量要求，以及采购验证的具体安排。

①施工企业采购员采购材料时，应确保采购的材料符合设计的需要和要求，以及生产厂家的生产资格和质量保证能力等，查验"三证"（材质化验单、生产许可证、产品合格证）。

②材料进场后，项目经理部应填写材料进场许可证，收齐材料质量保证资料，申请监理人员参与施工单位对材料的清点。

③材料使用前，项目经理部应向监理提交材料试验报告和资料，经确认签证后方可用于施工。

④对于工程中所使用的主要材料和重要材料，应按规定进行抽样检验，验证材料的质量。

⑤施工企业对涉及结构安全的试块、试件及有关材料进行质量检验时，应在监理单位的监督下现场取样。

材料、构配件质量控制程序如图 8.17 所示。

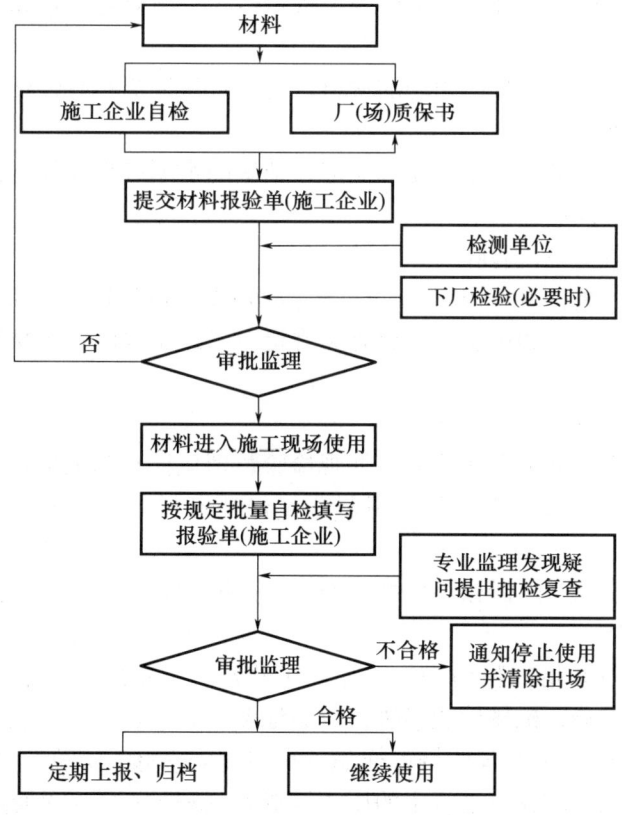

图 8.17 材料、构配件质量控制程序

（4）材料供应的质量控制

施工企业应建立材料运输、调度、储存的科学管理体系，加快材料的周转，减少材料的积压，做到既能按质、按量、按期地供应施工所需要的材料，又能降低费用，提高效益。

（5）材料使用的质量控制

材料在正式用于施工之前，施工单位应组织现场试验，并编写试验报告。现场试验合格，试验报告及资料经监理工程师审查确认后，这批材料才能正式用于施工。同时，还应充分了解材料的性能、质量标准、适用范围和对施工的要求。使用前应详细核对，以防用错或使用了不适当的材料。对于重要部位和重要结构所使用的材料，在使用前应仔细核对和认证材料的规格、品种、型号、性能是否符合工程特点和要求。

此外，还应严格进行下列材料的质量控制。

①混凝土、砂浆、防水材料等应进行试配来严格控制配合比。

②钢筋混凝土构件及预应力混凝土构件应按有关规定进行抽样检验。

③预制加工厂生产的成品、半成品应由生产厂家提供出厂合格证明，必要时还应进行抽样检验。

④高压电缆、电绝缘材料应组织进行耐压试验后才能使用。

⑤新材料、新构件要经过权威单位进行技术鉴定合格后，才能在工程中正式使用。

⑥进口材料应会同商检部门按合同规定进行检验，核对凭证，如发现问题，应在规定期限内提出索赔。

⑦凡标志不清或怀疑质量有问题的材料，对质量保证资料有怀疑或与合同规定不符的材料，均应进行抽样检验。

⑧储存期超过3个月的过期水泥或受潮、结块的水泥应重新检验其强度等级，并不得使用在工程的重要部位。

（6）材料的质量检验、验收

施工企业应对建筑材料、构配件和设备进行验收。必要时，应到供应方的现场进行验证。验收的过程、记录和标识应符合有关规定。未经验收的建筑材料、构配件和设备不得用于工程施工。

①材料质量检验方法

材料质量检验方法分为书面检验、外观检验、理化检验和无损检验等四种。

a. 书面检验。这是通过对提供的材料质量保证资料、试验报告等进行审核，取得认可方能使用。

b. 外观检验。这是对材料从品种、规格、标志、外形尺寸等进行直观检验，主要查看其有无质量问题。

c. 理化检验。这是指在物理、化学等方法的辅助下量度。它借助试验设备和仪器对材料样品的化学成分、机械性能等进行科学地鉴定。

d. 无损检验。这是在不破坏材料样品的前提下，利用超声波、X射线、表面探伤仪等进行检测。如瑞雷波仪（进行土的压实试验）、探地雷达（钢筋混凝土中钢筋的探测）、核子密度仪（检测土石坝压实度）。

②材料检验取样方法

a. 随机抽样。在全部待检测对象中随机选取部分对象进行检测，以反映整体的质量状况。这种方法能够避免人为因素对抽样结果的影响，使抽样结果更加客观、准确。

b. 系统抽样。将检测对象按照一定的规律或批次进行划分，然后从每个批次中随机选取部分对象进行检测。这种方法适用于大规模或连续生产的材料。

c. 分层抽样。根据材料的特性、来源或生产批次等因素，将其分为不同的层次或组别，然后从每个层次或组别中随机选取部分对象进行检测。这种方法能够确保每个层次或组别的材料都得到充分的检验。

2. 工程设备的质量控制

（1）工程设备检查及验收的质量控制

工程设备运至现场后，施工企业项目经理部应负责办理现场工程设备的接收工作，然后申请监理人进行检查验收，工程设备的检查验收内容：计数检查，质量保证文件审查，品种、规格、型号的检查，质量确认检验等。

①质量保证文件的审查和管理

质量保证文件是供货厂家（制造商）或被委托的加工单位向需方提供的证明文件，证明其所供应的设备及器材，完全达到需方提出的质量保证计划书所需求的技术性文件。一方面，它可以证明所对应的设备及器材质量符合标准要求，需方在掌握供方质量信誉及进行必要的复验的基础上，就可以投入施工或运行；另一方面，它也是施工企业项目经理部提供竣工技术文件的重要组成部分，以证明建设项目所用设备及器材完全符合要求。因此，甲方（如委托施工单位督造，则应为施工单位）必须加强对设备及器材质量保证文件的管理。

工程设备质量保证文件的组成内容随设备的类别、特点的不同而不尽相同。但其主要的、基本的内容包括：供货总说明；合格证明书、说明书；质量检验凭证；无损检测人员的资格证明；焊接人员名单、资格证明及焊接记录；不合格内容、质量问题的处理说明及结果；有关图纸及技术资料；质量监督部门的认证资料等。

质量保证文件管理的主要内容有：所有投入工程中的工程设备必须有齐备的质量保证文件；对无质量保证文件或质量保证文件不齐全，或质量保证文件虽齐全，但对其对应的设备表示怀疑时，应进行质量检验（或办理委托质量检验）；质量保证文件应有足够的份数，以备工程竣工后用；施工企业应将质量保证文件编入竣工技术文件等。

②工程设备质量的确认

质量确认检验的目的是通过一系列质量检验手段，将所得的质量数据与供方提供的质量保证文件相对照，对工程设备质量的可靠性做出判断，从而决定其是否可以投入使用。另外，质量确认检验的附加目的，是对供方的质量检验资格、能力、水平做出判断，并将质量信息反馈给供方。

质量确认检验按一定的程序进行。其一般程序如下。

a. 施工企业项目经理部采购员将供方提交的全部质量保证文件收集齐全，送交负责质量检验的监理人审查。

b. 检验人员按照供方提供的质量保证文件，对工程设备进行确认检查，如检查无误，检验人员在"工程设备验收单"上盖允许或合格的印记。

c. 当对供方提供的质量保证文件资料的正确性有怀疑或发现文件与设备实物不符时，以及设计、技术规程有明确规定，或因是重要工程设备必须复验才可使用时，检验人员应标记暂停入库的记号，并填写复验委托单，交有关部门复验。

(2) 工程设备的试车运转质量控制

工程设备安装完毕后，要参与和组织单体、联体无负荷，以及有负荷的试车运转。工程设备的试车运转质量控制可分为四个阶段。

①质量检查阶段

试车运转前的全面综合性的质量检查是十分必要的，这一工作可以把各类问题暴露于试车运转之前，以便采取相应措施加以解决，保证试车运转质量。试车运转前的检查是在施工过程质量检验的基础上进行的，其重点是施工质量、质量隐患及施工漏项。

②单体试车运转阶段

单体试车运转，对工程设备，也称为单机试车运转。在系统清洗、吹扫、贯通合格，相应需要的电、水、气、风等引入的条件下，可分别实施单体试车运转。单体试车运转合格，并取得生产（使用）单位参加人员的确认后，可分别向生产单位办理技术交工，也可待工程中的所有单机试车运转合格后，办理一次性技术交工。

③无负荷或非生产性介质投料的联合试车运转

无负荷联合试车运转是不带负荷的总体联合试车运转。它可以是各种转动设备、动力设备、反应设备、控制系统，以及连接它们成为有机整体的各种联系系统的联合试车运转。在这个阶段的试车运转中，可以进行大量的质量检验工作，如密封性检验、系统试压等，以发现在单体试运转中不能或难以发现的工程质量问题。

④有负荷试车运转

有负荷试车运转实际上是试生产过程，是进一步检验工程质量、考核生产过程中的各种功能及效果的最后的、最重要的检验。

进行有负荷试车运转必须具备以下条件：无负荷试车运转中发现的各类质量问题均已解决，工程的全部辅助生产系统满足试车运转需要并畅通无阻，公用工程配套齐全；生产操作人员配备齐全，辅助材料准备妥当，相应的生产管理制度建立齐全，通过有负荷试车运转，以进一步发现工程的质量问题，并对生产的处理量、产量、产品品种及其质量等是否达到设计要求，进行全面检验和评价。

(3) 材料和工程设备的检验

材料和工程设备的检验应符合下列规定。

①施工企业项目经理部应按有关规定和施工合同约定对工程中使用的材料、构配件进行检验，并应查验材质证明和产品合格证。

②对于施工企业采购的工程设备，施工企业项目经理部应申请监理机构参加工程设备的交货验收；对于建设单位提供的工程设备，施工企业项目经理部应与监理机构共同进行交货验收。

③材料、构配件和工程设备未经检验，不得使用；经检验不合格的材料、构配件和工程设备，承包人应及时运离工地或做出相应处理。

④项目经理部应组织对监理机构有质量异议的进场材料、构配件和工程设备进行重新检验。

⑤施工企业项目经理部不得使用不合格的材料、构配件和工程设备。

3. 材料和工程设备的检验

材料和工程设备的检验应符合下列规定。

（1）工程中使用的材料、构配件，监理机构应监督承包人按有关规定和施工合同约定进行检验，并应查验材质证明和产品合格证。

（2）承包人采购的工程设备，监理机构应参加工程设备的交货验收；发包人提供的工程设备，监理机构应会同承包人参加交货验收。

（3）材料、构配件和工程设备未经检验，不得使用；经检验不合格的材料、构配件和工程设备，应督促承包人及时运离工地或做出相应处理。

（4）监理机构如对进场材料、构配件和工程设备的质量有异议时，可指示承包人进行重新检验；必要时，监理机构应进行平行检测。

（5）监理机构发现承包人未按有关规定和施工合同约定对材料、构配件和工程设备进行检验，应及时指示承包人补做检验；若承包人未按监理机构的指示进行补验，监理机构可按施工合同约定自行或委托其他有资质的检验机构进行检验，承包人应为此提供一切方便并承担相应费用。

（6）监理机构在工程质量控制过程中发现承包人使用了不合格的材料、构配件和工程设备时，应指示承包人立即整改。

8.3.3 施工设备控制

施工设备质量控制的目的，在于为施工提供性能好、效率高、操作方便、安全可靠、经济合理且数量足够的施工设备，以保证按照合同规定的工期和质量要求，完成建设项目施工任务。施工企业应从施工设备的选择，施工设备的使用管理，施工设备性能、状况的考核和设备检测管理的要求等三个方面予以控制。

1. 施工设备的选择

施工设备选择的质量控制，主要包括设备型式的选择和主要性能参数的选择两个方面。

（1）施工设备的选型

应考虑设备的施工适用性、技术先进、操作方便、使用安全，保证施工质量的可靠性和经济上的合理性。例如，疏浚工程应根据地质条件、疏浚深度、面积及工程量等因素，分别选择抓斗式、链斗式、吸扬式、耙吸式等不同形式的挖泥船，对于混凝土工程，在选择振捣器时，应考虑工程结构的特点、振捣器功能、适用条件和保证质量的可靠性等因素，分别选择大型插入式、小型软轴式、平板式或附着式振捣器。

（2）施工设备主要性能参数的选择

应根据工程特点、施工条件和已确定的机械设备形式，来选定具体的机械。例如，堆石坝施工所采用的振动碾，其性能参数主要是压实功能和生产能力，在已选定牵引式振动碾的情况下，应选择能够在规定的铺筑厚度下振动碾压6~8遍以后，就能使填筑坝料的密度达到设计要求的振动碾。

2. 施工设备的使用管理

为了更好地发挥施工设备的使用效果和质量效果，施工企业应做好施工设备的使用管理工作，包括以下内容。

（1）加强施工设备操作人员的技术培训和考核，正确掌握和操作机械设备，做到定机定人，实行机械设备使用保养的岗位责任制。

（2）建立和健全机械设备使用管理的各种规章制度，如人机固定制度、操作证制度、岗位责任制度、交接班制度、技术保存制度、安全信用制度、机械设备检查维修制度及机械设备使用档案制度等。

（3）严格执行各项技术规定主要有以下几项。

①技术试验规定。新的机械设备或经过大修、改装的机械设备，在使用前必须进行技术试验，包括无负荷试验、加负荷试验和试验后的技术鉴定等，以测定机械设备的技术性能、工作性能和安全性能，试验合格后才能使用。

②走合期规定。新的机械设备和大修后的机械设备在初期使用时，工作负荷或行驶速度要由小到大，使设备各部分配合达到完善磨合状态，这段时间称为机械设备的走合期。如果初期使用就满负荷作业，会使机械设备过度磨损，降低设备的使用寿命。

③寒冷地区使用机械设备的规定。在寒冷地区，机械设备会产生起动困难、磨损加剧、燃料润滑油消耗增加等现象，要做好保温取暖工作。

④施工设备进场后，使用完毕如需退场或挪作他用，项目经理部应报监理人批准。

3. 施工设备性能、状况的考核和设备检测管理

施工设备的性能及状况，不仅在其进场时应进行考核，在使用过程中，由于零件的磨损、变形、损坏或松动，会降低其效率和性能，从而影响施工质量。项目经理部应对施工设备特别是关键性的施工设备的性能和状况定期进行考核。例如，对吊装机械等必须定期进行无负荷试验、加荷试验及其他测试，以检查其技术性能、工作性能、安全性能和工作效率。发现问题时，应及时分析原因，采取适当措施，以保证设备性能的完好。

施工企业应按照要求配备检测设备。检测设备管理应符合下列规定。

（1）根据需要采购或租赁检测设备，并对检测设备供应方进行评价。

（2）使用前对检测设备进行验收。

（3）按照规定的周期校准检验设备，标识其校准状态并保持清晰，确保其在有效鉴定周期内可用于施工质量控制，校准记录应予以保存。

（4）对国家或地方没有校准标准的检测设备制定相应的校准标准。

（5）对设备进行必要的维护和保养，保持其完好状态；设备的使用、管理人员经过培训。

（6）在发现检测设备失准时评价已测结果的有效性，并采取相应的措施。

（7）对检测设备所使用的软件在使用前的确认和再确认予以规定。

8.3.4 施工方法控制

这里所指的方法控制，包含工程项目整个建设周期内所采取的技术方案、工艺流程、组织措施、检测手段、施工组织设计等的控制。

施工工艺的先进合理是直接影响工程质量、工程进度及工程造价的关键因素，施工工艺的合理可靠也直接影响工程施工安全。因此，在工程项目质量控制系统中，制定和

采用技术先进、经济合理、安全可靠的施工技术工艺方案，是工程质量控制的重要环节。对施工工艺方案的质量控制主要包括以下内容。

（1）深入正确分析工程特征、技术关键及环境条件等资料，明确质量目标、验收标准、控制的重点和难点。

（2）制定合理、有效的有针对性的施工技术方案和组织方案，前者包括施工工艺、施工方法，后者包括施工区段划分、施工流向及劳动组织等。

（3）合理选用施工机械设备和设置施工临时设施，合理布置施工总平面图和各阶段施工平面图。

（4）选用和设计保证质量和安全的模具、脚手架等施工设备。

（5）编制工程所采用的新材料、新技术、新工艺的专项技术方案和质量管理方案。

（6）针对工程具体情况，分析气象、地质等环境因素对施工的影响，制定应对措施。

8.3.5 环境因素控制

环境的因素主要包括施工现场自然环境因素、施工管理环境因素和劳动作业环境因素。环境因素对工程质量的影响，具有复杂多变和不确定性的特点，具有明显的风险特性。要减少其对施工质量的不利影响，主要是采取预测预防的风险控制方法。

1. 对施工现场自然环境因素的控制

对地质、水文等方面影响因素，应根据设计要求，分析工程岩土地质资料，预测不利因素，并会同设计等方面制定相应的措施，采取如基坑降水、排水、加固围护等技术控制方案。

对天气气象方面的影响因素，应在施工方案中制定专项紧急预案，明确在不利条件下的施工措施，落实人员、器材等方面的准备，加强施工过程中的监控与预警。

2. 对施工质量管理环境因素的控制

施工质量管理环境因素主要指施工单位质量保证体系、质量管理制度、三检制、质量签证制度、质量奖惩制度和各参建施工单位之间的协调等因素。要根据工程承发包的合同结构，理顺管理关系，建立统一的现场施工组织系统和质量管理的综合运行机制，确保质量保证体系处于良好的状态，创造良好的质量管理环境和氛围，使施工顺利进行，保证施工质量。

3. 对施工作业环境因素的控制

施工作业环境因素主要是指施工现场的给水排水条件，各种能源介质供应，施工照明、通风、安全防护设施，施工场地空间条件和通道，以及交通运输和道路条件等因素。要认真实施经过审批的施工组织设计和施工方案，落实保证措施，严格执行相关管理制度和施工纪律，保证上述环境条件良好，使施工顺利进行，以及施工质量得到保证。

4. 社会因素对工程质量的影响

除了上述3个环境因素对建设工程项目的质量造成了复杂的影响，社会因素对工程质量的影响也不可忽视，主要在于以下几个方面。

（1）建设法律法规的健全程度和执法力度。

（2）建设工程经营者的经营理念。

（3）建筑市场的发育程度及交易行为的规范程度。

(4) 政府的工程质量监督及行业管理成熟度。

(5) 建设咨询服务业的发展及其服务水准的高低。

(6) 廉政建设及行风建设的状况等。

8.4 工程项目施工质量控制

8.4.1 施工准备的质量控制

施工企业应依据工程项目质量管理策划的结果实施施工准备。施工企业应按规定向监理方或发包方进行报审、报验。施工企业应确认项目施工已具备开工条件，按规定提出开工申请，经批准后方可开工。

1. 施工企业组织机构和人员

(1) 建立健全的项目管理组织机构

施工企业最高管理者应确定适合施工企业自身工程特点的质量管理体系组织机构——项目经理部，合理划分管理层次和职能部门，确保各项活动高效、有序运行。施工企业项目经理部的设置均应与质量管理制度一致。施工企业应根据质量管理的需要，明确管理层次，设置相应的部门和岗位。施工企业应在各管理层次中明确质量管理的组织协调部门和岗位，并规定其职责和权限。项目经理部应配备相应质量管理人员，规定相应的职责和权限并形成文件。图 8.18 为项目经理部质量管理组织机构。

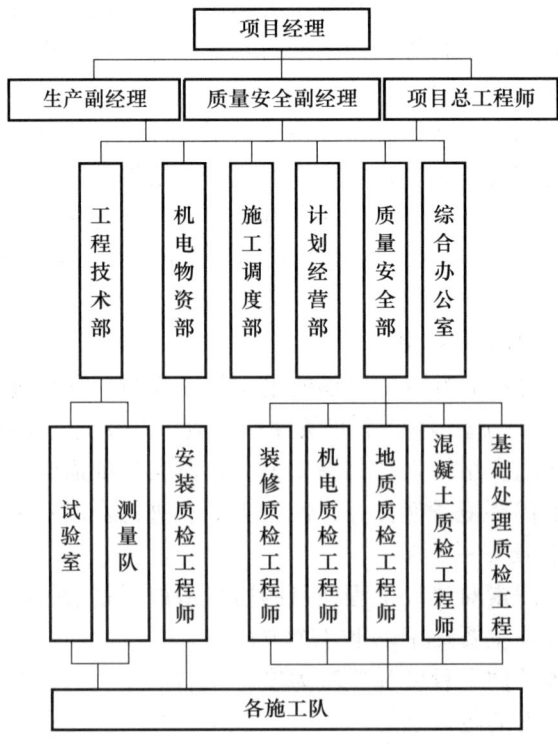

图 8.18 项目经理部质量管理组织机构

施工企业最高管理者在质量管理方面的职责和权限应包括组织制定质量方针和目标（如中国葛洲坝集团有限公司的质量方针为"诚信守约、追求卓越"、中国水利水电第二工程局有限公司的质量方针为"以人才为根本，以科技为支撑，以法规为准则，不断提高员工素质，严格过程控制，持续改进工作质量，为顾客提供满意的工程产品和优质服务"、中国水利水电第二工程局有限公司的质量目标为"各类工程一次验收合格率达100%，优良率达到100%，顾客满意率达到100%"、中国水利水电第二工程局有限公司的质量方针为"科学管理、诚信守法，争创优质、持续改进"）、建立质量管理的组织机构、培养和提高员工的质量意识、建立施工企业质量管理体系并确保其有效实施、确定和配备质量管理所需要的资源、评价并改进质量管理体系。

施工企业应规定各级专职质量管理部门和岗位的职责和权限，形成文件并传递到各管理层次。施工企业应规定其他相关职能部门和岗位的质量管理职责和权限，形成文件并传递到各管理层次。施工企业应以文件的形式公布组织机构的变化和职责的调整，并对相关的文件进行更改。

（2）加强项目部人员管理

施工企业应建立并实施人力资源管理制度，施工企业的人力资源管理应满足质量管理需要，应根据质量管理长远目标制定人力资源发展规划。施工企业应以文件的形式确定与质量管理岗位相适应的任职条件，包括专业技能水平、所接受的培训及所取得的岗位资格、能力、工作经历，应按照岗位任职条件配置相应的人员。项目经理、施工质量检查人员、特种作业人员等应按照国家法律法规的要求持证上岗。施工企业应建立员工绩效考核制度，规定考核的内容、标准、方式、频度，并将考核结果作为资源管理评价和改进的依据。

施工企业应识别培训需求，根据需要制订员工培训计划，对培训对象、内容、方式及时间做出安排。施工企业对员工的培训应包括质量管理方针、目标、质量意识，相关法律法规和标准规范，施工企业质量管理制度，专业技能和继续教育。施工企业应对培训效果进行评价，并保存相应的记录。评价结果应用于提高培训的有效性。

施工企业应做到组织机构完备，技术与管理人员熟悉各自的专业技术，有类似工程的长期经历和丰富经验，能够胜任所承包项目的施工、完工与工程保修；配备有能力对工程进行有效监督的工长和领班；投入顺利施工所需的技工和普工。施工企业必须保证施工现场具有技术合格和数量足够的下述人员。

①具有合格证明的各类专业技工和普工。

②具有相应理论、技术知识和施工经验的各类专业技术人员及有能力进行现场施工管理和指导施工作业的工长。

③具有相应岗位资格的管理人员。

技术岗位和特殊工种的工人均必须持有通过国家或有关部门统一考试或考核的资格证明，经监理机构审查合格者才准上岗，如爆破工、电工、焊工等均要求持证上岗。

2. 施工企业工地试验室和试验计量设备

施工企业检测试验室必须具备与所承接工程相适应并满足合同文件和技术规范、规程、标准要求的检测手段和资质。施工企业在工地建立的试验室，包括试验设备和用品、试验人员数量和专业水平，核定其试验方法和程序等。施工企业应按合同规定及相应规范进行各项材料试验。施工企业工地试验室应具有符合要求的检测试验室的资质文件（包括资格证书、承担业务范围及计量认证文件）。检测试验室人员配备情况（专业或工种等）满足工程项目试验需要。检测试验室仪器设备数量足够、性能完好，仪器仪表均已率定，并具有检验合格证。试验室具有各类检测、试验记录表和报表的式样。试验室制定了检测试验人员守则及试验室工作规程。

3. 施工企业进场施工设备

为了保证施工的顺利进行，施工企业在开工前应将施工设备准备完好，具体要求如下。

（1）施工企业进场施工设备的数量和规格、性能，以及进场时间应能满足施工需要。

（2）施工企业应按照施工组织设计保证施工设备按计划及时进场，应避免不符合要求的设备投入使用。在施工过程中，施工企业应对施工设备及时进行补充、维修、维护，以满足施工需要。

（3）旧施工设备进入工地前，施工企业应对该设备的使用和检修记录进行检查，并由具有设备鉴定资格的机构进行检修并出具检修合格证。

4. 对基准点、基准线和水准点的复核和工程放线

施工企业应及时申请监理组织勘察设计单位提供测量基准点、基准线和水准点及其平面资料，并由"勘察、设计、监理、建设、施工"等单位会签《工程测量交桩签证单》。施工企业应依此基准点、基准线，以及国家测绘标准和工程项目精度要求，测设自己的施工控制网，并将资料报送监理审批。施工企业应负责施工过程中的全部施工测量工作，包括地形测量、放样测量、断面测量、支付收方测量和验收测量等，并应由施工企业自行配置合格的人员、仪器、设备和其他物品。施工企业在各项目施工测量前还应编制采取措施方案。

施工企业应负责管理好施工控制网点，若有丢失或损坏，应及时修复，其所需要的管理和修复费用由施工企业承担。

5. 对原材料、构配件的检查

施工企业进场原材料、构配件的质量、规格、性能应符合有关技术标准和技术条款的要求，原材料的储存量应满足工程开工及随后施工的需要。

6. 砂石料系统、混凝土拌和系统以及施工辅助设施的准备

砂石料生产系统的配置，是根据工程设计图纸的混凝土用量及各种混凝土的级配比例，计算各种规格混凝土骨料的需用量，主要考虑日最大强度及月最大强度，确定系统设备的配置。砂石厂应设在料场附近；多料场供应时，应设在主料场附近；经论证也可分别设厂；砂石利用率高、运距近、场地许可时，也可设在混凝土工厂附近。主要设施的地基应稳定，有足够的承载力。混凝土拌和系统选址，尽量选在地质条件良好的部位，拌和系统布置注意进出料高程、运输距离小、生产效率高。

对于场内交通运输，对外交通方案确保施工工地与国家或地方公路、铁路车站、水运港口之间的交通联系，具备完成施工期间外来物资运输任务的能力。场内交通方案确保施工工地内部各工区、当地材料场地、堆渣场、各生产区、各生活区之间的交通联系，主要道路与对外交流衔接。

工地施工用水、生活用水和消防用水的水压、水质应满足相应的规定。施工供水量应满足不同时期日高峰生产用水和生活用水需要，并按消防用水量进行校核。生活和生产用水宜按水质要求、用水量、用户分布、水源、管道和取水建筑物的布置情况，通过技术经济比较后确定集中或分散供水。

各施工阶段用电最高负荷宜按需要系数法计算。通信系统组成与规模应根据工程规模的大小、施工设施布置及用户分布情况确定。

7. 施工企业分包人的管理

施工企业应建立并实施分包管理制度，明确各管理层次和部门在分包管理活动中的职责和权限，对分包方实施分类管理，并分类制定管理制度。施工企业应对分包工程承担相关责任。

(1) 分包方的选择和分包合同

施工企业应按照管理制度中规定的标准和评价办法，根据所需要分包内容的要求，经评价依法通过适当方法（如招标、组织相关职能部门实施评审、分包方提供的资料评价、分包方施工能力现场考察）选择合适的分包方，并保存评价和选择分包方的记录。对分包方的评价内容应包括经营许可和资质证明，专业能力，人员结构和素质，机具装备，技术、质量、安全、施工管理的保证能力，工程业绩和信誉。

(2) 分包项目实施过程的控制

施工企业应在分包项目实施前对从事分包的有关人员进行分包工程施工或服务要求的交底，审核批准分包方编制的施工或服务方案，并据此对分包方的施工或服务条件进行确认和验证，包括确认分包方从业人员的资格与能力；验证分包方的主要材料、设备和设施。

施工企业对项目分包管理活动的监督和指导应符合分包管理制度的规定和分包合同内容的约定。施工企业应对分包方的施工和服务过程进行控制，包括对分包方的施工和服务活动进行监督检查，发现问题及时提出整改要求并跟踪复查；依据规定的步骤和标准对分包项目进行验收。

施工企业应对分包方的履约情况进行评价并保存记录，作为重新评价、选择分包方和改进分包管理工作的依据。施工企业应采取切实可行的措施，防止分包方将分包工程再分包。

8.4.2 施工过程的质量控制

1. 技术交底

做好技术交底是保证施工质量的重要措施之一。项目开工前应由项目技术负责人向承担施工的负责人或分包人进行书面技术交底，技术交底资料应办理签字手续并归档保存。每一分部工程开工前均应进行作业技术交底。技术交底书应由施工项目技术人员编制，并经项目技术负责人批准实施。技术交底的内容主要包括任务范围、施工方法、质量标准和验收标准，施工中应注意的问题，可能出现意外的预防措施及应急方案，文明施工和安全防护措施以及成品保护要求等。技术交底应围绕施工材料、机具、工艺、工法、施工环境和具体的管理措施等方面进行，应明确具体的步骤、方法、要求和完成的时间等。技术交底的形式有书面、口头、会议、挂牌、样板、示范操作等。

2. 测量控制

项目开工前应编制测量控制方案，经项目技术负责人批准后实施。相关部门提供的测量控制点应在施工准备阶段做好复核工作，经审批后进行施工测量放线，并保存测量记录。在施工过程中应对设置的测量控制点、线妥善保护，不准擅自移动。施工过程中必须认真进行施工测量复核工作，这是施工单位应履行的技术工作职责，其复核结果应报送监理工程师复验确认后，方能进行后续相关工序的施工。常见的施工测量复核有以下几种。

（1）工业建筑测量复核

包括厂房控制网测量、桩基施工测量、柱模轴线与高程测量、厂房结构安装定位检测、设备基础与预埋螺栓定位检测等。

（2）民用建筑测量复核

包括建筑物定位测量、基础施工测量、墙体皮数杆检测、楼层轴线检测、楼层间高程传递检测等。

（3）高层建筑测量复核

包括建筑场地控制测量、基础以上的平面与高程控制、建筑中垂准检测和施工过程中沉降变形观测等。

（4）管线工程测量复核

管网或输配电线路定位测量、地下管线施工检测、架空管线施工检测、多管线交汇点高程检测等。

3. 计量控制

计量控制是工程项目质量保证的重要内容，是施工项目质量管理的一项基础工作。施工过程中的计量工作，包括施工生产时的投料计量、施工测量、监测计量，以及对项目、产品或过程的测试、检验、分析计量等。其主要任务是统一计量单位制度，组织量值传递，保证量值统一。计量控制的工作重点：建立计量管理部门和配置计量人员；建立健全计量管理的规章制度；严格按规定有效控制计量器具的使用、保管、维修和检验；监督计量过程的实施，保证计量的准确。

4. 工序施工控制

施工过程是由一系列相互联系与制约的工序构成，工序是人、材料、机械设备、施工方法和环境因素对工程质量综合起作用的过程，所以对施工过程的质量控制，必须以工序质量控制为基础和核心。因此，工序的质量控制是施工阶段质量控制的重点。只有严格控制工序质量，才能确保施工项目的实体质量。工序施工质量控制主要包括工序施工条件质量控制和工序施工效果质量控制。

（1）工序施工质量控制

工序施工条件是指从事工序活动的各生产要素质量及生产环境条件。工序施工条件控制就是控制工序活动的各种投入要素质量和环境条件质量。控制的手段主要有检查、测试、试验、跟踪监督等。控制的依据主要有设计质量标准、材料质量标准、机械设备技术性能标准、施工工艺标准及操作规程等。

（2）工序施工效果控制

工序施工效果主要反映在工序产品的质量特征和特性指标。对工序施工效果的控制就是控制工序产品的质量特征和特性指标达到设计质量标准，以及施工质量验收标准的要求。工序施工质量控制属于事后质量控制，其控制的主要途径是实测获取数据、统计分析所获取的数据、判断认定质量等级和纠正质量偏差。

按有关施工验收规范规定，下列工程质量必须进行现场质量检测，合格后才能进行下道工序施工。

①地基基础工程

地基及复合地基承载力静载检测。地基基础设计等级为甲级或地质条件复杂、成桩质量可靠性低的灌注桩，应采用静载荷试验的方法进行检验，检验桩数不应少于总数的1%，且不应少于三根。

桩的承载力检测。设计等级为甲级、乙级的桩基或地质条件复杂，桩施工质量可靠性低，本地区采用的新桩型或新工艺的桩基应进行桩的承载力检测，检测数量在同一条件下不应少于三根，且不宜少于总桩数的1%。

桩身完整性检测。根据设计要求和建筑工程桩基检测技术规范，检测桩身缺陷及其位置，判定桩身完整性类别，检测数量不少于桩总数的10%。

②主体结构工程

混凝土、砂浆、砌体强度现场检测。检测同一强度等级、同条件养护的试块强度，以此检测结果代表工程实体的结构强度。

a.混凝土：按统计方法评定混凝土强度的基本条件：同一强度等级的同条件养护试件的留置数量不宜少于10组，按非统计方法评定混凝土强度时，留置数量不应少于3组。

b.砂浆抽检数量：每一检验批且不超过250m³砌体的各种类型及强度等级的砌筑砂浆，每台搅拌机应至少抽检一次。

c.砌体：普通砖15万块、多孔砖5万块、灰砂砖及粉煤灰砖10万块各为一检验批，抽检数量为一组。

钢筋保护层厚度检测。钢筋保护层厚度检验的结构部位，应由监理（建设）、施工等各方根据结构构件的重要性共同选定。对梁类、板类构件，应各抽取构件数量的2%且不少于5个构件进行检验。

混凝土预制构件结构性能检测。成批生产的构件应按同一工艺正常生产的不超过1000件且不超过3个月的同类型产品为一批，在每批中应随机抽取一个构件作为试件进行检验。

③建筑幕墙工程

铝塑复合板的剥离强度检测。

石材的弯曲强度；室内用花岗石的放射性检测。

玻璃幕墙用结构胶的邵氏硬度、标准条件拉伸黏结强度、相容性试验；石材用结构胶黏结强度及石材用密封胶的污染性检测。

建筑幕墙的气密性、水密性、风压变形性能、层间变位性能检测。

硅酮结构胶相容性检测。

④钢结构及管道工程

钢结构及钢管焊接质量无损检测。对有无损检验要求的焊缝，竣工图上应标明焊缝编号、无损检验方法、局部无损检验焊缝的位置、底片编号、热处理焊缝位置及编号、焊缝补焊位置及施焊焊工代号。焊缝施焊记录及检查、检验记录应符合相关标准的规定。

钢结构、钢管防腐及防火涂装检测。

钢结构节点、机械连接用紧固标准件及高强度螺栓力学性能检测。

5. 特殊过程的质量控制

特殊过程是指该施工过程或工序的施工质量不易或不能通过其后的检验和试验而得到充分的验证,或者万一发生质量事故则难以挽救的施工过程。特殊过程的质量控制是施工阶段质量控制的重中之重,在项目质量计划中界定的特殊过程应设置工序质量控制点,抓住影响工序施工质量的主要因素进行强化控制。

(1) 选择质量控制点的原则

质量控制点的选择应以那些保证质量的难度大、对质量影响大或是发生质量问题时危害大的对象进行设置。选择的原则:对工程质量形成过程产生直接影响的关键部位、工序或环节及隐蔽工程;施工过程中的薄弱环节,或者质量不稳定的工序、部位或对象;对下道工序有较大影响的上道工序;采用新技术、新工艺、新材料的部位或环节;施工上无把握的、施工条件困难的或技术难度大的工序或环节;用户反馈指出和过去有过返工的不良工序。

根据上述选择质量控制点的原则,一般建筑工程质量控制点的设置可参考表 8.1 设置。

表 8.1 质量控制点的设置

分项工程	质量控制点
工程测量定位	标准轴线桩、水平桩、龙门板、定位轴线、标高
地基、基础（含设备基础）	基坑（槽）尺寸、标高、土质、地基承载力,基础垫层标高,基础位置、尺寸、标高,预埋件、预留孔洞的位置、标高、规格、数量,基础杯口弹线
砌体	砌体轴线,皮数杆,砂浆配合比,预留孔洞、预埋件的位置、数量,砌体排列
模板	位置、标高、尺寸、预留洞孔位置、尺寸,预埋件的位置,模板的强度、刚度和稳定性,模板内部清理及润湿情况
钢筋混凝土	水泥品种、强度等级,砂石质量,混凝土配合比,外加剂比例,混凝土振捣,钢筋品种、规格、尺寸、搭接长度,钢筋焊接、机械连接,预留洞孔及预埋件规格、位置、尺寸、数量,预制构件吊或出厂（脱模）强度,吊装位置、标高、支承长度、焊缝长度
吊装	吊装设备的起重能力、吊具、索具、地锚
钢结构	翻样图、放大样
焊接	焊接条件、焊接工艺
装修	视具体情况而定

(2) 质量控制点的重点控制对象

质量控制点的设置要正确、有效,要根据对重要质量特性进行重点控制的要求,选择施工过程的重点部位、重点工序和重点质量因素作为质量控制的对象,进行重点预控和过程控制,从而有效地控制和保证施工质量。质量控制点中重点控制的对象主要包括以下几个方面。

①人的行为。某些操作或工序，应以人为重点控制对象，如高空、高温、水下、易燃易爆、重型构件吊装作业，以及操作要求高的工序和技术难度大的工序等，都应从人的生理、心理、技术能力等方面进行控制。

②材料的质量与性能。这是直接影响工程质量的重要因素，在某些工程中应作为控制的重点。比如，钢结构工程中使用的高强螺栓、某些特殊焊接使用的焊条，都应作为重点控制其材质与性能。又如，水泥的质量是直接影响混凝土工程质量的关键因素，施工中就应对进场的水泥质量进行重点控制，必须检查核对其出厂合格证，并按要求进行强度和安定性的复试等。

③施工方法与关键操作。某些直接影响工程质量的关键操作应为控制的重点，如预应力钢筋的张拉工艺操作过程及张拉力的控制，是可靠建立预应力值和保证预应力构件质量的关键过程。同时，那些易对工程质量产生重大影响的施工方法，也应列为控制的重点，如大模板施工中模板的稳定和组装问题、液压滑模施工时支撑杆稳定问题、升板法施工中提升差的控制等。

④施工技术参数。如混凝土的外加剂掺量、水灰比，回填土的含水量，砌体的砂浆饱满度，防水混凝土的抗渗等级、钢筋混凝土结构的实体检测结果及混凝土冬期施工受冻临界强度等技术参数都是应重点控制的质量参数与指标。

⑤技术间歇。有些工序之间必须留有必要的技术间歇时间。例如，砌筑与抹灰之间，应在墙体砌筑后等待6～10d，让墙体充分沉陷、稳定、干燥，再抹灰；抹灰层干燥后，才能喷白、刷浆；混凝土浇筑与模板拆除之间，应保证混凝土有一定的硬化时间，达到规定拆模强度后方可拆除等。

⑥施工顺序。某些工序之间必须严格控制施工的先后顺序，比如，对冷拉的钢筋应当先焊接后冷拉，否则会失去冷强；屋架的安装固定，应采取对角同时施焊方法，否则会导致校正好的屋架发生倾斜。

⑦易发生或常见的质量通病。例如，混凝土工程的蜂窝、麻面、空洞，墙、地面、屋面防水工程渗水、漏水、空鼓、起砂、裂缝等，都与工序操作有关，均应事先研究对策，提出预防措施。

⑧新技术、新材料及新工艺的应用。由于缺乏经验，施工时应将其作为重点进行控制。

⑨产品质量不稳定和不合格率较高的工序应列为重点，认真分析、严格控制。

⑩特殊地基或特种结构。湿陷性黄土、膨胀土、红黏土等特殊土地基的处理，以及大跨度结构、高耸结构等技术难度较大的施工环节和重要部位，均应予以特别的重视。

（3）特殊过程质量控制的管理

特殊过程的质量控制除按一般过程质量控制的规定执行外，还应由专业技术人员编制作业指导书，经项目技术负责人审批后执行。作业前施工员、技术员做好交底和记录，使操作人员在明确工艺标准、质量要求的基础上进行作业。为保证质量控制点的目标实现，应严格按照三级加查制度进行检查控制。在施工中发现质量控制点有异常时，应立即停止施工，召开分析会，查找原因并采取对策予以解决。

6. 成品保护的控制

成品保护一般是指在项目施工过程中，某些部位已经完成，而其他部位还在施工，在这种情况下，施工单位必须负责对已完成部分采取妥善的措施予以保护，以免成品缺乏保护或保护不善而造成损伤或污染，影响工程的实体质量。加强成品保护，首先要加强教育，提高全体员工的成品保护意识，同时要合理安排施工顺序，采取有效的保护措施。

成品保护的措施一般有防护（提前保护，针对被保护对象的特点采取各种保护的措施，防止对成品的污染及破坏）、包裹（将被保护物包裹起来，以防损伤或污染）、覆盖（用表面覆盖的方法，防止堵塞或损伤）、封闭（采取局部封闭的办法进行保护）等。

9 水利水电工程项目管理案例——以某南方供水水库除险加固工程为例

9.1 项目概况

9.1.1 工程简介

某南方供水水库是一座以供水为主，兼具防洪、调蓄等功能的中型水利枢纽，由主坝、四座副坝、溢洪道、坝下输水涵管、北线工程入引水隧洞等建筑物组成。水库总库容 1957 万 m^3，水库设计洪水标准百年一遇，校核洪水标准千年一遇，按两千年一遇复核确定相应工程措施。水库工程等级为Ⅲ等，主要建筑物级别为 3 级。

9.1.2 建设内容

本次除险加固工程主要建设内容包括大坝加固工程、新建输水兼放空隧洞工程、溢洪道改造加固工程、建筑工程、机电及金属结构工程、安全监测工程、信息化工程、配套工程等。

（1）大坝加固工程：重建主坝及 2♯ 副坝坝顶道路、防浪墙、上下游护坡结构。主坝内新建长 357m、厚 0.6m 的混凝土防渗墙，坝肩和墙底进行帷幕灌浆，坝下涵管、观澜河引水管道进行封堵，影响范围内的某供水工程管道周围进行充填灌浆处理；2♯ 副坝内新建长 322m、厚 0.6m 的混凝土防渗墙，坝肩和墙底进行帷幕灌浆。

（2）新建输水兼放空隧洞工程：主坝右岸新建输水兼放空隧洞，包括进水塔、洞身段、分水阀井、放空阀井及放空管等。洞身段长度约 464m，内径 3m，采用钻爆法施工。配套建设进水塔交通桥 1 座。

（3）溢洪道改造加固工程：溢洪道除险加固段全长约 286.1m，包括进口段、控制段、泄槽段、消力池段、下游防护段、出水渠等。建设内容包括修复进口段；拆除重建控制交通段，拆除重建控制平段底板、加高两侧边墙；加厚泄槽段底板、加高加厚两侧边墙；重建消力池段；新建下游防护段；清理、修复出水渠等。

（4）建筑工程：新建取水塔启闭机房，改造柴油发电机房、溢洪道上部结构等。

（5）机电及金属结构工程：电气工程包括变配电、动力及照明、自动化控制等系统。主要设备包括柴油发电机组一台、箱式变电站一座、就地控制单元（Local Control Unit，LCU）控制柜五台等。水力机械及金属结构包括输水兼放空隧洞进水口设置拦污栅、工作闸门、检修闸门、事故闸门及启闭设备。阀井设置流量计、蝶阀等。

（6）安全监测工程：包括大坝安全监测、溢洪道监测、取水塔监测、输水兼放空隧洞安全监测、围堰监测、监测系统等设备。

（7）信息化工程：包括一层二层中控室改造、信息机房改造、视频监控系统设备、信息安全设备、建筑信息模型（Building Information Modeling，BIM）模块应用开发（含辅助决策模型及其三维场景渲染开发）、BIM 系统支撑引擎和设备等。

（8）配套工程：包括某电厂供水管道连通段、施工围堰、施工临时供电、管线迁改及保护、水土保持和环境保护等工程。

9.2　进度管理

9.2.1　项目进度管理目标

1. 设计进度目标

根据相关文件的要求，各阶段文件成果交付时间如下：

（1）合同签订后 30 天内，提交经相关主管部门审批通过的初步设计报告、勘察报告、图纸、概算书；

（2）初步设计批复后 30 天内，提交满足施工招标需求的招标工程量清单、技术要求、招标图纸；

（3）初步设计批复后 30 天内，提交经全过程咨询单位审查通过的施工图设计阶段图纸及预算书；

（4）在建设单位批准设计变更后五个工作日内，提交符合要求的设计变更文件；

（5）合同工程完工 90 天内，提交竣工图，并通过相关单位审查；

（6）报批报建相关专题专项报告同初步设计成果一并提交，并通过相关主管部门审批；

（7）BIM 设计方案及模型同初步设计成果一并提交，并通过全过程咨询单位审查。

2. 施工进度目标

本工程合同文件开工日期为按监理人指示开工，计划开工日期为 2023 年 11 月 21 日，2024 年汛期前完成坝体防渗墙、输水兼放空隧洞等关键工序的主体施工，主体完工日期为 2025 年 3 月 21 日，施工总工期为 16 个月。2025 年 10 月完成验收并投入运行，2027 年 3 月保修期满。

9.2.2　进度主要影响因素分析

本项目存在如下特征，对项目进度或其他目标容易造成制约。

1. 报批报建烦琐

项目涉及生态控制红线、法定图则未覆盖区，以及未征转用地，报建程序多而烦琐，手续办理时间不确定性大。

2. 勘察设计专业复杂

（1）本项目涉及岩土工程、水工结构、金属结构、给排水工程、导流工程、隧洞工程等专业，专业系数强，且部分专业互为前置，统筹协调工作量大。

（2）边界复杂，利益相关方较多。该供水水库工程用地范围涉及一级水源保护区、生态保护区、街道未征转用地、当地水司的供水管等，设计方案需要跟相关单位进行沟通协调，确保可落地实施，沟通协调难度大。

3. 现场施工制约因素多

（1）施工场地位于水库库区范围，施工场地受限，无法大规模铺展施工。

（2）施工期间需要保障水库供水的水质水量，导致施工期间水库无法实现空库运行，同时需要严格做好安全文明施工工作，严禁污染水库水源。

（3）专项验收多，验收程序复杂，包括规划、人防、消防、卫生、节能等，减少因验收不合格对项目竣工交付进度的影响。

（4）项目定位高，使用方对项目交付要求高，项目交付工作量大。

9.2.3 进度管控措施

1. 建立进度管理控制体系

（1）建立三级计划管控体系，总体把控

实行全咨单位计划总控、总承包单位一级计划控制、分包单位二级计划控制的管控体系，上级管控计划包括下级管控目标，下级管控计划满足上级管控要求，实现进度计划层层压实，稳步落实。管理流程如图9.1所示。

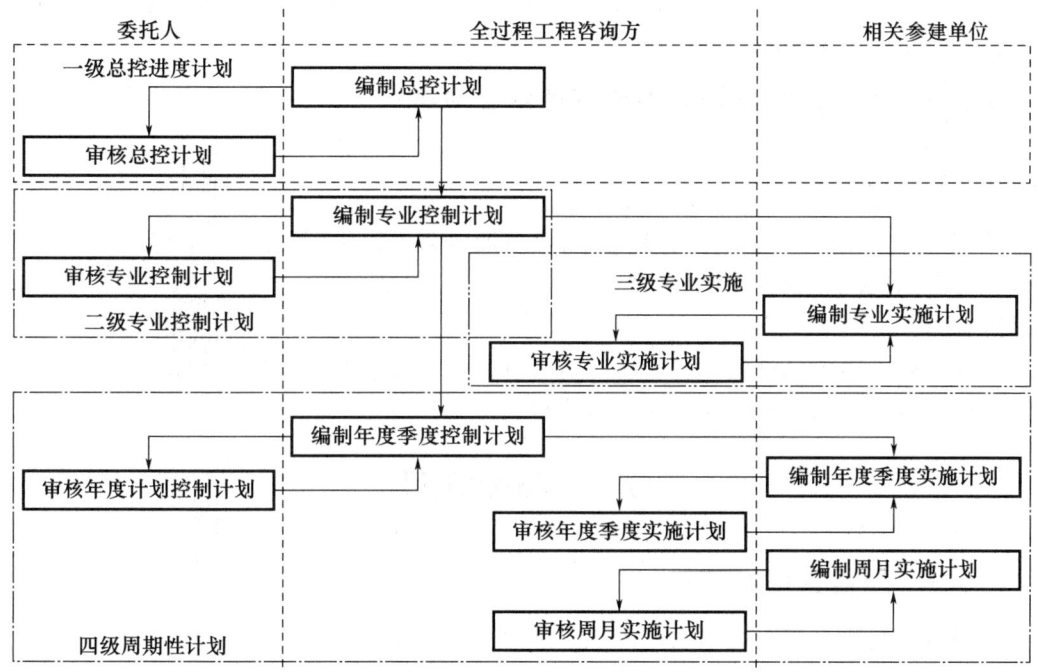

图9.1 管理流程

（2）建立劳动力动态管控制度

根据进度计划的安排，应针对不同阶段的进度要求对人员投入情况进行动态监控，确保投入的人员满足进度计划的要求。同时对比计划进度与实际进度的实际差距，适时调整劳动力投入力度。

（3）建立进度考核督察机制

按照合同的要求，应对参建单位的工作进度进行督导考核，提前完成可按约定条例进行奖励，工作延误的按照相关要求进行处罚，考核频率原则上按照合同约定制定，若无规定应每月组织一次。

（4）建立定期反馈机制

按照三级计划管控体系，各责任单位每旬对本单位的工作计划进行自查，当发现关键线路工作出现延误的，应主动向全过程工程咨询单位（以下简称全咨单位）和建设单位如实反馈情况，并提出解决方案。全咨单位作为建设单位的参谋和助手，有责任和义务定期对各参建单位的工作进度进行抽查，并不定期向建设单位专题报告。

2. 利用BIM管控平台实现预报预警

利用BIM管控平台，对影响工程关键线路的工作实行三级预警，实现到期预警、超期或延期警告。延误关键线路工期30天或总工期的15%及以上的，发布一级预警，预警信息直接发送至项目法人；延误关键线路工期20天或总工期的10%及以上的，发布二级预警，预警信息发送至建设单位专班组现场负责人；延误关键线路工期10天或总工期的5%及以上的，预警信息发送至全咨单位项目负责人。

要求施工单位对于防渗墙、临时施工围堰、进水塔、分水阀井等危大工程、关键线路的重点工序采用BIM报送施组方案，实现施工工序的仿真模拟和可视化管理，便于全咨单位及建设单位全方位审核施组方案的合理性和可实施性，提前预判施工重难点及风险点，便于施工期间的进度把控，提高施工效率。

9.2.4 总体控制计划与进度管理主要成果

1. 总体控制计划

该工程关键的控制性的线路为新建输水兼放空隧洞的施工，隧洞进出口计划于2024年4月1日施工，2025年3月21日具备通水条件；主副坝防渗墙计划于2024年6月30日完成；溢洪道改造计划于2024年4月12日完成。

2. 进度管理主要成果

主要包括：施工总进度计划；年度进度计划；季度、月度进度计划；单位工程或分部工程施工进度计划；进度偏差原因分析报告。

9.3 质量管理

9.3.1 质量管理目标

质量管理目标：某南方供水水库除险加固工程符合各项行业验收规范要求，工程质量确保达到合格及以上标准，争创优良工程。

9.3.2 质量管控要点

1. 防渗墙

某南方供水水库除险加固工程的主坝和2#副坝新建混凝土防渗墙，全长约679m，最大深度为68.90m，防渗墙质量管控的要点包括浇筑质量的控制，墙体检测，温度控制，裂缝控制等方面。

2. 输水兼放空隧洞

某南方供水水库除险加固工程新建一输水兼放空隧洞，采用钻爆法施工，隧洞全长

464m，断面为圆形，直径为3m，坡比为2.15%，出口底高程为50.00m。输水隧洞线路为弧形布置，出口位置管线分布多且复杂，质量管控的要点主要有隧洞开挖、初衬、二衬、临时钢拱架支护、路线控制精度等。

3. 分水阀井工作井

分水阀井工作井位于新建输水兼放空隧洞的出口，属于深基坑工程，周边采用灌注桩和高压旋喷桩支护，质量管控的要点主要是分水阀工作井基坑支护设计方案及专项施工方案的合理性、安全性基坑支护方案的可靠度，以及现场浇筑质量的控制。

4. 围堰工程

某南方供水水库除险加固工程在新建输水兼放空隧洞进口处新建一道临时施工围堰，临时施工围堰最大高度约为15m，因该水库为供水水库，且为当地唯一供水水源地，在除险加固施工作业期间需要保障供水安全，水质、水量不下降。围堰工程质量管控的重点为高水位下围堰工程施工方案的合理性、可行性及水质保障措施，还包括施工期间石渣料的污染物检测与控制、防渗工程的质量控制等。

5. 金属结构设备

金属结构设备主要集中在输水隧洞放水塔及分水阀井处，主要包括闸门及预埋件、流量计、启闭设备等，质量管控要点包括启闭设备的进场验收、复试，现场吊装、安装精度控制，焊缝检测等。

9.3.3 质量管控措施

1. 建章立制

编制《某水库除险加固工程质量管理制度》，明确质量目标控制、质量控制流程、质量责任制度、质量监督检查制度、工程质量事故处理制度、质量分析报告制度、质量责任追究制度和质量考核奖惩制度。工程质量管理流程如图9.2所示。

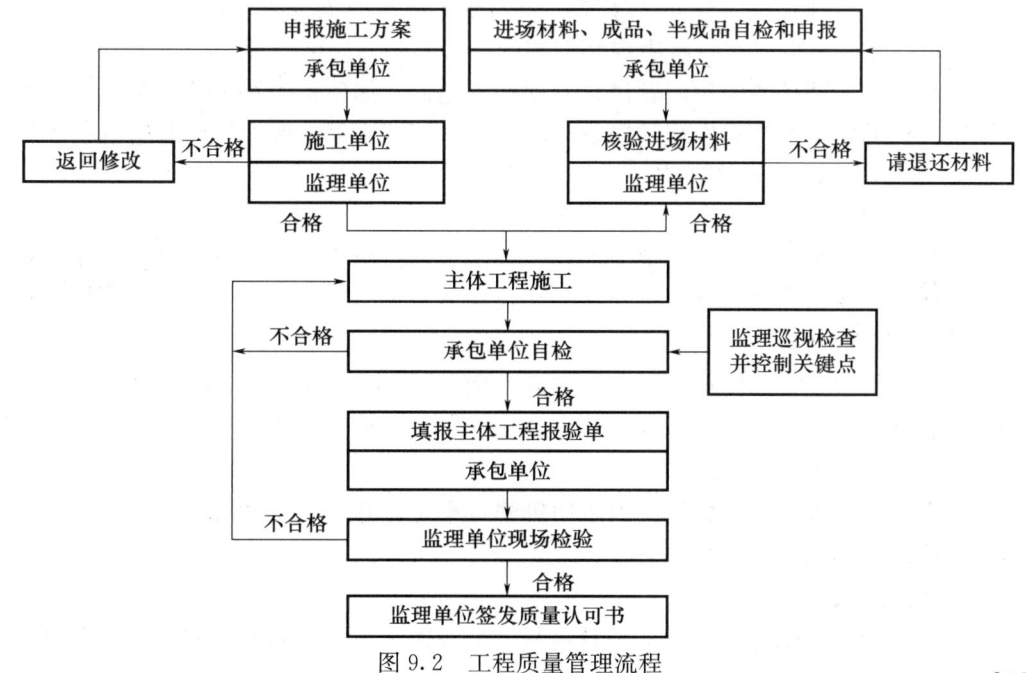

图9.2 工程质量管理流程

2. 施工准备阶段质量管控措施

(1) 设计单位

施工准备期设计单位应做好设计交底工作，将本项目的施工重难点、关键部位的控制要求、关键技术的注意事项向施工单位进行交底。此外，应配合建设单位、监理单位及施工单位做好图纸会审工作，针对图纸上不明确的地方进行答疑和解释。

(2) 施工单位

在施工准备期，施工单位需要按照投标文件和合同的要求组织好人、材、机的现场准备工作，同时对施工现场进行全面踏勘，需要按要求做好施工组织方案，对防渗墙、输水兼放空隧洞、放水阀井以及施工围堰采用 BIM 模型报验，对施工进场材料做好施工单位自检工作。

(3) 全咨单位（监理）

在施工准备期，全咨单位组织院内专家对设计单位提供的施工图进行审查，把控施工图的设计质量；对施工单位的人员、施工方案报批资料进行核查，对进场材料进行核查和抽检；协助建设单位做好设计交底、图纸会审，以及开工备案资料准备工作。

3. 施工过程阶段质量管控

(1) 设计单位

设计单位按照合同的要求做好现场设计工作，同时严控设计变更，尽可能避免或减少重大设计变更，严控设计变更数量。

(2) 施工单位

施工单位按照施工组织方案，以及法律法规对工序、过程进行控制，同时，施工单位应按规定做好原材料进场报验、送检、成品保护工作。同时，施工单位应做好自检自查工作，发现质量问题立即组织整改，形成闭环管理。

(3) 全咨单位（监理）

全咨单位（监理）按照合同和法律法规的相关要求，做好现场的巡查、旁站工作，牵头组织成立 QC 小组，实时解决现场发现的质量问题。协助建设单位不定期组织质量联合检查，对施工现场的质量问题进行专项巡查巡检，提出整改意见和预防措施，避免重大质量问题的发生。针对发现的质量问题，牵头召开质量专题会议，制定解决措施。

4. 施工验收阶段的质量管控

(1) 设计单位

设计单位应参与隐蔽工程、单元工程、分部工程、单位工程的验收工作，重点核查工程建设内容是否与设计方案一致，功能能否满足设计要求。

(2) 施工单位

施工单位应按照合同和相关规定要求做好相关验收的准备工作，做好整改资料、检测资料的闭环管理，确保流程合规、程序合法、质量可控、功能可靠。

(3) 全咨单位（监理）

全咨单位（监理）按照合同的要求协助建设单位做好相关工程的验收工作。

5. BIM 管控平台

(1) 数字化管理

报验单、合格证、旁站记录、验收资料、整改通知单、会议纪要、现场影像资料等过程资料实现数字化管理，在线实时共享。便于参建单位管理人员随时随地查看现场管理资料。

（2）标准化管控

按照质量管控流程图，明确危大工程、临时工程、隐蔽工程、一般工程的质量管控环节，实现闭环式管理、标准化管控。规范现场管理管控流程，确保流程到位，减少人为失误及遗漏。

（3）智能辅助验评

利用平台的智慧化系统，通过智能分析分部分项工程的过程资料，对申请验评项目的前置条件进行甄别，对不满足验评条件的项目予以提醒，并自动提示问题清单，杜绝问题工程通过验收，严把工程质量。

9.3.4 质量管控工作总程序

质量管控工作总程序如图 9.3 所示。

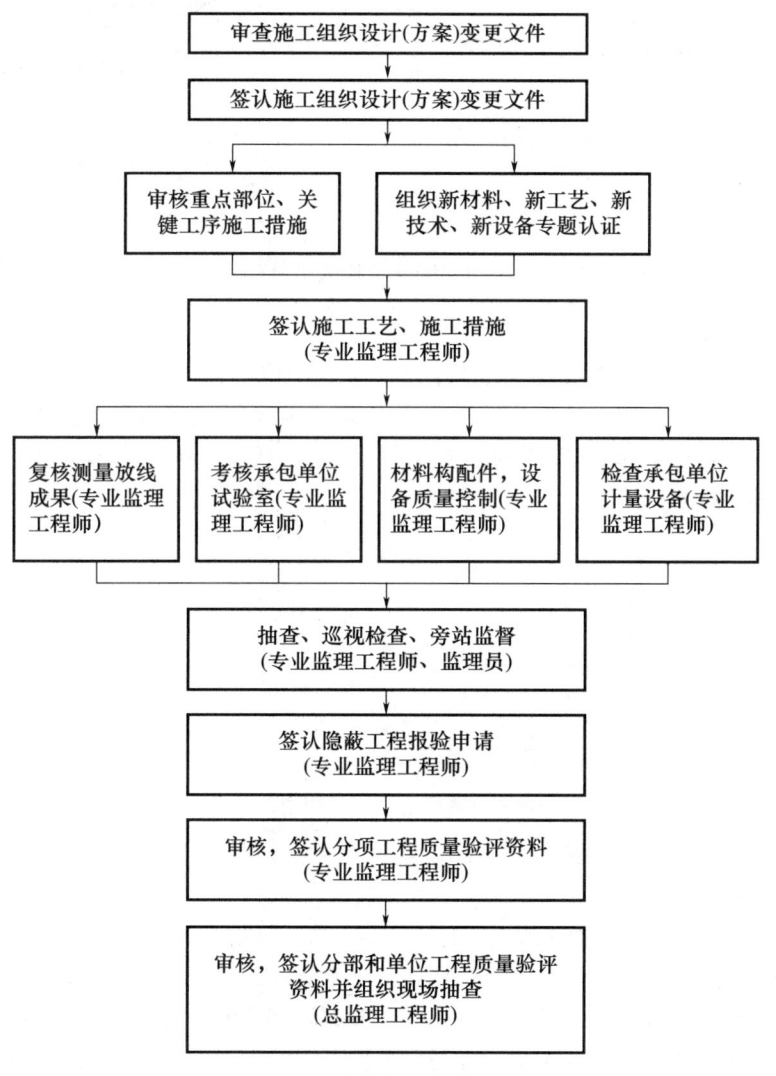

图 9.3 质量管控工作总程序

9.4 重点工程及其进度、质量保障措施

9.4.1 围堰施工要点与质量保障措施

1. 施工要点

本项目在取水口位置围堰挡水施工，围堰施工及使用期间水库正常运行水位不高于71.00m，围堰采用全年挡水土石围堰，设计洪水重现期为10年一遇。围堰工程施工流程如图9.4所示。

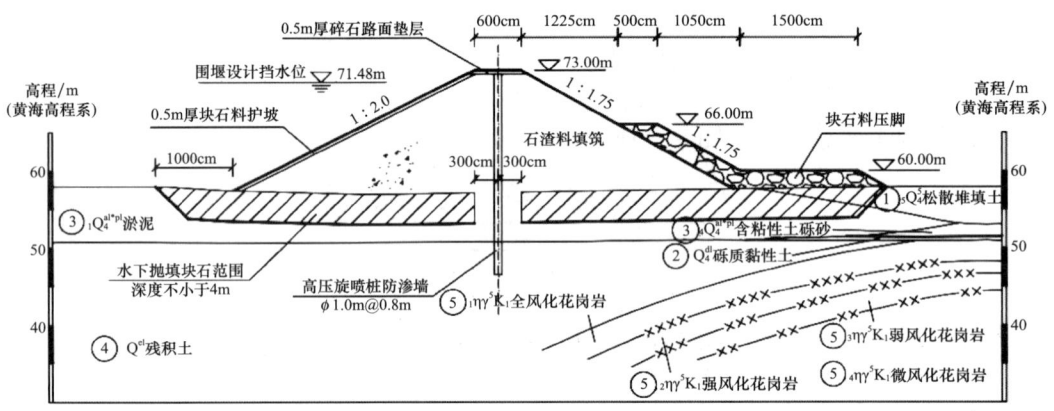

图 9.4　围堰工程施工流程

（1）水环境保护措施

本工程施工位于一级水源保护地某供水水库，围堰工程在水库内进行填筑施工，无法避免会对围堰施工范围水体造成影响，为保障影响不扩大，采取生态过滤带绕围堰施工范围一圈（图9.5），起到阻挡围堰施工导致的周边水体扰动，以及携带污物污染扩大而导致水体降标的作用。

图 9.5　生态拦污带示意

在围堰施工前，在距离围堰下游约20m处先修建一条过滤带，过滤带由顶部浮球、中部土工布、底部沉石组成，在水库库区与围堰施工区间形成一条面状过滤带，过滤围堰施工所造成的浑浊水体。过滤带可以拦截水体中的泥沙，而使较为清洁的水体通过，

从而达到过滤水体，拦截泥沙，清洁水体目的。如果在施工中发现对库区水体有污染，立即停止施工，并根据需要增设二道隔水屏障，保证施工中水体不被污染。在水质防污过程中引进第三方对水质进行检测，随时发现水质异常，即时处理。

具体过滤带（土工布拦污屏）施工做法如下。

①土工布拦污屏由若干个单元拼接而成，每单元长度10m，主要由自浮体、土工布、主连接绳、拉锚绳、铁链、条石组成。自浮体间隔1.5m布置，土工布拦污屏的横向固定由拉锚绳、浮球和土工布下缘的悬坠体组成。悬坠体先选用铁链下沉，如果效果不是太好再选用质量为20～50kg的条石，间距为5m。自浮体和土工布连接处应采取可靠措施，做到紧密连接。过滤带（土工布）施工时在岸边组装成形，土工布搭接采用手提式缝纫机缝合，搭接长度至少为0.15m，土工布接缝符合规范要求，缝合完成后由人工配合操作船从岸边拉起向对岸稳步前进，施工时需要保证土工布不被破坏。过滤带组装要求高度不能小于现状水深，沉石能满足下沉的效果。

②自浮体为漂浮发泡泡沫塑料，要求自浮体下坠4m土工布时的沉降量不能过大。

③主连接绳采用钢丝绳，采用6×19（6表示钢丝绳由6股钢丝组成，19表示每股由19根钢丝拧成）圆股钢丝绳，直径为20mm。

④拉锚绳采用超强聚乙烯绳，直径为25mm，破断力为25t。

⑤土工布拦污屏布放完毕后，根据水深调整土工布的拉锚绳，防污屏的底端与库底保持适当的空间，保证土工布的正常使用。

⑥土工布布设完成后，应定期巡视检查，如出现破损情况及时修补，以免影响防污效果。

⑦施工前，应在局部区域测试土工布拦污屏拦污效果，以对土工布的高度进行优化。

（2）生产性试验

大规模施工前，先进行生产性试验。碾压试验内容包括铺料方式、铺料厚度、碾压机械类型及质量、碾压遍数、最优含水量等，以保证经碾压后，土料密实度达到设计要求，并将试验成果整理成正式报告，提供给监理机构审核共同研究确定施工压实参数，包括铺土厚度、含水量的适宜范围、碾压机械类型及质量、压实遍数、压实方法等。

（3）清基

根据现场情况采用机械和人工清理。清基边界在设计基面边线外30～50cm。基面的淤泥、腐殖土、泥炭土等不合格土和草皮、杂植土等杂物必须清除。清基深度一般为15～20cm。清基弃土堆放指定位置并按施工图纸和监理机构的批示回填密实。

（4）抛石挤淤

底部有淤泥位置抛石挤淤，围堰需要的片石均可从陆路运至底部有淤泥位置，本项目围堰抛石采用挖掘机进行，方法为进占法。

①主要材料的选定

抛石用料为当地所产的块石。为使挤淤效果明显，抛石厚应均匀，要求选用新鲜开山石，要求岩性均匀、无裂缝、遇水不软化或崩解的硬岩石，抗压强度不小于80MPa。石料的最大颗粒粒径800mm，石料质量小于10kg的小块石含量不超过15%，抛石体的含泥砂量不超过10%。块石控制孔隙率为0.19～0.26。在抛石施工前，先将石材切制成 7cm×7cm×7cm 试件并进行强度试验，达到规范及设计要求方可使用。

②按设计图要求须测量放线，确定其抛石范围并经业主或监理工程师现场检查界线。

③石料利用自卸汽车从采石场运输至填筑施工区端头，利用挖机按照石料填筑分层要求进行石料抛填，待一层浇筑施工完成验收合格后，再进行下一层填筑。

④抛石采用挖掘机进行。由挖掘机抛石，抛石应从围堰截面的中线开始，然后逐渐向两边展开，使淤泥向两边挤出，每 10～20m 为一个抛石标段，抛石边坡采用 1.0：1.5 的边坡系数进行放坡处理。当每抛石标段抛出的块石露出水面 1m 高度后，遂采用 20t 压路机进行碾压，并观测其沉降，若块石沉降量较大，则需要再抛一层块石进行碾压，直至块石沉降量较小为止。可向前延伸进行下一抛石标段施工。

⑤碾压。待抛石露出水面 1m 后，首先由自重较大的挖掘机来回走动进行碾压，使块石沉入基本稳定，待作业范围展开后，采用 20t 的振动式压路机进行碾压，碾压应匀速进行，第一遍先静压，然后先慢后快，先弱振后强振，碾压速度应控制在 4km/h 内，振动碾压 4～5 遍，纵、横向碾压接头必须重叠，压实路线对于轮碾应纵向平行，反复碾压，行与行之间应重叠 40～50cm，前后相邻区段应重叠 100～150cm，做到无漏压、无死角，确保碾压均匀。碾压过程中，人工将片石空隙以小石或石屑填满铺平，直至抛石层顶面平整无明显空隙。

⑥检测。压实度检测采用沉降观测法，以重型振动压路机压实，当压实层顶面稳定，无轮迹，可判为密实状态。在检测路段选择检测点，用白灰做出明显标记，先记录初始高程，然后用压路机压实 3 遍后，再观测检测点的高程，如前后两次检测点高程在 3mm 以内，可判定沉降稳定，压实度满足要求。

（5）土石方填筑

围堰采用石渣料回填。

①石渣料采用弱风化或微新岩体开挖料，不得采用膨胀岩石、易溶性岩石、全风化石料、崩解性岩石和盐化岩石，填料综合内摩擦角不小于 30°；级配良好，最大粒径为 600mm，大于 5mm 颗粒含量大于 70%，粒径小于 0.075mm 的颗粒含量不大于 5%，控制压实干密度不小于 2.1t/m³。

②用自卸车将石渣料运至指定填筑区域。石渣料的粒径实行料源地和施工地点双控，料源地和施工地分别负责石渣料质量的控制。石渣料供应商在采集石渣料时将不符合粒径要求的石渣料剔除，石渣料开采后属于自然状态，不得掺杂其他材料（砂、土）及树根、草皮等杂质。到达施工现场后，现场管理人员在卸料过程中注意质量把关，粒径过大的石渣料使用挖掘机配合人工进行剔除，含泥量过大的填料要及时通知供料方停止供料，重新选择级配好的石料。

③在摊铺平整过程中要注意以下事项。

a. 按照现场撒布的白灰线网格，在指定区域卸料后用装载机推开摊铺。

b. 初步摊铺后用挖掘机或人工将超粒径石块清理出，之后进行集中破碎。

c. 石渣料压实后的石渣料土顶面应无明显空隙、空洞。

当石块级配、粒径差异较大时，辅以人工铺筑，具体方法如下。

a. 铺大块石料（粒径不大于层厚的 2/3），大面朝下，再铺小块石料，石渣嵌缝找平。

b. 对于机械摊铺后缺少细料处，挖开后人工混拌或换填粗细搭配均匀的料。

c. 大块石料上面不得少于5cm厚的碎石料覆盖层；碎石料质量要求：土体中粒径大于5mm的颗粒含量不小于80%，含泥量小于5%（按质量计），最大块径不宜大于40mm。水上压实控制相对密度不小于0.75。

d. 所有石块空隙必须用细料填补密实，不平处用人工补料找平。

e. 当粒径过大时，应辅以人工进行剔除，严禁不合格石料直接用于路基施工。

④碾压。

碾压原则：先慢后快，由弱振至强振。碾压时先静压后振压、先两边后中间，要交错碾压、纵向进退式进行。

a. 碾前稳压：在对填料进行重型激振碾压前，应对填料进行静压，静压方向采用横向由两边向中间，纵向进退式，每次进退碾压宽度重叠前次碾压宽度1/3前轮宽度（0.4~0.5m），行走速度不超过4km/h。静压可使填料粒径的差别减小，且提高了松铺填料的振压前的密实性和均匀性，对充分发挥振动压路机的重型激振起到了良好的促进作用。

b. 重型碾压：压路机静压完成之后，采用25t振动压路机以不超过4km/h的行进速度开始由两边向中间进行振动碾压，压路机每次进退碾压宽度重叠前次碾压宽度的1/3轮宽。先弱振一遍后开始强振，利用沉降差法进行检测，测量沉降差小于等于3mm为合格，检验合格后用25t振动压路机静压一遍收面。对压实表层进行全过程控制，局部出现坑洼时，人工及时铲碎渣将坑填平。碾压过程确保无漏压、无偏压、无死角。确保压实层顶面应达到稳定不再下沉、无轮迹、表面平整、无软弹。

碾压注意事项：

a. 压路机起步、停车要平稳，压实段落要呈阶梯形向前推进，每次折返点不得重叠（前后相距50cm以上）。

b. 碾压过程中，如有"弹簧土"、松散、起皮等现象，应直接换填新合格石渣料合料。

c. 严禁压路机在已完成的或正在碾压的路段上调头或急刹车，应保证表面不受破坏。

（6）坡面的修坡

①施工设备

采用XL4200型履带式全液压激光导向的长臂反铲修坡为主，人工修坡为辅。

②一次修坡高度的确定

激光导向反铲的最大伸缩幅度为8.5m，按坡比计算，每填高4.8m进行一次修坡。

③施工方法

a. 激光导向反铲削坡：采用全站仪测定激光仪位置，安装就位后，通过激光信号指挥长臂反铲的操作运行；

b. 激光导向反铲削坡的控制底线为垫层料上游坡面设计线法线方向10~15cm，具体范围及数值将根据坝体实际施工时的变形情况进一步计算确定；

c. 人工修坡：当上游坡面填筑上升达到5~15m高时，采用人工通过网点控制进行修坡。即在坡面上按 3m×3m 网格布点,插上钢筋,钢筋拉上定位线,由人工根据定位线从上往下进行坡面的修整。修坡完成后,即进行斜坡碾压。碾压参数最终通过碾压试验确定。

④斜坡碾压

设备配备:a. 牵引设备为 40t 定型牵引机;b. 碾压设备为 YZ10L 牵引式振动碾,滚筒重 10t。

碾压方法:a. 碾压前坡面洒水湿润,湿润层控制为 5~10cm;b. 布置牵引机:牵引机布置在填筑坝体的顶面,离平台上游边线 2m 的距离;c. 安装振动碾:保证振动碾在斜面碾压的过程中钢丝绳始终与斜坡面平行,而不破坏垫层坡面;d. 斜坡碾压:采用静碾、动碾相结合的方式,先静碾两遍,再半振碾压两遍。最后全振动碾压两遍。

(7) 块石压脚、护面

围堰迎水面采用块石压脚,背水面采用块石护面。

①施工放样

根据设计图纸要求,用全站仪放样出块石护脚、护面定位线和沟槽开挖边线;再根据块石护脚尺寸标高确定沟槽开挖深度。线位测设好以后报请监理检测,符合要求后再进行下道工序。

②砌筑选材

干砌石石块应选用材质应坚实新鲜,无风化剥落层或裂纹,石材表面无污垢、水锈等杂质。块石应大致方正,上下面大致平整,无尖角,石料的尖锐边角应凿去。所有垂直于外露面的镶面石的表面凹陷深度不得大于 20mm。石料最小尺寸不宜小于 50cm。一般长条形丁向砌筑,不得顺长使用。

③砌石的基本要求

平整:砌体的外露面应平顺和整齐,其要求块石大面朝外,其外缘与设计误差不超过±10cm。稳定:石块的安置必须自身稳定。密实:砌体以大石为主,选型配砌,必要时可以小石搭配,干砌石应相互卡紧。错缝:同一砌层内相邻的及上下相邻的砌石应错缝。

④块石砌筑

干砌石砌体铺砌前,应将地基平整夯实。坡面修整平顺;大块石抛填前,将基础表面浮渣清理干净并夯实处理,分层抛填;砌石应垫稳填实,与周边砌石靠紧,严禁架空;坡面上的干砌石砌筑,以一层与一层错缝锁结方式铺砌。护坡表面砌缝的宽度不应大于 25mm,砌石边缘应顺直、整齐牢固,严禁出现通缝、叠砌和浮塞,抛填大块石表面应人工修面。砌体外露面,应选用较整齐的石块砌筑平整。不得在外露面用块石砌筑,而中间以小石填心;不得在砌筑层面以小块石、片石找平;护坡顶应以大石块压顶;为使沿石块的全长有坚实支承,所有前后的明缝均应用小片石料填塞紧密。由低向高逐步铺砌,要嵌紧、整平,铺砌厚度应达到设计要求。

(8) 围堰拆除

水上部分采用挖掘机挖除,水下部分采用拉铲挖除,弃渣运至弃渣场。

(9) 高压旋喷桩防渗帷幕施工

本项目围堰采用高压旋喷桩套接成墙,高压旋喷防渗墙布置于围堰轴线上,喷射孔间距采用 0.8m，单排孔布置，最深 16m，选用"三重管法"旋喷注浆。钻孔灌浆分Ⅰ、Ⅱ序进行施工。

①设计技术指标

a. 高喷防渗墙标准

有效墙厚 1.0m，墙体连接处最小厚度不小于 0.6m。

b. 防渗墙深度

要求墙下部深入基岩不小于 0.5m。

c. 防渗墙排数及孔距

根据设计要求，采用三重管法旋喷套接，防渗墙为单排，孔距 0.8m，为保证墙体完整和连续性而需进行生产性高喷试验，以保证高喷墙质量和选用合理技术参数。

d. 施工参数确定及施工布置

根据设计要求进行生产性试桩，采用参数为：空气压力为 0.7MPa，排量 0.4～1.8m³/min，浆压 18～22MPa，水灰比 1∶1～1.5∶1，进浆密度 1.37～1.5g/cm³，排量 60～160L/min，回浆密度 1.2～1.3g/cm³，提升速度 8～18cm/min，旋转速度 7～10r/min，分次卸管注浆，搭接厚度≥30cm。

②机械设备及浆液材料

a. 机械设备

GYP-50 型高喷机 1 台，XPB-10 高压水泵 1 台，SGY-80 岩心钻机 2 台，6PQ 潜水泵 1 台，XPB-90E 高压水泵 1 台，SGB6-10 中压灌浆泵 1 台，20m³ 空压机 1 台，MZ-200 履带液压潜孔钻机 1 台。

b. 浆液材料

水泥采用标号不低于 42.5 号硅酸盐水泥，并符合《通用硅酸盐水泥》（GB 175—2023）的规定，采用 ZJ-400 型高速搅拌机制浆。

高喷灌浆浆液的水灰比为 1.0～1.5，为提高防渗性根据需要在孔口对正在进行灌注的孔内加入水玻璃。

制浆材料的称量采用质量或体积计量法，其误差不大于 5%。

③施工工序

a. 高喷防渗强施工采用分段作业，依次成墙。

b. 高喷防渗强各旋喷孔分序施工，套接成墙，自下游再上游，先Ⅰ序后Ⅱ序。分段包干，平行作业。

c. 单孔喷灌施工程序：放样→造孔→下喷具→喷射→提升→回灌→成桩→结束。

④施工方法

a. 钻孔

防渗墙施工平台形成后，由测量人员准确放样，并在适当位置布置控制点，进行施工期的检测校核，孔位中心允许偏差不大于 5cm。

钻孔时先移机就位，用水平尺校准机身，控制孔位偏差不大于 5cm，确保钻孔偏斜率不大于 1%。

由于工程地质条件复杂，采用 MZ-200 履带液压潜孔钻机，以及 MGY-80 钻机钻孔潜孔偏心锤跟管钻进造孔，孔径为 150mm，下 146mm 套管跟进，在孔深达到设计要求时下入特制 PVC 管护壁直至孔底（PVC 管要求脆性较好），然后起拔套管。

b. 喷浆

钻孔结束后，将喷射机移至成孔处，先进行地面试喷，检查各项工艺参数符合要求后下管，待现场技术人员认可后方可喷射施工，喷射过程中如遇到特殊情况，如喷嘴堵塞等，应将管提出地面进行处理后再进行施工。

水泥采用强度等级不低于 32.5 的硅酸盐水泥，采用 ZJ-400 型高速搅拌机制浆，如需要添加外加剂时，浆液配比将通过试验后确定。制浆过程中应随时测量浆液密度，工作结束后，统计该孔的材料用量，浆液制备采用无受蚀水源，确保浆液质量。

喷射管下至设计深度，开始送入符合要求的气、浆，待注入浆液冒出孔口后，按设计的提升、旋转、搅动速度，自下而上边转动喷射边提升，直至设计终喷高程停喷。

喷射过程中，技术人员应随时检查各环节的运行情况，并根据具体情况采取下列措施：接、卸、换管要快，防止塌孔和堵嘴；喷射因故障中断应酌情处理，因机械故障要尽力缩短中断时间，及早恢复喷射灌浆，如中断时间超过 1h，要采取补救措施，恢复喷射时，喷管要多下 0.5~1.0m，保证凝结体的连续性。

c. 回灌

高喷注浆完成后，由于浆液的析水作用，一般固结体均有不同程度的收缩，固结体顶部出现下沉现象。因此，应在完成注浆后，停滞一定时间，根据浆液回落情况直至浆面不再下沉为止，回灌浆液一般采用邻孔高喷冒浆自流充填。

⑤高喷灌浆施工要点

高压喷射灌浆施工时应注意如下情况。

a. 围堰填筑的高度和宽度，填筑材料的级配和压实度均应认真规划，以满足灌浆施工的客观要求。

b. 管路、旋转活接头和喷嘴等必须拧紧，达到安全密封；水泥浆液、高压水和压缩空气各管路系统均应不堵、不漏、不串。设备系统安装后，必须经过运行试验，试验压力要达到工作压力的 1.5~2.0 倍。

c. 台车安放应保持水平，喷管的允许斜度不得超过 1.5%。

d. 喷管进入预定深度后应先进行试喷，待达到预定压力、流量后，再提升摆喷。中途发生故障，应立即停止提升和喷射，以防止桩体中断。同时进行检查，尽快排除故障恢复注浆并做好详细记录。高喷灌浆因故中断恢复施工时，要将喷射管头下入中断处以下 30cm，采取重叠搭接喷射处理后，方可继续向上提升喷射注浆，停机时间超过 3h 时，要对泵体及输浆管路进行清洗后方可继续施工。

e. 高喷水泥浆液必须严格过滤，防止水泥结块和杂物堵塞喷嘴及管路。

f. 高喷结束后要连续将冒浆回灌至孔内，直到浆液面稳定，在黏土层或淤泥层内进行喷射时，不得将冒浆回灌至孔内。每次施工完毕后，必须立即用清水冲洗喷射机具和管路，检查磨损情况，如有损坏零部件应及时更换。

g. 高压喷射作业过程中，应经常测试水泥浆液密度。浆液水灰比为 1:1 时，其相应浆液密度为 $1.5g/cm^3$，当施工中浆液密度超出上述指标时，应立即停止喷注，并调整至上述正常范围后，方可继续喷射。

h. 喷射过程中，按设计文件要求或监理人指示经常检查、调整高压水泵或低压灌浆泵的压力，浆液流量、空压机风压和风量，旋转和提升速度及实际的浆液耗用量。当冒浆量超过20%或完全不冒浆时，则在浆液中加入速凝剂，缩短固结时间，浆液在一定地层范围内凝固，同时增大注浆量，减慢提升速度或进行静喷，直至正常为止。

i. 若冒浆过多，采取提高喷射压力，加快提升速度，但应经现场监理人批准，同时对冒出地面的浆液进行过滤，沉淀去杂质，再回收利用。

⑥特殊情况处理措施

a. 在喷射过程中，停电或喷嘴堵塞等造成的喷灌中断，尽快排除故障，并复喷 $0.3\sim0.5cm$。

b. 孔内严重漏浆需要降低喷管提升速度或停止提升静喷30min，掺加速凝剂，加大浆液密度或灌注水泥砂浆、水泥黏土浆，向孔口冲填砂、土料，如上述方法无效，则报告监理人采用间歇处理。

c. 在喷射过程中，喷射流遇大块石层或大卵石层，在正常旋喷的情况下，并在块体另一端的两侧（或一侧，依钻孔情况而定）补增喷灌孔，以确保搭接，或者调整邻孔孔距，以及相应参数进行处理。

⑦施工中遇到的主要问题处理措施

a. 钻孔

遇有块石后漂石时，钻进将十分困难且消耗材料多，可以采用直捶钻进，偏心锤扫孔钻进速度提高。

在砂卵石层中会出现卡锤的现象，严重时偏心锤回返不出就必须连同套管拔出，重新造孔，造成大量重复工作。可以通过更换管靴和偏心锤缓解。

b. 喷浆

孔口返浆反常，返浆量小于进浆量的20%或者不返浆，或返浆密度小于$1.2g/cm^3$，密度过小或者不返浆，慢速提升或加入水玻璃。过大可采用提高喷射压力，适当加快提升。

为防止喷嘴堵塞，采用下管低压喷水或者气的方式，也可用胶布缠住喷嘴下管。

2. 质量保障措施

(1) 料源的质量控制：料源的质量既决定了填筑质量，同时制约着填筑进度，须高度重视。其控制的总目标：将不合格料控制在料场和购买厂家，保证不合格料不上坝。

(2) 运输与卸料质量控制：不合格石渣料的运输车不准上坝回填；回填料运输车在车头外侧挂上明晰的属于哪种土石料的标识牌。

(3) 铺料厚度控制：按设计要求及现场碾压试验结果确定的各种料区层厚，进行铺料填筑，其平整度近似水平，铺料时防止物料分离形成大空隙；根据各料区层厚，在距填筑面前沿4~6m距离设置移动式标杆，同时在推土机上装有激光控制装置控制填料层厚度与平整度，避免超厚或过薄。

(4) 石渣料压实质量的控制措施：为了保证整体性，每层黏土填筑前，必须对结合面进行处理，通常须进行洒水、刨毛，并清除表面松土、砂砾及其他杂物，使结合面湿润均匀。结合面处理结束后，按碾压试验确定的铺土厚度铺料，然后进行黏土碾压。在现场施工中，做到严格按碾压试验确定的碾压遍数进行碾压，质检人员现场监督、检查，碾压结束后立即取样试验，不达到设计干密度决不能填下一层黏土，如发现不合格点，立即对不合格点代表的区域进行补压，如补压仍达不到设计要求，则清除不合格区域的黏土，重新填筑，直至达到设计要求。

（5）铺土、碾压、检验连续作业，松土不过夜。

（6）开挖线以下的所有低于基础设计高程的部位，要按照施工图纸尺寸和要求的压实度进行回填压实；各部位的填筑按设计断面进行，保证填筑体的有效设计厚度。严格按照碾压试验报告所选定的参数进行填筑碾压施工。每一填筑层按规定参数施工完毕后，并经监理人检查合格后才能继续铺筑上一层。

（7）采用分层摊铺、分层碾压的方式压实，碾压相关参数经试验确定。

（8）采用机械碾压，碾压前要及时平料，铺料均匀、平整、特别要防止欠压、漏压。铺料与碾压工序连续进行。

9.4.2 输水兼放空隧洞施工重、难点与进度、质量保障措施

本工程输水隧洞长度为 464.28m，纵向坡度为 2.15%，为圆形，内径为 $\phi 3.0$m。本隧洞共有三种围岩类型：Ⅱ类、Ⅲ类、Ⅴ类。设计Ⅱ类、Ⅲ类初期支护采用喷 50mm 厚 C25 混凝土，Ⅲ类初期支护采用喷 80mm 厚 C25 混凝土，Ⅴ初期支护采用喷 220mm 厚 C25 混凝土。拱部、边墙铺设钢筋网，拱部打 2.0m 长的砂浆锚杆。Ⅴ类围岩设系统钢拱架，可依据实际地质条件报监理机构批准后采用超前管棚、超前注浆小导管、超前锚杆等超前支护措施。钢拱架与岩面之间的空隙必须用喷射混凝土充填密实。相邻钢拱架间采用喷混凝土喷平。Ⅱ类、Ⅲ类二次衬砌 300mm 厚 C25 混凝土、Ⅴ类二次衬砌 450mm 厚 C25 混凝土。隧洞浇筑分段长度为 10m，设置环向施工缝，隧洞衬砌上下半圆之间设纵向施工缝，施工缝加设止水条。

1. 重难点分析

（1）本工程新建输水兼放空隧洞采用钻爆法施工，在市区内实施爆破作业需要相关部门审批，另外，爆破作业面距离现有水工建筑物较近，需要采用控制爆破方式进行钻爆开挖，是制约项目能否按期实现的关键点和难点之一。

（2）隧洞洞身开挖、围岩稳定性控制，需要做好隧洞的二次衬砌施工；隧洞洞身暗挖施工中存在诸多不可预见因素，隧洞在开挖、支护过程中均具有一定的风险。隧洞采用钻爆法爆破施工，尽量使隧洞断面周边轮廓圆顺，避免棱角突变处应力集中，以充分利用围岩自身承载力。

（3）隧洞施工安全重难点分析：隧洞工程高风险，在施工前须做好风险评估，采取隧洞施工全过程风险分析、风险评价及风险规避。

2. 主要应对措施

隧洞超前支护格栅钢架施工质量控制：隧洞开挖初期支护的格栅钢架其原材料必须符合设计要求和施工规范规定。格栅钢架检查项目：钢架材料品种、级别、规格、数量，钢架的弯制及结构尺寸，钢架安装位置、连接、纵向拉杆，钢架外观质量，钢架底部接长和钢架间连接，钢架安装允许偏差。钢架的截面高度应与喷射混凝土厚度相适应，且要有保护层；应在初喷混凝土后安装钢架，初喷混凝土厚度约为 4cm。钢架应尽可能多与锚杆露头及钢筋网焊接，以增强其联合支护的效应。安装允许偏差横向和高程均为±5cm，垂直允许偏差为±20mm，钢筋保护层厚度允许偏差为−5mm，钢架间距

允许偏差为±100mm。

(1) 隧洞洞身开挖主要应对措施

①暗洞施工

遵循"早预报、预加固、弱爆破、强支护、紧封闭、快成环、勤量测、早衬砌、稳扎稳打、确保安全"的施工原则，组织施工。注意对监控量测的数据进行分析、整理，发现异常情况及时反馈，以便尽早提出处理方案。

②加强隧洞施工监测配合应对措施

a. 监控量测

施工过程中必须依据设计文件编制详细的监控量测组织方案，在满足设计要求的前提下进行监控量测，视现场具体情况可加密量测密度及频率。施工过程中聘用第三方监控量测单位，监控量测应包括暗挖隧洞及明洞明挖基坑范围；第三方与本单位的监控量测同深度进行，相互校验，力保工程安全。

b. 地质超前预报

施工过程中应由有经验、有资质的第三方单位进行地质超前预报工作；地质超前预报务必做到长、短结合，"长"可采用隧道地震勘探（Tunnel Seismic Prediction，TSP）技术或地质雷达，"短"可采用地质超前钻孔；务必在基本探明前方工程及水文地质情况的前提下再进行开挖。

③严格控制隧洞钻爆法施工

钻孔采用气腿式风动凿岩机，钻眼孔径为38～50mm，第1步钻孔与掌子面垂直，掏槽眼安排在隧洞中线位置，共计5排80个孔，钻孔间距为10cm，钻孔深度为55cm，中间一竖排钻孔直径为<50mm，作为临空面，两侧竖排掏槽眼孔径为<42mm，安放达尔达岩石分裂机。掏槽后其余断面采用正常静爆破，整个1步的完成为第2步开挖提供竖向钻孔作业面。

a. 针对围岩类型、地质条件编制合理的施工方案，并根据现场施工情况及实施效果不断进行调整和优化。

b. 配置足够的、合格的测量人员、仪器和设备，按国家测绘标准和本工程精度要求，建立施工控制网；施工过程中，应及时放出开挖轮廓线并进行复核检查，确保开挖精度。

c. 选用经验丰富，技术熟练的台车操作手进行周边孔钻孔，严格控制钻孔质量，采用断面仪及时测量断面，掌握超欠挖情况，及时改进和提高钻孔质量，并对钻孔人员进行奖罚。

d. 通过爆破试验，优化爆破设计，严格控制装药量，确保岩锚梁基座水平光爆半孔率为90%以上。

(2) 隧洞支护质量控制措施

输水隧洞最大开挖断面为4340m×4280m，圆形断面，围岩分属Ⅱ、Ⅲ、Ⅴ类，开挖施工遵循"短进尺、弱爆破、强支护"的原则进行。采用钻爆法全断面掘进施工，利用自制自行式平台车，人工手持YT-27型风钻成孔，人工装药，毫秒非电雷管起爆，2#岩石硝铵炸药小药量爆破，周边实施光面爆破。采用全断面或短台阶法手风钻钻爆。

Ⅱ、Ⅲ类围岩采用钻爆法全断面掘进施工，利用自制自行式平台车，人工手持YT-27

型风钻成孔，人工装药，毫秒非电雷管起爆，2♯岩石硝铵炸药小药量爆破，周边实施光面爆破。

Ⅴ级围岩段采用短台阶法开挖，自制钻孔台架掘进。在软岩地段用短进尺、多循环、弱爆破方法开挖，用控制爆破技术和减轻震动控制爆破技术。在断层破碎带用短进尺、多循环减轻震动法爆破，尽量选择低爆速炸药。在有水地段，用防水炸药。Ⅴ级围岩属于软弱围岩，施工中严格遵循新奥法施工原则。

①支护施工前先对围岩及边坡进行检查，以确定所支护的类型或支护参数。边坡开挖时每开挖一层及时按设计要求进行跟进支护。

②喷锚支护作业严格按照有关的施工规范、规程进行。锚杆的安装方法包括钻孔、锚杆加工和锚固及注浆等工艺，均经过监理工程师的检查和批准，实施时严格锚杆制作安装工艺。

③喷混凝土施工的位置、面积、厚度等均符合施工图纸的规定，材料采用符合有关标准和技术规程规范要求的砂、石、水泥，认真做好喷混凝土的配合比设计，通过试验确定合理的设计参数，并征得监理单位的同意。喷混凝土施工前，预先做好厚度标志；喷射混凝土从下至上，分层喷射，使混凝土均匀密实，表面平整；喷射混凝土初凝后，立即洒水养护，持续养护时间不小于7d。

④支护施工使用的各种主要材料"三证"齐全，严禁"三无"材料或产品进入施工场地。

⑤施工中所有工序认真填写详细的施工记录和验收签证记录单，对施工中发现的任何质量异常情况都要快速及时地向有关部门通报，提出整改措施或方案，限期整改。

(3) 加强隧洞施工监测配合应对措施

基于上述原因，本工程特别强调工程安全保障措施的综合及合理运用。

①监控量测

施工过程中必须依据设计文件编制详细的监控量测组织方案，在满足设计要求的前提下进行监控量测，视现场具体情况可加密量测密度及频率。施工监理单位要对监控量测结果进行严格的检验；遇到监控量测数据有显著变化的情况时，应立即进行抢险加固，并第一时间告知相关单位。

施工过程中聘用第三方监控量测单位，监控量测应包括暗挖隧洞及明洞明挖基坑范围；第三方与本单位的监控量测同深度进行，相互校验，力保工程安全。

②地质超前预报

施工过程中应由有经验、有资质的第三方单位进行地质超前预报工作；地质超前预报务必做到长、短结合，"长"可采用TSP技术或地质雷达，"短"可采用地质超前钻孔；务必在基本探明前方工程及水文地质情况的前提下再进行开挖。

制订周密的工作计划；遇到地质情况显著变化或与设计阶段地勘成果有较大差异的情况，应尽快告知相关单位，坚决避免支护措施与实际地质情况不匹配的情况出现；当遇到超前钻孔涌水情况时，应及时对掌子面进行加固，并密切观察洞内情况，避免出现工程事故；并将现场情况第一时间告知相关单位。

③工程测量质量控制措施

a. 随着测量技术的发展，项目部准备在本项工程的施工测量中，采取先进的测量控制手段，采用智能化自动采集数据的方法，提高观测效率、观测质量，全部数据直接由计算机处理，最大限度地减轻作业人员的劳动强度、消除人工参与带来的错误和误差，以确保所获得的观测成果和记录成果的准确性和可靠性。

b. 配备责任心强，现场施工经验丰富，测量资历 8 年以上的测量工程师担任测量队队长，杜绝测量放样事故的发生。

c. 实行测量换手复测制度；同时实行内业资料的复核制度，无复核人签字的内业资料按事故处理。

d. 利用仪器设备的先进性和大容量储存器，在计算机中建立三维坐标系统数据库，其数据中包含两套三维坐标系统，并将两套三维坐标系统全部传输储存在激光全站仪中使用。

e. 所有测量设备必须检验合格才能使用，控制测量采用激光经纬仪和红外测距仪作导线控制网，施工测量主要采用红外线全站仪，局部采用水准仪配经纬仪进行。测量作业由有经验的专业人员进行测量放线、复测。

f. 加强围岩安全监测，建立安全预报制度。开挖过程中根据开挖部位和地质条件，及时设置安全监测点和围岩收敛监测断面，对围岩进行安全监测，以便调整开挖静态爆破程序和参数，减轻开挖爆破对围岩稳定的影响。

g. 配备先进、配套、适用的洞室开挖和支护施工机械设备，保证开挖支护及时、有效，并配备具有丰富地下工程施工经验的地质工程师，负责分析、处理施工中出现的地质问题。

（4）隧洞施工安全保障主要应对措施

①隧洞爆破施工安全保证

a. 静爆剂浆体略有腐蚀性，操作人员必须佩戴手套、防护眼镜及口罩，工作完毕，应及时洗脸和洗手，以防碱性刺激皮肤。

b. 装填炮孔时，每卷均应捣实，孔口要堵塞，在灌浆到裂缝出现前，不得在近距离直视孔口，以防发生喷孔现象，伤害眼睛。

c. 炮孔内积水在装药前应排除干净，防止水灰比过大，静爆效果降低。

d. 热敏剂药卷浸水温度应控制在 25℃以下，浸水时间不要超过 2min，防止药卷外壳在水中胀破。

e. 破碎剂应随配随用，配制好的药卷浆体应尽快装入钻孔内，并应在 10min 内用完。

②应对突发事件的预案

隧洞工程为地下工程，施工中存在诸多不可预见因素，如洞口段、浅埋段、偏压段、断层破碎带段、高地应力、邻近既有构筑物，以及特大跨度隧洞在开挖、支护过程中均具有一定的风险。在施工前做好风险评估，采取隧洞施工全过程风险分析、风险评价及风险规避。通过采取信息化施工方案，充分了解围岩特性，并及时监测围岩和复合式衬砌的稳定性，反馈施工，确保施工安全。针对不同的工程风险点制定突发事件紧急预案，对不可预见因素引起的事件有充分的准备，做好保障措施。

③涌水处理预案

隧洞工程地质及水文地质条件复杂多变，勘查阶段无法准确探明全部地质情况，施工过程中需结合施工开挖揭示的地质情况、地质勘查资料、地质探水钻孔及超前地质预报手段综合判定，查明前方地质构造及地下水的分布状况及水量大小；必要时根据涌水量大小、出水点、水压等实际情况合理确定止水方案。

④隧洞内消防安全管理

隧洞内空间封闭，存在大量设计用易燃土工布、防水板，应对措施如下：成立各职能部门和施工队负责人参加的防火领导小组，建立现场消防保卫机构，负责施工现场的消防保卫工作；建立电工、电焊工、木工、危险品管理工、物资仓库管理工防火责任制，明确重点防火部位，落实安全防火措施，配备足够灭火器材。

3. 进度保障措施

（1）加快完成取水口围堰、分水阀井施工，为隧洞开挖创造条件。

（2）核对地质详勘并对强风化、中风化分界面位置开展补勘工作，围护结构施工前探清实际地质情况，并根据探查结果对选择施工机械，并制定高效、合理机械组合方案，保证围护结构施工连续、高效进行。

（3）提前策划基坑开挖方案，重点做好淤泥等不良地层的开挖准备工作，储备足量钢板、块石等抛填、铺垫材料，确保开挖工作顺利进行。

（4）针对基坑范围内不同地层开挖进度指标进行分析，选择高效、经济的土方作业机械组合，配置足量渣土运输车辆，确保出渣通畅，合理规划土方外运线路，保证土方运输通畅。

（5）在基坑开挖至基底前，将主体结构施工的各项准备工作全部完善；及时组织业主、设计、监理及质监单位对基底进行检测，尽早完成支护开挖到主体结构施工的转序工作，确保主体结构施工顺利开展。

（6）在保证结构安全和符合设计、规范要求的前提下，合理进行结构分段、分块，以便形成多作业面流水作业；同时投入足够的周转材料、机械设备和劳动力，确保工序衔接紧凑、有序。

（7）严格落实每日"交班会"制度，总结当天计划完成情况，并对滞后工序进行分析，采取有效补救措施；同时布置第二天的生产任务，并对门吊等运输设备使用时段进行合理安排，流畅组织现场的物资、材料运输，确保施工高效进行。

4. 质量保障措施

（1）洞室开挖施工前14d，由专业测量工程师编写专项的洞室施工测量方案，经监理工程师批准后实施。

（2）保证投入使用的测量仪器设备均为经过鉴定检验且合格的产品。保持测量仪器设备正常的工作环境。

（3）施工过程中布设的导线控制网成果须经监理工程师审核后方可使用，做好测量基准点点位的保护工作，避免出现粗差。

（4）做好经常性的校核检验，填写放样记录。一个开挖循环完成后及时对洞室边线点位进行检查，指导和修正下一开挖循环钻孔放样。

（5）洞室转弯段加密施工导线点、增加测设次数及采用不同的测设方法互相核对，以减少测量误差。

（6）通过进行工艺性爆破试验确定爆破参数，并在施工过程中不断进行调整优化，寻找出各类开挖工作面适合的爆破参数，报监理工程师批准。

(7) 进行开挖超前勘探，在监理工程师批准或指定的掌子面钻设勘探孔或勘探洞，从而确定掌子面后的开挖面尺寸和支护措施。

(8) 严格按照优化后的爆破设计控制钻孔的孔向、孔距、孔深。每次爆破前进行检查，对不合格的孔重新钻孔，确保爆破轮廓面平整、半孔残留率满足规范要求。

(9) 炮工坚持持证上岗，炮孔的装药、堵塞和引爆线路的联接，严格按爆破图的规定进行。

(10) 爆破后由技术负责人组织作业人员对爆破后的岩面进行勘察，认真分析每循环爆破的效果，为下循环爆破参数的拟定提供理论依据。

(11) 勤量测，发现超挖及时进行混凝土回填处理，并报监理工程师批准；不允许出现欠挖现象，设计开挖线以内的欠挖，应用机具或人工彻底清除。

(12) 超前大管棚施工质量控制措施。

①钻孔前，精确测定孔的平面位置、倾角、外插角，并对每个孔进行编号。

②钻孔外插角以 1°为宜，工点要根据实际情况作调整。钻孔仰角的确定要视钻孔深度及钻杆强度而定，一般控制在 1°～1.5°，施工中要严格控制钻机下沉量及左右偏移量，并做好每个钻孔地质记录。

③严格控制钻孔平面位置，管棚不得侵入隧洞开挖线内，相邻的钢管不得相撞和立交。

④经常量测孔的斜度，发现误差超限及时纠正，至终孔仍超限者要封孔，原位重钻。

⑤掌握好开钻与正常钻进的压力和速度，防止断杆。

(13) 小导管施工质量控制措施。

①小导管应在开挖轮廓线上按设计位置及角度打入，孔位误差不得大于 10cm，角度误差不得大于 3°，超过允许误差时，应在距离偏大的孔间补管后再注浆。

②钢管每根实际打入长度不得短于设计长度，否则开挖 1m 后补管、注浆。

③检查钻孔、打管质量时，应画出草图，以孔位编号、逐孔、逐根检查并认真填写记录。

④单孔注浆量不得小于计算值的 80%，超过偏差必须补管注浆。

⑤在注浆过程中，如发生串浆现象时，则安装止浆塞或采用多台注浆机同时注浆。

(14) 锚杆施工质量控制措施。

①锚杆是加固围岩防止塌方的有效措施，因此加强现场管理，强化安全、质量意识。

②锚杆施工一定清孔干净，砂浆或锚固剂填塞饱满，否则影响锚杆固结长度。

③注浆锚杆要预留一定长度的止浆段（20～30cm）采用砂浆或锚固剂封堵，封堵好后再进行注浆，防止漏浆影响注浆效果。

④对于中空注浆锚杆注浆时要控制注浆压力，注浆结束时要有一定稳压时间（3～5min），保证注浆效果。

(15) 网喷混凝土质量控制措施。

①钢筋直径及网格尺寸符合设计要求。钢筋网与锚杆焊接牢固，网片之间搭接长度

不小于2个网格。铺设钢筋网前，先在开挖岩面喷射≥4cm混凝土，钢筋网保护层厚度≥2cm，在喷射混凝土时确保钢筋网不晃动。

②喷混凝土采用湿喷技术。水泥、水、骨料的各项技术指标确保满足规范中有关条款要求。严格控制纤维的长径比，并注意拌和投料顺序。

③喷射采用较小的空气压力或较少的空气，控制风压，避免风压过大造成过量回弹。控制喷射角度、距离，通常角度控制为80°～90°，距离为1.0～1.2m；注意喷射顺序，按照先墙后拱的顺序，做螺旋形喷射，两个喷射环之间需做好衔接。

(16) 格栅、钢架质量控制措施。

①格栅、钢架加工时两端受加工设备影响经常加工不到位，在现场实际操作中采用焊接加长后再弯曲施工，可有效避免设备影响。

②第一榀格栅、钢架加工好后，在加工场拼装检查拱架尺寸是否达到要求，防止大量加工后尺寸不符，影响现场安装。

③拱架焊接要求很高，首先是焊工合格，焊接后对焊缝进行检查，焊缝饱满，不能有虚渣；格栅、钢架在煨弯加工时，焊缝不能开裂。

④格栅、钢架安装时一定要保证拱架垂直于隧洞中心线，偏移较大严重影响拱架受力。

⑤格栅、钢架连接时因安装方向角度不对经常发生脚板对接不上，影响后续拱架连接，因此安装上部格栅、钢架时控制好角度、方向。

⑥格栅、钢架间一般有连接钢筋，连接最好焊接在格栅、钢架内腹板上，防止影响喷混凝土平顺度。

⑦锁脚锚杆作用非常大，一般施工下台阶时，上台阶拱架要悬空，主要靠锁脚锚杆控制，因此保质保量施工好锁脚锚杆。

(17) 仰拱施工分段开挖，整体浇筑混凝土。隧洞仰拱采取先行并且全幅一次完成浇筑的施工方法，严禁半幅施工，以起到早闭合，防塌方的作用，并能够营造良好的施工环境。为保证整体工期要求、仰拱、填充混凝土施工质量，避免施工运输对混凝土造成破坏，减少仰拱对施工进度的影响，降低施工干扰，开挖和浇筑混凝土时利用仰拱栈桥保证运渣车辆和其他车辆的通行。填充混凝土在仰拱混凝土达到一定强度后整幅灌注。

(18) 做好地质预报，监控地质变化。

(19) 施工前根据设计文件提供的地质资料，做好不良地质地段爆破试验，及时修正钻爆参数，提高爆破效果。软弱围岩地段应坚持"弱爆破、短进尺、多循环"施工原则，严格控制装药量，采用控制爆破，减少爆破对围岩的扰动，确保结构稳定和施工安全。

(20) 加强超前支护：加强超前小导管施工，并密切注意小导管的注浆量及注浆速率的变化，如注浆量或速率增加说明围岩破碎，裂隙发育，因此需提前做好安全防护措施，特别注意注浆效果，经检验效果后方可进行爆破掘进。

(21) 加强初期支护，防止隧洞塌方，衬砌适时紧跟，保证隧洞结构强度。

(22) 精密合理布置监测控制点，使用先进的量测方法采用自动数据处理系统，处理分析量测结果，及时反馈，指导施工，调整支护参数。

9.4.3 混凝土防渗墙和帷幕灌浆施工重、难点与质量保障措施

主坝、2#副坝加固处理，包括在主坝、2#副坝新建防渗系统，混凝土防渗墙轴线布置于老坝体，混凝土防渗墙厚600mm，混凝土采用C15W8F100。防渗墙下设帷幕灌浆，坝体先进行防渗墙施工、再进行帷幕灌浆施工。

1. 重难点分析

混凝土防渗墙施工中遇到的技术难题较多：精度要求高，造孔过程中垂直度难以控制；地质情况复杂，存在严重漏浆现象，部分坝基岩石内存有发育溶洞，存在槽段和坝体塌坝风险；清渣不彻底，墙底淤积太厚；接头孔刷洗不到位，墙身夹泥，接头渗漏水严重；防渗墙断桩使墙体稳定性、防渗透性降低。

本项目大坝采用帷幕灌浆＋高压旋喷桩的防渗处理方式，水坝灌浆防渗工程是一项隐蔽性工程，质量的好坏直接影响工程的使用，况且灌浆结束后无法直观判断其质量，并且灌入量也难以控制。帷幕灌浆施工质量是坝基防渗处理的难点和重点。

故帷幕灌浆、防渗墙施工质量是本工程的重点之一。

2. 防渗墙主要应对措施

（1）截渗墙技术

截渗墙为临河截渗。其作用是加固坝体，降低大坝浸润线出逸点，确保大坝的安全。截渗墙技术分为两种：一种是水泥土截渗墙其造价最低；另一种是混凝土截渗墙，其造价较水泥土截渗墙略高。混凝土截渗墙是在地面上进行开槽施工，在地基中以泥浆固壁，开凿成槽形孔或连锁桩柱孔，回填防渗材料，筑成具有防渗性能的防渗墙。水泥土搅拌桩截渗技术是利用多头小直径深层搅拌机具把水泥浆喷入土体并搅拌形成水泥土，以水泥为固化剂，固化剂和土体之间发生物理化学反应，使土体固结成具有良好整体性、稳定性、不透水性，并具有一定强度的水泥土截渗墙，以达到截渗的目的。

（2）防渗墙精度保证

由于目前应用广泛的成槽机械精度不高，稳定液品质差，常有塌孔、沉渣堆积、成槽形状不规则。在现有的机械技术条件下，为有效保证防渗墙精度，采用抓斗式成槽机加双轮铣施工防渗墙，岩层以上采用液压抓斗成槽，抓斗式成槽机带自动测斜仪和纠偏装置，成槽速度快，成槽精度高，每套机具成槽速度为6m/h；进入强风化及强度较低的微风化岩层后，采用双轮铣进行入岩钻进。当岩石强度较高时（双轮铣施工进度缓慢时），采用直径1m，质量约14t的圆锤进行锤击后，再采用双轮铣进行入岩钻进，自制方锤进行槽壁修整，成槽机进行清底。同时施工中采用多种监测手段，有效保证了槽段几何尺寸和垂直度。在造孔中采用高质量的膨润土泥浆固壁，泥浆黏度按30～60s控制，密度控制在$1.09～1.2g/cm^3$，保证槽壁的稳定性和成形性。

（3）防渗墙防塌堵漏措施

用钻机施工至漏失地层上1～2m时（此段深度一般控制在48～51m），停止钻进并下入护壁管，然后把管外壁用黏土封填，使管内外隔离，用专用钻具在管内打插漏失层，填入填灌材料（砂、碎石、絮凝混凝土、絮凝砂浆、黄豆砂浆等）；针对不同漏失地层及时调整填灌材料。

(4) 防渗墙孔底落淤

采用反循环与抽砂筒法相结合的施工方法进行孔底清淤，对孔底细砂成分采用胶凝材料（如水泥、膨润土等）胶结清除。施工时将胶凝材料系于钻头底部，放至孔底后进行钻打，经过一定时间胶结材料把细砂胶结，用抽砂筒进行抽砂，使细砂成分被抽出，保证1h内孔底落淤淤积厚度在10cm以内，保证了混凝土与基岩有效连接。

(5) 接头连接技术

在有效控制接头孔垂直度的前提下，采用"接头管法新工艺"，该工艺是在一期槽段混凝土浇筑前，将直径（$\phi 800mm$）与墙厚度相同的接头管置入接头孔位置，待混凝土浇筑完毕达到一定强度后，用2×308t自动液压拔管机拔出接头管，形成接头孔。接头管新工艺节约了接头孔部位的混凝土原材料，不需要再对接头孔混凝土进行二次钻凿，即可直接形成接头孔，这种工艺可以提高防渗墙接头孔的施工工效，大幅度降低施工成本，且施工质量可靠，是一种施工快捷、高效、节能、低耗的施工工艺。在此段防渗墙施工中已成功使用数次，先后试验成功了30m、40m拔管深度，取得了成功经验。在二期槽段浇筑混凝土前用多极刷子钻头对孔壁连接位置进行长时间的刷洗，直到刷子钻头上不带泥屑为止，接头孔使用了接头管新技术，孔壁较规则，保证刷洗质量，一期槽段与二期槽混凝土能紧密连接，保证了墙体有良好的抗渗性。

(6) 防渗墙浇筑质量控制

严格按规范要求下设导管，在浇筑过程中控制下料速度和各导管的下料量，使槽段内混凝土上升速度和高度基本一致，避免局部混凝土夹泥；必须控制导管拆卸速度和埋设深度，避免导管提脱，防止墙体混凝土出现骨料集中和断桩现象。在浇筑中改变传统的钻机提升导管法，研制了1.5t电动卷扬门架机提升导管，使导管能够平稳升降，有效避免了导管提脱。

混凝土防渗墙在施工完一段时间后，用钻孔取芯法、CT检查，发现防渗墙混凝土骨料分布均匀，未见蜂窝麻面，孔底落淤一般在8cm以内，接头混凝土连接紧密，没有夹泥现象，特别是在接头管施工范围内接头连接没有明显接缝。通过注水试验检查。说明采用上述施工方法对混凝土防渗施工质量是有保证的。

3. 帷幕灌浆防渗处理

(1) 帷幕灌浆工程必须采取全过程的旁站监理，并要求每台灌浆设备安装自动计量装置。

(2) 按设计和灌浆试验确定的序次、孔距施放孔位，在实地注明各孔序号与孔号。

(3) 钻孔作业中，对孔斜、孔深及时进行检查，保证钻孔质量，填写钻孔班报。

(4) 帷幕灌浆孔钻孔孔位偏差不得大于10cm，孔壁应平直完整。当孔深小于或等于60m时，其孔向偏差不得大于1.5%，孔深大于60m时，其孔向偏差不得大于2.0%。施工中应注意进行孔向测量，测斜宜在钻进5~10m量测一次，发现钻孔偏斜误差超过了误差限值，应及时予以校正或重新钻孔。

(5) 灌浆工作必须连续进行，若因故中断，应及早恢复灌浆。否则应立即冲洗钻孔，而后恢复灌浆。若无法冲洗或冲洗无效，则应进行扫孔，而后恢复灌浆。

4. 灌浆治漏加固技术

(1) 坝体、坝基帷幕灌浆

主要充填漏洞和缝隙，防渗排漏，通过灌浆加固，形成防渗体。此方法适用于浆砌石重力坝。

(2) 坝上游面固结灌浆

堵塞漏洞和缝隙，加固补强坝体和提高防渗性能，以进一步提高坝体的承载能力和完整性。

(3) 坝下游面追踪固结灌浆

在下游坝面有漏水或溶蚀物出逸的地方，造成水平孔或斜孔，埋注浆管进行灌浆，以堵塞漏水通道和坝体空洞、裂缝，加固坝体，增加坝面稳定性和抗冲刷能力。这种反向灌浆工艺，非常适合拱坝和支墩坝工程，对重力坝工程只有搞清扬压力并设排水孔也可采用。采用这种方法时最好是坝前无水。

(4) 坝面重新剔勾缝

剔缝后，用高标号水泥砂浆、干硬性预缩水泥砂浆或用防水材料配制高标号水泥砂浆勾缝，提高坝面防渗漏能力及坝体稳定性、整体性和抗冻融、抗风浪淘刷能力。此方法即"前堵、中截、后追踪"灌浆治漏加固法。

(5) 灌浆治漏加固技术布孔和造孔应遵循的原则

①帷幕灌浆布孔

在漏水坝段沿坝顶中心线，以孔距3m、孔径50mm或75mm为宜，或根据试验确定孔距。孔深钻至漏水部位以下1~2m，如接触带或基岩漏水，钻孔可钻至不透水基岩以下1~2m。造孔可一次性造孔，也可分序造孔，破碎地带上下分段造孔、分段灌浆，同时在浆体凝固5~7d后，再继续向下钻孔，以防止卡钻、埋钻事故发生。坝体与基岩接触部位和坝基灌浆，也可采取在上游坝脚打斜孔或垂直孔灌浆堵漏，但造孔前应先清基，在坝脚浇筑0.3~0.5m厚混凝土，待凝固后再打孔。垂直或倾角小于5°的帷幕灌浆孔，其孔向的偏差值不得大于规定值。

②坝上游固结灌浆布孔

在漏水部位呈"梅花"型，钻孔间距和排距1~3m为宜，根据漏水情况确定，钻孔位置选在砌石"丁"缝中；在裂缝部位，可沿裂缝每1m布设一孔。孔径为42mm，孔深为0.7~1.5m，根据坝体实际情况确定。

③坝下游面追踪固结淄浆布孔

在裂缝部位沿缝隙每1m布一孔；在其他渗水部位，按照"梅花"形布孔，排距和孔距2~3m为宜，布孔位置在"丁"缝中，也可适当加密布孔。孔深和孔径同坝上游面。

5. 防渗墙质量保障措施

(1) 防渗墙槽孔壁平整垂直，孔位中心允许偏差不大于3cm、孔斜率不大于0.4%；遇有含孤石、漂石的地层及基岩面倾斜度较大等特殊情况时，其孔斜率控制在0.6%以内。

(2) 对孔斜率的控制：调整钻机底座水平，对正孔位；采用小冲程（500~800mm）、高频次（45次/min）、勤放少放钢绳的钻进方法；造孔过程中用孔斜仪严格控制孔斜率。

（3）在造孔过程中，槽孔内泥浆面应始终保持在导墙顶面以下 0.3～0.5m 内，严防塌孔。

（4）造孔过程中一旦出现塌孔、漏浆，采用加大泥浆密度，向孔内加入黏土、锯末、水泥、稻草、水玻璃等堵漏材料，避免槽内浆面大幅度降落，确保孔壁稳定和槽孔安全。

（5）造孔过程中如遇有大孤石、木头、建筑物等异常现象时，应做好详细记录，并提出有效处理措施及时报请监理工程师审批，按批复意见组织施工。

（6）造孔施工中，真实、详细地做好包括造孔、基岩鉴定等记录，基岩面鉴定采用岩芯取样方法确定岩面分布高程。

（7）造孔成槽后，由监理工程师对槽孔质量进行全面检查，经检查合格后，方可进行清孔换浆。

（8）浇筑混凝土前必须制定导管下设方案及混凝土拌和等的周密计划，施工中做好导管下设、拆卸、混凝土开浇情况、混凝土顶面测量等记录。

（9）浇筑前要对准备好的混凝土拌和设备以及各种浇筑机具进行细致的检查保养，要有足够的备用品，避免影响浇筑。

（10）为了保证浇筑的连续性和提高浇筑速度，现场道路必须确保全天畅通，有干扰的其他施工环节、工序都要为浇筑工作让路。

（11）应尽量选用较大直径的导管，对保持混凝土浇筑的畅通有利；本工程拟采用内径 200～250mm 的导管。

（12）在浇筑过程中，要定时测量槽孔中混凝土面的上升情况，并与所浇入的混凝土量相核对；当发现浇入的混凝土量与混凝土上升高度不相符时，要立即查明原因，避免混凝土导管拔离混凝土面。

（13）当混凝土浇筑不畅通时，常需上下抖动导管，但抖动时上提的幅度不应超过 0.30m。

（14）浇筑工作一旦开始就必须连续进行，中途因故停顿不应超过 30min。

（15）混凝土出机后应在 1.0h 内浇入槽孔中，因故停等久，应重新测量坍落度，当不符合要求时应弃之不用，不可勉强浇入槽内。

6. 帷幕注浆质量保障措施

（1）钻机安装定位准确，钻头中心与孔位中心误差不超过 5cm。

（2）确保孔深，钻杆、立轴杆、钻具、上余等丈量工具使用钢卷尺，严格丈量，钻完孔再用测量绳在孔内测量实际孔深，孔深精确到厘米。

（3）确保孔向垂直的措施：①钻机安装稳定水平，钻进过程震动大时用水平尺测定钻机是否水平；②钻机立轴垂直，开孔后垂直埋设孔口管约 2m；③钻进用钻杆直径 42mm，每节长度 5～6m，要求平直，禁止使用弯曲和直径不一的钻杆；④当钻孔达 20m 以上，每隔一、两根钻杆设导向箍。

（4）灌浆材料选用 42.5 普通硅酸盐水泥。水泥在使用前必须进行试验，水泥细度要求通过 80μm 方孔筛，筛余量不大于 5%，符合质量标准方可使用。

（5）加强水泥运输和仓储管理，水泥仓库设防潮隔层，禁止使用受潮结块的水泥。

计划采购，缩短水泥库存时间。

（6）严格浆液配比，按计划水灰比逐级配制，水泥用量采用称量法，搅拌用水采用水表计量。

（7）水泥浆搅拌先放清水后均匀投放水泥，搅拌均匀，每桶浆搅拌时间不少于3min，成浆至用完不大于4h。

（8）合理安排水泥浆搅拌站，尽量缩短水泥输送管路，水泥浆管路铺设要保持平直。

（9）开灌前必须检查水路、浆路、电路是否畅通，确保灌浆连续进行。自下而上分段灌浆，灌浆长度为5m，特殊情况适当加长，但不大于10m。

（10）灌浆用压力表选用合理。压力表精度等级应高于1.5级，使用的压力值应在压力表极限压力的1/4～1/3。

参考文献

[1] 鲍娜. 水利水电施工技术和灌浆施工的应用 [J]. 水上安全, 2023 (16): 193-195.
[2] 陈宇. 探究水利水电工程基础处理施工技术 [J]. 工程建设与设计, 2018 (1): 182-183.
[3] 池能威. 水利水电施工中筑坝工程的关键工艺分析 [J]. 城市建设理论研究（电子版）, 2022 (32): 137-139.
[4] 丁亮, 谢琳琳, 卢超. 水利工程建设与施工技术 [M]. 长春: 吉林科学技术出版社, 2022.
[5] 高喜永, 段玉洁, 于勉. 水利工程施工技术与管理 [M]. 长春: 吉林科学技术出版社, 2020.
[6] 耿娟, 严斌, 张志强. 水利工程施工技术与管理 [M]. 长春: 吉林科学技术出版社, 2022.
[7] 郭丙庄. 水利水电工程施工技术现状与改进措施研究 [J]. 工程建设与设计, 2015 (5): 118-120.
[8] 黄建文, 周宜红, 赵春菊, 等. 水利水电工程项目管理 [M]. 北京: 中国水利水电出版社, 2016.
[9] 赖华巨. 水利水电施工混凝土面板堆石坝技术现状 [J]. 城市建设理论研究（电子版）, 2023 (27): 52-54.
[10] 李登峰, 李尚迪, 张中印. 水利水电施工与水资源利用 [M]. 长春: 吉林科学技术出版社, 2021.
[11] 李宗权, 苗勇, 陈忠. 水利工程施工与项目管理 [M]. 长春: 吉林科学技术出版社, 2022.
[12] 刘祥柱, 郝和平, 陈宁翔. 水利水电工程施工 [M]. 郑州: 黄河水利出版社, 2009.
[13] 罗晓锐, 李时鸿, 李友明. 水利水电工程施工新技术应用研究 [M]. 长春: 吉林科学技术出版社, 2022.
[14] 马池宝, 余柯欣. 长距离小断面水工隧道施工技术研究 [J]. 工程技术研究, 2023, 8 (15): 76-78.
[15] 马振宇, 贾丽炯. 水利工程施工 [M]. 北京: 北京理工大学出版社, 2014.
[16] 马忠涛. 水利水电项目施工要点及工程管理控制分析 [J]. 工程建设与设计, 2019 (20): 199-200.
[17] 毛建平, 金文良. 水利水电工程施工 [M]. 郑州: 黄河水利出版社, 2004.
[18] 梅锦煜, 郑道明, 郑桂斌, 等. 爆破技术 [M]. 北京: 中国水利水电出版社, 2017.
[19] 穆创国, 芦琴. 水利工程施工技术 [M]. 北京: 中国水利水电出版社, 2018.
[20] 屈凤臣, 王安, 赵树. 水利工程设计与施工 [M]. 长春: 吉林科学技术出版社, 2022.
[21] 施荣, 王会恩. 水利水电工程施工技术与组织 [M]. 成都: 西南交通大学出版社, 2013.
[22] 侍克斌. 水利工程施工 [M]. 北京: 中国水利水电出版社, 2009.
[23] 宋宏鹏, 陈庆峰, 崔新栋. 水利工程项目施工技术 [M]. 长春: 吉林科学技术出版社, 2022.
[24] 魏温芝, 任菲, 袁波. 水利水电工程与施工 [M]. 北京: 北京工业大学出版社, 2018.
[25] 魏永强. 现代水利工程项目管理 [M]. 长春: 吉林科学技术出版社, 2021.
[26] 亚莫云, 凡琼梅, 王斌, 等. 水利水电施工中防渗处理施工技术分析 [C] //《施工技术（中英文）》杂志社, 亚太建设科技信息研究院有限公司. 2023年全国工程建设行业施工技术交流

会论文集. 《施工技术（中英文）》编辑部，2023：3.
[27] 闫文涛，张海东，陈进. 水利水电工程施工与项目管理［M］. 长春：吉林科学技术出版社，2020.
[28] 苑广会. 高压喷射灌浆技术在水利水电施工中的应用［J］. 云南水力发电，2022，38（10）：234-236.
[29] 张舶航，张玉婷，朱颖，等. 水利工程中的橡胶坝锚固与安装施工技术研究［J］. 科技资讯，2024，22（1）：122-125.
[30] 张晓涛，高国芳，陈道宇. 水利工程与施工管理应用实践［M］. 长春：吉林科学技术出版社，2022.
[31] 张兴旺. 水利水电施工中施工导流和围堰技术研究［J］. 水上安全，2023（11）：171-173.
[32] 赵黎霞，许晓春，黄辉. 水利工程与施工管理研究［M］. 长春：吉林科学技术出版社，2022.
[33] 钟汉华，冷涛，刘军号. 水利水电工程施工技术［M］. 北京：中国水利水电出版社，2016.
[34] 钟汉华，冷涛. 水利水电工程施工技术［M］. 北京：中国水利水电出版社，2010.
[35] 朱卫东，刘晓芳，孙塘根. 水利工程施工与管理［M］. 武汉：华中科技大学出版社，2022.
[36] 朱显鸽. 水利工程施工与建筑材料［M］. 北京：中国水利水电出版社，2017.
[37] 邹虎. 水利水电工程施工技术探析［J］. 工程建设与设计，2018（14）：140-141.